高等职业教育计算机类专业系列教材

SQL Server 2016 数据库
技术及应用

主　编　马　静

副主编　刘向锋　李小遐

参　编　严博文　臧艳辉　张　震

主　审　郭立文

机 械 工 业 出 版 社

本书是陕西省职业教育在线精品课程"SQL Server 2016 数据库及应用"配套教材。全书分为 7 个单元、27 个任务，以 SQL Server 2016 为平台重点讲解了数据库系统概述，创建和管理数据库，创建和管理数据表，数据查询与统计，创建、管理视图与索引，数据库编程，数据库安全管理与日常维护。

按照"项目导向、任务驱动"的教学方法，本书引入两个真实的实践项目。实战项目"学生选课管理系统"贯穿数据库设计、数据库实施及运行维护等数据库系统开发的全过程，根据企业实际设计开发数据库的步骤，分任务逐步完成项目。同时引入拓展项目"商品销售管理系统"，旨在培养学生自行解决问题的能力。

本书通俗易懂，内容广泛、充实，实用性强，既可作为高职高专院校的数据库课程教材，又可作为数据库应用开发人员的参考资料或培训教材。

图书在版编目（CIP）数据

SQL Server 2016 数据库技术及应用／马静主编. —北京：机械工业出版社，2021.8（2025.1 重印）
高等职业教育计算机类专业系列教材
ISBN 978 - 7 - 111 - 69187 - 7

Ⅰ.①S… Ⅱ.①马… Ⅲ.①关系数据库系统-高等职业教育-教材 Ⅳ.①TP311.132.3

中国版本图书馆 CIP 数据核字（2021）第 189967 号

机械工业出版社（北京市百万庄大街 22 号 邮政编码 100037）
策划编辑：赵志鹏 责任编辑：赵志鹏
责任校对：孙莉萍 封面设计：鞠 杨
责任印制：郜 敏
中煤（北京）印务有限公司印刷
2025 年 1 月第 1 版·第 4 次印刷
184mm×260mm·18 印张·435 千字
标准书号：ISBN 978 - 7 - 111 - 69187 - 7
定价：57.00 元

电话服务 网络服务
客服电话：010-88361066 机 工 官 网：www.cmpbook.com
010-88379833 机 工 官 博：weibo.com/cmp1952
010-68326294 金 书 网：www.golden-book.com
封底无防伪标均为盗版 机工教育服务网：www.cmpedu.com

前　言

数据库技术是信息系统的核心技术，是一种计算机辅助管理数据的方法，它研究如何组织和存储数据，如何高效地获取和处理数据。随着大数据、云计算、物联网、移动互联网等信息技术的飞速发展，数据资源量急速增长，如何利用数据库管理系统科学地组织、存储、查询、维护和共享这些海量数据，是 SQL Server 2016 数据库技术及应用课程的主要教学内容。

"SQL Server 2016 数据库技术及应用"课程是开设于高校计算机类专业的一门专业核心课程，所涉及的专业有计算机网络技术、软件技术、云计算技术应用、物联网应用技术、大数据技术，通过该课程的学习，使学生能够掌握数据库基础理论、数据库设计、关系数据模型、T – SQL 语言（数据定义 DDL、数据操纵 DML、数据控制 DCL）及数据库管理系统 SQL Server 2016 的应用技术，胜任中、小型数据库开发及数据库管理及运维的相关岗位。

本书根据高等职业教育的教学特点，结合作者多年教学改革和应用实践经验编写而成。基于数据库系统的设计、实施和维护过程，将本书划分为 7 个单元，分别是数据库系统概述，创建和管理数据库，创建和管理数据表，数据查询与统计，创建、管理视图与索引，数据库编程及数据库安全管理与日常维护。本书的每个单元分为多个任务，共计 27 个，每个任务均围绕数据库系统开发中需要解决的实际问题展开。每个任务具体分为 3 个部分，包括知识准备、实战训练和拓展训练。按照"项目导向、任务驱动"的教学方法，在本书的实战训练和拓展训练中，分别引入真实项目"学生选课管理系统"和"商品销售管理系统"，将企业实际设计开发数据库的全过程与数据库技术与应用的教学实施相结合。

本书建议讲解学时为 64 ~ 78 学时。授课教师可根据授课课时、教学标准和生源情况对授课计划进行调整，灵活安排教学内容。

单元	讲授内容		授课类型	课时	累计
第一单元　数据库系统概述	任务 1	认识数据库系统	讲授	1	
	任务 2	数据库设计	讲授 + 操作	3	
	任务 3	SQL Server 2016 安装与配置	讲授 + 操作	1	
	任务 4	SQL Server 2016 的验证与使用	讲授 + 操作	1	
第二单元　创建和管理数据库	任务 5	使用 SSMS 创建数据库	讲授 + 操作	2	
	任务 6	使用 T – SQL 语句创建数据库	讲授 + 操作	2	
	任务 7	数据库的管理	讲授 + 操作	2	

（续）

单元		讲授内容	授课类型	课时	累计
第三单元　创建和管理数据表	任务 8	数据表的设计	讲授	1	
	任务 9	数据完整性约束	讲授 + 操作	3	
	任务 10	数据表的创建	讲授 + 操作	2	
	任务 11	数据表的修改	讲授 + 操作	2	
	任务 12	表数据的增删改	讲授 + 操作	2	
第四单元　数据查询与统计	任务 13	数据库的单表查询	讲授 + 操作	4	
	任务 14	数据库的分组统计查询	讲授 + 操作	4	
	任务 15	数据库的多表查询	讲授 + 操作	4	
	任务 16	数据库的子查询	讲授 + 操作	4	
第五单元　创建、管理视图与索引	任务 17	创建与管理视图	讲授 + 操作	4	
	任务 18	创建与管理索引	讲授 + 操作	4	46
第六单元　数据库编程	任务 19	T – SQL 语言编程基础	讲授 + 操作	4	
	任务 20	函数	讲授 + 操作	4	
	任务 21	存储过程	讲授 + 操作	4	
	任务 22	触发器	讲授 + 操作	4	
	任务 23	事务	讲授 + 操作	2	
	任务 24	锁	讲授 + 操作	2	
	任务 25	游标	讲授 + 操作	2	
第七单元　数据库安全管理与日常维护	任务 26	数据库安全管理	讲授 + 操作	4	
	任务 27	数据库日常维护	讲授 + 操作	4	76
总复习				2	

本书由陕西国防工业职业技术学院的马静、刘向锋、李小遐、严博文和佛山职业技术学院的臧艳辉、张震编写。其中，整体设计由马静完成，任务 1 ~ 任务 12 由马静编写，任务 13 ~ 任务 16 由李小遐编写，任务 17 ~ 任务 20 由严博文编写，任务 21 ~ 任务 22 由臧艳辉编写，任务 23 ~ 任务 25 由张震编写，任务 26 ~ 任务 27 由刘向锋编写。全书由马静统稿，由陕西国防工业职业技术学院的郭立文副教授主审。

在本书的编写过程中，得到了编者所在单位领导和同事的帮助与大力支持，在此表示由衷的感谢。

由于编者水平有限，书中错误和不足之处在所难免，敬请广大读者批评指正。

编者

二维码索引

（续）

名称	图形	页码	名称	图形	页码
任务 13 – 2　数据库的单表查询 2		120	任务 19　T – sql 语言编程基础		170
任务 13 – 3　使用 SSMS 方式实现单表查询		125	任务 20　函数		182
任务 14　数据库的分组统计查询		127	任务 21 – 1　存储过程		191
任务 15 – 1　数据库的多表查询 – 内连接		132	任务 21 – 2　创建和执行带参数的存储过程		194
任务 15 – 2　数据库的多表查询 – 外连接		133	任务 22　触发器		206
任务 16　数据库的子查询		140	任务 23　事务		226
任务 17 – 1　创建视图		149	任务 24　锁		234
任务 17 – 2　视图的管理		150	任务 25　游标		238
任务 18 – 1　创建与管理索引		158	任务 26　数据库安全管理		248
任务 18 – 2　分析和维护索引		160	任务 27　数据库日常维护		266

目　录

第一单元
数据库系统概述

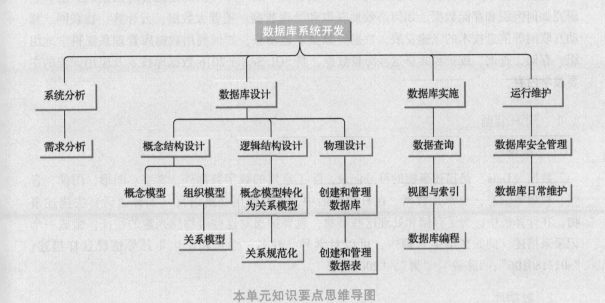

本单元知识要点思维导图

数据库系统的开发主要包括系统分析、数据库设计、数据库实施和运行维护 4 个阶段。其中数据库设计这一阶段尤为重要，它是数据库实施、运行维护的基础和前提，只有设计出一个符合规范的数据库，才不会造成后续系统运行时的各种问题。本单元主要介绍数据库基础知识，数据库设计中的概念结构设计和逻辑结构设计，以及 SQL Server 2016 的安装与配置，SQL Server 2016 的验证与使用。

学习目标

1. 掌握数据库基础知识。
2. 了解常见的数据库管理系统。
3. 熟悉数据库设计的 3 个阶段。
4. 掌握 SQL Server 2016 的安装与配置方法。
5. 掌握 SQL Server 2016 的验证与使用方法。

任务1 认识数据库系统

数据库技术是计算机科学技术的一个重要分支，是一种计算机辅助管理数据的方法。它研究如何组织和存储数据，如何高效地获取和处理数据。随着大数据、云计算、物联网、移动互联网等信息技术的飞速发展，数据资源量急速增长，如何利用数据库管理系统科学地组织、存储、查询、维护和共享这些海量数据，是 SQL Server 2016 数据库技术及应用课程的主要教学内容。

1.1 知识准备

1. 数据

数据（Data）是描述事物的符号记录，除了常用的数字数据外，文字、图形、图像、音频、视频等信息，也都是数据。在日常生活中，人们使用交流语言（如普通话）去描述事物。在计算机中，为了存储和处理这些事物，就要抽出对这些事物感兴趣的特征，组成一个记录来描述。例如在学生管理中，可以对学号、姓名、性别和出生年月等情况这样描述："s011180106"，"陈骏"，"男"，"2000/7/5"。

2. 数据库

数据库（Database，DB）是储存在计算机内有组织可共享的数据集合。数据库中的数据按一定的数据模型进行组织和描述，并储存在计算机的硬盘中，具有较小的冗余度，较高的数据独立性和扩展性，并可为各种用户共享。数据库中不仅存放数据，而且存放数据之间的关系或联系。

数据库有以下特征：

- 数据按一定的数据模型组织、描述和存储。
- 可为各种用户共享。
- 冗余度较小。
- 数据独立性较高。
- 易扩展。

3. 数据库管理系统

数据库管理系统（Database Management System，DBMS）是位于用户与操作系统之间用于管理数据库的系统软件。数据库在建立、运行和维护时，由数据库管理系统统一管理，统一控制。数据库管理系统是实际存储的数据和用户之间的一个接口，负责处理用户和应用程序存取、操纵数据库的各种请求，使用户能方便地定义数据和操纵数据，并能够保证数据的安全性、完整性，多用户对数据的并发使用及发生故障后的系统恢复，具体的功能包括：

（1）数据定义功能

数据库管理系统提供数据定义语言（Data Definition Language，DDL），用 DDL 可定义数据库中的数据对象。比如，定义数据库、数据表、视图和索引等，还可定义数据的完整性与安全性等约束条件。

（2）数据操纵功能

数据库管理系统提供数据操纵语言（Data Manipulation Language，DML），用 DML 可操纵数据库中的数据。比如，用 SQL 语句实现对数据库中数据的查询、插入、修改和删除等操作。

（3）数据库管理功能

数据库管理功能是数据库管理系统的核心功能，由控制程序实现。其主要功能有：对数据库的完整性约束条件的检查和执行、安全性检查和并发性控制。

（4）数据库维护功能

数据库维护功能主要包括数据库中数据的输入、转换、转储、恢复、性能监视和分析等。

4. 数据库系统

数据库系统（Database System，DBS）是指在计算机中引入数据库后的系统。数据库系统是由计算机硬件系统，操作系统，数据库管理系统以及在它支持下建立起来的数据库、数据库应用系统、数据库应用系统开发工具和用户组成的一个整体，如图 1 - 1 所示。

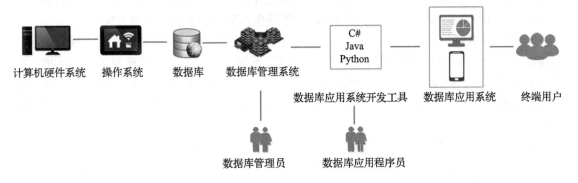

图 1 - 1　数据库系统的组成

（1）计算机硬件系统

计算机硬件系统是指计算机设备、网络设备等，具有满足数据需求的存储、计算、通信和服务的能力，能够为数据库的持续发展提供保障的系统。

（2）操作系统

数据库系统的一个关键因素是选择理想的操作系统，即根据数据库系统的硬件平台、数据库的处理和安全需求选择相适应的操作系统。当前在数据库系统中比较流行和较为常用的操作系统有 Windows、UNIX 和 Linux 等。

（3）数据库

数据库是指长期保存在计算机的存储设备上，按照某种数据模型组织起来，可以被各种用户或应用共享的数据集合。

（4）数据库管理系统

数据库管理系统是一种操作和管理数据库的软件，用于建立、使用和维护数据库，对数据库进行统一的管理和控制，以保证数据库的安全性和完整性。用户通过数据库管理系统访问数据库中的数据，数据库管理员也通过数据库管理系统进行数据库的维护工作。当前较为流行和常用的数据库管理系统有 Access、SQL Server、MySQL、Oracle 和 MongoDB、Redis、SQLite 等。

（5）数据库应用系统

数据库应用系统（Database Application System，DBAS）通常指提供可视化操作界面供终端用户使用，能够进行数据处理工作的系统。例如，学校的教务管理系统、图书管理系统，企事业财务管理系统、人事管理系统等。

（6）数据库应用系统开发工具

数据库应用系统的开发需要使用程序设计语言及配套数据库接口才能完成，从而为用户提供友好和快捷的操作界面。当前常用来开发数据库应用系统的工具有 C#、Java 和 Python 等。程序数据接口 ADO. NET、JDBC 和 ODBC 等使开发人员可以用程序设计语言编写数据库应用程序。

（7）用户（User）

数据库系统中通常包含 3 种类型的用户，分别是数据库管理员、数据库应用程序员和终端用户。其中，数据库应用程序员是软件公司数据库开发职业岗位上的工作人员，数据库管理员和终端用户是企事业单位信息管理部门和各种应用部门职业岗位上的工作人员。

① 数据库管理员（Database Administrator，DBA）是管理数据库系统的人员，通常由经验丰富的计算机专业人员担任，主要负责整个数据库系统的搭建、日常管理和运行、维护、监控等系统性工作，以及用户登记、存取数据的权限分配等服务性工作，必须具有计算机及数据库方面的专业知识，还要对整个计算机软、硬件系统的构成以及所采用的数据库管理系统非常熟悉。

② 数据库应用程序员（Database Application Programmer，DBAP）需要根据数据库应用的具体需求，建立概念模型和逻辑模型，利用数据库管理系统和数据库定义语言或操作界面建立相应的数据库，同时还要设计和编写数据库应用程序中各功能模块的界面和程序代码。通常数据库应用程序员由计算机专业人员担任，要求既要熟悉数据库方面的知识，又要熟悉至少一种数据库开发工具软件，同时还要了解数据库所属部门的业务知识，主要根据已有的数据库和用户的功能需求，利用数据库应用系统开发工具编制功能丰富、操作简单、满足用户需求的应用系统，供终端用户使用。

③ 终端用户（End User）通常由熟悉本身业务工作的非计算机专业人员担任，主要负责通过数据库应用系统的可视化窗口使用数据库开展业务工作，是使用数据库最广泛的群体，也是数据库服务的对象，如银行出纳员、仓库管理员、住宿登记员等都是相应数据库系统的终端用户。

5. 常用数据库管理系统

目前常用的数据库管理系统主要分为关系型和非关系型两种。关系型数据库管理系统是使用关系模型组织数据、二维表存储数据的系统，目前市场上主流的关系型数据库管理系统包括 Access、SQL Server、Oracle、MySQL 等。非关系型数据库管理系统是使用键值、列、文档等结构存储数据的系统，现在比较流行的非关系型数据库管理系统包括 Memcached、Redis、MongoDB 等，它们各有优点，适合于不同级别的数据库系统。

① Access 是微软 Office 办公套件中的一员，面向于小型数据库应用，是世界上流行的桌面数据库管理系统。Access 只能在 Windows 系统下运行，最大的特点是界面友好，简单易用，和其他 Office 成员一样，极易被一般用户所接受，同时也存在安全性低、多用户特性弱、处理大量数据时效率低等特点。

② SQL Server 是微软公司开发的中大型数据库管理系统，面向于中大型数据库应用，其功能比较全面，效率高。SQL Server 界面友好、易学易用，与其他大型数据库产品相比，在操作性和交互性方面独树一帜。SQL Server 可以与 Windows 操作系统紧密集成，因此 SQL Server 能充分利用操作系统所提供的特性，无论是应用程序开发速度还是系统事务处理运行速度，都能得到较大的提升。SQL Server 的缺点是不具备跨平台性，只能在 Windows 操作系统下运行。

③ Oracle 是美国甲骨文公司开发的大型关系型数据库管理系统，面向大型数据库应用。在集群技术、高可用性、商业智能、安全性、系统管理等方面都有了新的突破。Oracle 被认为是业界目前比较成功的关系型数据库管理系统，适用于数据量大、事务处理繁忙、对安全性要求较高的企业。Oracle 数据库可以运行在 UNIX、Windows 等主流操作系统平台，但是费用较高。

④ MySQL 是一个小型关系型数据库管理系统，其特点是免费、开放源代码。目前 MySQL 被广泛应用在 Internet 上的中小型网站中。由于体积小、速度快、成本低，尤其是开放源代码这一特点，许多中小型网站为了降低网站总体拥有成本而选择了 MySQL 作为网站数据库。

⑤ Memcached 是一个开源、高性能、具有分布式内存对象的缓存系统。通过它可以减轻数据库负载，加速动态的 Web 应用。目前全球有非常多的用户都在使用它来架构主机的大负载网站或提升主机的高访问网站的响应速度。

⑥ Redis 是一个开源、日志型、高性能键值数据库，相较于 Memcached，Redis 支持的存储数据类型更多。Redis 的出现在很大程度上补偿了 Memcached 这类键值存储的不足，可以对关系型数据库起到很好的补充作用。它提供了 Python、Ruby、Erlang、PHP 客户端，使用方便，新浪微博就是一个我们熟悉的 Redis 应用。

⑦ MongoDB 是基于分布式文件存储的数据库，可以为 Web 应用提供可扩展的高性能数据存储解决方案。MongoDB 是一个介于关系型数据库和非关系型数据库之间的产品。它支持的数据库结构非常松散，类似 JSON 的 BJSON 格式，因此可以存储比较复杂的数据类型。MongoDB 最大的特点是它支持的查询语言非常强大，其语法有点类似于面向对象的查询语言，可以实现类似关系型数据库单表查询的绝大部分功能，而且还支持对数据建立索引。

1.2　实战训练

【实战训练 1-1】通过高考成绩查询系统实例体验数据库的应用，对数据库应用系统、数据库管理系统、数据库和数据表有一个直观的认识，高考成绩查询系统操作界面如

图 1 - 2 所示。

任务分析：

① 高考成绩查询系统是一个基于 Web 的数据库应用系统，采用 B/S 开发模式，即浏览器端/服务器端应用程序，这类应用程序通过浏览器来运行，只需要在浏览器地址栏输入网址，打开网页后就可以使用。

② 基于 Web 的数据库应用系统，由 HTML 静态页面，ASP. NET 或 PHP 等动态页面和数据库组成，它们都保存在系统的服务器端。

图 1 - 2　高考成绩查询系统操作界面

③ 高考成绩查询系统的工作过程为：用户使用浏览器向服务器发出访问请求，服务器得到响应后将高考成绩查询页面返回给浏览器；用户在查询页面的表单中录入考生号、身份证号、密码和验证码后，单击"查询"按钮；该按钮实际上是一个信息提交按钮，它可以将查询信息提交至服务器端；在服务器的数据库管理系统中保存有所有考生高考成绩信息的数据库，如果此数据库是关系型，数据会保存在二维表中，动态页面程序会使用提交的查询信息在数据库中完成查询，最终将查询结果以 HTML 静态页面的形式返回给用户，用户就可以在浏览器中看到成绩查询结果了。高考成绩查询系统工作过程如图 1 - 3 所示。

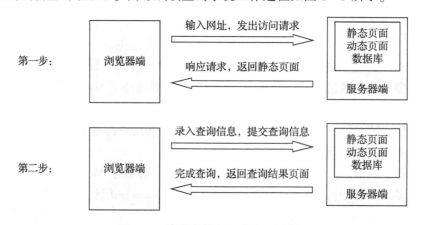

图 1 - 3　高考成绩查询系统工作过程

④ 通过这个实例可以体会到，数据库在高考成绩查询系统中尤为重要，数据库中保存了所有考生的高考成绩信息，然而数据库不能直接存储在服务器上，需要借助数据库管理系统对数据库进行创建、管理、使用和维护。数据库管理系统可使用 SQL Server、MySQL、Oracle或 Memcached、Redis、MongoDB 等。如果是关系型数据库，数据会以二维表的形式存储在数据库中，如表 1 - 1 所示。

表 1 - 1　高考成绩信息表

考生号	身份证号	姓名	性别	密码	电话	生源地
12786146	610103200203217854	程小东	男	159776	13894564792	西安
13455672	610102200204064596	张凯强	男	792141	13765478912	西安

（续）

考生号	身份证号	姓名	性别	密码	电话	生源地
13745558	610103200205268514	王若馨	女	384542	13965478912	汉中
12545685	610103200204154561	李航乐	男	135722	13648978451	宝鸡
14784263	610102200206244518	薛凯琪	男	682354	13845789457	西安
12789254	610103200202134781	陈梓涵	女	762432	13995478216	西安
13789658	610102200201237812	周海涛	男	672821	13894517894	西安

任务实施：

登录高考成绩查询系统网站，录入个人考生号、身份证号、密码和验证码等信息查询高考成绩，体验该系统中数据库的应用。

【实战训练 1 - 2】通过天猫购物商城实例体验数据库的应用。该数据库应用涉及的相关项如表 1 - 2 所示。

表 1 - 2　天猫购物商城数据库应用涉及的相关项

数据库应用系统	开发模式	数据库	主要数据	典型用户	典型操作
天猫购物商城	B/S	购物数据库	商品分类、商品信息、客户、订单、购物车、支付方式等	客户、数据库管理员、系统开发人员	商品查询、商品选购、下订单

任务实施：

1. 查询商品

启动浏览器，在地址栏中输入网址 www. tmall. com，按 "回车" 键访问天猫购物商城网站，可以看到网站首页左侧的 "商品分类" 列表，如图 1 - 4 所示。这些商品分类数据来源于系统服务器端数据库中的 "商品类型" 数据表，主要数据如表 1 - 3 所示。

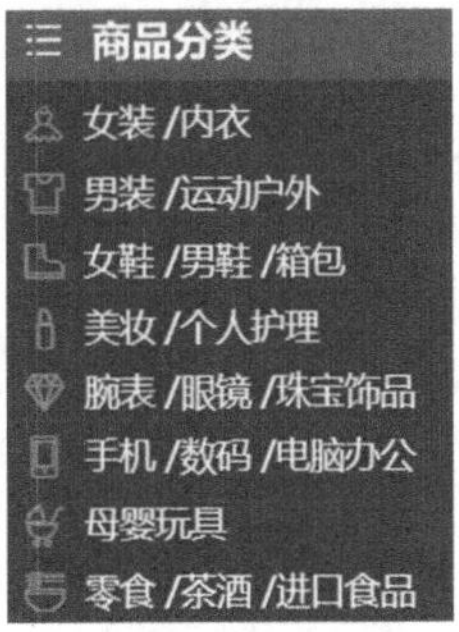

图 1 - 4　商品分类

表 1 - 3　商品类型数据表

类型编号	001	002	003	004	005	006	007	008	009	010
类型名称	女装	内衣	男装	运动户外	女鞋	男鞋	箱包	美妆	个人护理	腕表
类型编号	011	012	013	014	015	016	017	018	019	
类型名称	眼镜	珠宝饰品	手机	数码	电脑办公	母婴玩具	零食	茶酒	进口食品	

在 "商品分类" 列表中，单击 "手机" 商品分类中的 "小米" 子类，可以打开小米手机商品的查询结果页面，如图 1 - 5 所示。除了在 "商品分类" 列表中选择需要查询的商品之外，还可以在天猫购物商城首页中的商品搜索栏中输入需要查找的商品关键字。

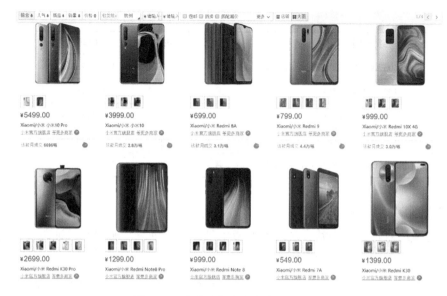

图 1 – 5　小米手机商品查询结果页面

2. 查看商品详情

在商品查询结果页面中，单击需要查看的商品链接，可打开商品详细页面。在商品详细页面中可以查看商品的详细信息，选择所需的商品性能参数，完成下单购买，如图 1 – 6 所示。商品详细信息及商品性能参数保存在服务器端数据库的商品信息表中，如表 1 – 4 所示。

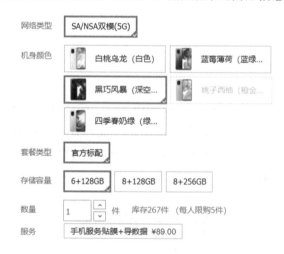

图 1 – 6　小米手机详细页面

表 1 – 4　商品信息表

商品编码	商品名称	商品类型	价格	品牌	网络类型	存储容量	套餐类型	机身颜色
15675490	小米 10	手机	￥1,999	小米	5G	6 + 128GB	官方标配	白
16578213	红米 K30	手机	￥1,399	小米	4G	6 + 128GB	官方标配	蓝
15356894	小米 10 骁龙	手机	￥3,999	小米	5G	8 + 256GB	官方标配	黑
14649875	红米 K30i	手机	￥1,499	小米	5G	6 + 128GB	官方标配	紫

任务分析：

通过以上实例，我们对数据库系统有了深入的了解。数据库系统工作过程如下：用户通过数据库应用系统从数据库取出数据时，首先输入所需的查询条件，应用程序将查询条件转换为查询命令，然后将该命令发送给数据库管理系统，数据库管理系统根据接收到的查询命令从数据库中取出数据返回给应用程序，再由应用程序以直观易懂的格式显示出查询结果。当用户通过数据库应用系统向数据库存储数据时，首先在应用程序的数据输入界面输入相应的数据，所需数据输入完毕后，再由用户向应用程序发出存储数据的命令，应用程序将该命令发给数据库管理系统，最后数据库管理系统执行存储数据命令且将数据存储到数据库中。该工作过程如图 1 - 7 所示。

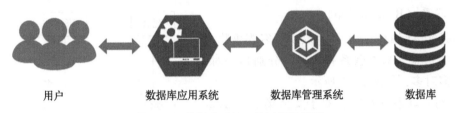

图 1 - 7　数据库系统工作过程示意图

1.3　拓展训练

【拓展训练】 登录本校图书借阅管理系统，以 SQL Server 为关键字查询图书馆馆藏的有关书籍，打开一本自己感兴趣的图书链接，查看该图书的详细信息，包括出版时间、出版社、图书简介、索书号、是否在架可借等，体会数据库在图书借阅管理系统中的应用。

数据库设计是整个数据库系统开发过程中的重要阶段。数据库设计是指根据用户要求，在某个数据库管理系统 DBMS 上设计数据库模式和创建数据库的过程。在设计过程中，必须考虑数据库的软、硬件支撑环境，所使用的 DBMS，用户的需求与操作要求，以及数据的完整性约束与安全性约束等问题。数据库设计主要包括概念结构设计、逻辑结构设计和物理设计 3 个部分。

2.1　知识准备

数据模型是数据库中的数据按一定的方式存储在一起的组织结构。数据模型是数据库系统的核心和基础，数据库管理系统都是基于某种数据模型的。数据模型可以分为两类：第一类是概念层数据模型，第二类是组织层数据模型。

1. 概念层数据模型

概念层数据模型也称信息模型，它按用户的观点来对数据和信息建模，主要用在数据库的设计阶段，是理解数据库和设计数据库的基础。概念层数据模型所涉及的基本概念包括：

（1）实体（Entity）

实体通常指客观存在并相互区别的事物，它可以是实际存在的，也可以是概念性的。比如，一名学生、一本书就是实际存在的，一个创意就是概念性的。

（2）实体集（Entity Set）

相同类型实体的集合称为实体集，如一个学校的全体学生就是一个实体集。一个实体集对应于关系型数据库中的一张二维表，一个实体则对应于表中的一条记录。

（3）联系（Relationship）

联系是实体间的相互关系，反映了客观事物之间相互依存的状态。基本联系有 3 种，分别是一对一、一对多、多对多，如图 2 - 1 所示。

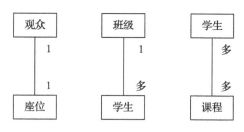

图 2 - 1　联系的 3 种图示

- 一对一联系（1:1）：对于实体集 A 中的每一个实体，实体集 B 中最多有一个实体与之相联系。例如，观众与座位、乘客与车票，就是一对一联系。

- 一对多联系（1:n）：对于实体集 A 中的每一个实体，实体集 B 中有 n 个实体与之相联系。例如，班级与学生、学院与教师，就是一对多联系。

- 多对多联系（m:n）：对于实体集 A 中的 m 个实体，实体集 B 中有 n 个实体与之联系。例如，学生与课程、商品与顾客。

（4）属性（Attribute）

属性是指实体所具有的特征，对应于二维表中的列。一个实体可由若干个属性来描述，如学生的学号、姓名、性别、出生日期、班级编号等；属性值是某个实体属性的取值，如"s011180106，陈骏，男，2000/7/5，0111801"是陈骏这个学生实体的属性值。

（5）域（Domain）

域是指实体中相应属性的取值范围，例如，"性别"属性的域是"男"和"女"，"班级编号"属性的域是"0000000"～"9999999"。

（6）E - R 图

概念层数据模型的表示方法很多，其中最著名、最常用的方法是"实体—联系"法，使用的工具称为 E - R 图。用 E - R 图可以清晰地表示出多个实体之间的联系，E - R 图的描述如下。

- □：矩形表示实体，在矩形框中写明实体的名字。
- ○：椭圆形表示属性，画出线段与对应的实体相连接。
- ◇：菱形表示实体间的联系，画出线段与有关的实体连接，同时标注出联系的类型——1:1、1:n 或者 m:n。例如，课程、教师 2 个实体具有以下语义，每门课程由多名教师讲授，课程和教师的联系为一对多，如图 2 - 2 所示。

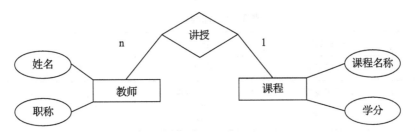

图 2 – 2 课程与教师 E – R 图

2. 组织层数据模型

数据模型从组织层的角度可分为层次模型、网状模型、关系模型。

（1）层次模型

层次模型用树形结构来表示各类实体以及实体间的联系，如图 2 – 3 所示，树形结构由一个根节点和多个子孙节点构成。层次模型的主要优点是模型简单，对于实体间联系是固定的，能够提供良好的完整性支持；主要缺点是很难表示现实中事物之间非层次性的联系，查询子节点必须通过父节点，对插入和删除操作的限制较多。

（2）网状模型

网状模型通过网络结构来表示实体以及实体之间的联系。在网状模型中，实体将组成网中的节点，实体和实体之间的关系组成节点之间的连线，从而构成一个复杂的网状结构，如图 2 – 4 所示。网状模型是对层次模型的拓展，它的主要优点是具有良好的性能，存取效率高，能够更加直接地描述现实世界；主要缺点是结构复杂，不利于用户最终使用。

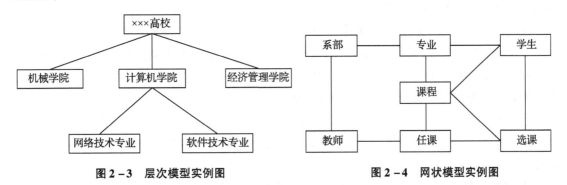

图 2 – 3 层次模型实例图 　　　　　 图 2 – 4 网状模型实例图

（3）关系模型

关系模型是目前使用最多的一种数据模型，其数据结构是二维数据表，如表 2 – 1 所示。关系模型于 20 世纪 70 年代由 IBM 公司的 E. F. Codd 博士等提出，Codd 博士因此被誉为"关系数据库之父"，并于 1981 年获得 ACM 图灵奖。从 20 世纪 80 年代开始，关系模型取代了网状模型和层次模型，成为应用最为广泛的主流数据库模型。关系模型的主要优点是建立在严格的数学概念基础上，其数据结构简单、清晰，用户容易掌握，存取路径对用户透明，具有更高的数据独立性和更好的安全保密性；主要缺点是查询效率不如非关系数据模型高。

表 2 - 1　课程二维表

课程号	课程名称	类别	学时	学分
001	计算机基础	基础课	48	3
023	数据库应用	专业基础课	56	3.5
035	网页制作	专业核心课	64	4

1) 关系模型的基本概念

关系模型是关系数据库的基础,它利用关系来描述现实世界。以用户的观点来看,一个关系就是一个二维表。关系数据库是由多个二维表和其他数据对象组成的。二维表是一种最基本的数据库对象。下面是关系模型中的一些主要术语。

- 关系:一个关系对应一张二维表,二维表(简称表)是指含有有限个不重复行的二维表。
- 元组:二维表中的一行,也称为记录。
- 属性:二维表中的一列,也称为字段或列。
- 域:属性的取值范围,如"性别"属性的域是"男"和"女"。
- 关键字:能够唯一标识元组的属性或属性组,也称为主键。

2) 关系模型的基本特征

关系模型中的二维表应该满足一定的要求,这些要求就是关系模型的基本特征。

① 元组的唯一性:二维表中不能有完全相同的元组(记录、行)。例如,在学生表里,不能把同一个学生的信息存储两次,如表 2 - 2 所示,王亮的信息被存储了两次,因此学生表不符合二维表的元组的唯一性。

② 元组的次序无关性:二维表中元组的次序是无关的,可以任意交换,也就是说,元组次序交换以后的二维表同原来的表是相同的。例如,在学生实体集中,无论学生之间如何排序,都还是由这些学生组成的实体集。在实际情况中,可能会需要以特定的元组次序来显示表中的数据,但它们的数据来源是同一张二维表。

③ 属性的原子性:二维表中的每个属性(字段、列)是不可拆分的。例如,学生这个实体有一个属性——"国籍籍贯",它就可以拆分成两个属性"国籍"和"籍贯",这就不符合属性的原子性要求。

④ 属性名称的唯一性:二维表中不能有完全相同的属性(字段、列)名称。

⑤ 属性值域的统一性:二维表中同一属性的值必须来自同一个值域。例如,表 2 - 2 学生表的性别属性就有两个域——中文的和英文的,这就不满足二维表的性质。

⑥ 属性的次序无关性:二维表中属性的次序是无关的,可以任意交换,也就是说,属性次序交换以后的二维表同原来的表是相同的。在实际情况中,可能会需要以特定的属性次序来显示表中的数据,但它们的数据来源是同一张二维表。

表 2 - 2　学生表

学号	姓名	性别	国籍籍贯	学生编号
01	王亮	男	中国西安	01

（续）

学号	姓名	性别	国籍籍贯	学生编号
02	李梅	female	中国北京	02
01	王亮	男	中国西安	01
03	张凯	male	中国上海	03
04	陈欣	女	中国福州	04

3）主键与外键

现实世界中的实体不是孤立存在的，实体和实体之间存在各种关系，对应的表与表之间也存在相同的关联关系。表和表之间的关联关系通过定义表的主键和外键来实现。

① 主键。主键是指二维表中一个属性或者多个属性组合，它能够唯一标识这张二维表。在设计表时，可以通过定义主键（Primary Key）来保证记录的唯一性。关系型数据库中的一条记录有若干个属性，若其中的一个属性能唯一标识一条记录，则该属性就可以作为一个主键。主键可以由一个或多个字段组成，其值具有唯一性，而且不允许取空值（NULL）。例如，表2-3学生二维表中的学号，表2-4班级二维表中的班级编号，这两个字段不能重复，均能唯一标识表中的记录，因此可作为二维表中的主键。若一个表中的所有字段都不能用来唯一地标识一条记录，在这种情况下，可以考虑采用两个或两个以上的字段组合作为主键。

② 外键。外键是指二维表中一个属性，它不是本张表的主键，却是另一张表的主键或主键属性组之一。比如，学生二维表中的"班级编号"属性不是学生二维表中的主键，但却是班级二维表中的主键，那么"班级编号"这个属性就是学生二维表中的外键，它起到的作用就是联系学生二维表和班级二维表，从而联系概念模型中的"学生"和"班级"两个实体集。

表2-3 学生二维表

学号	姓名	性别	班级编号
01	王亮	男	1901
02	李梅	女	1901

主键 ——（学号） 外键 ——（班级编号）

表2-4 班级二维表

班级编号	班级名称	专业	入学年份
1901	网络3191	网络技术	2019
1911	软件3191	软件技术	2019

主键 ——（班级编号）

4）关系模型的数据完整性约束

关系模型的数据完整性约束分为3类，即实体完整性约束、参照完整性约束和用户定义完整性约束。

① 实体完整性约束：也称为主键约束，是指任何一个关系必须有且只有一个主键，并

且主键的值不能重复，也不能为空。通俗一点说，就是不允许存在一个缺少唯一标识的实体。

② 参照完整性约束：也称为外键约束，是指外键的值可以为空或不能为空，但其值必须是所参照的表的主键的值。通俗一点说，就是不允许参照一个不存在的实体。

③ 用户定义完整性约束：这类约束反映了具体应用中的业务需求。例如，学生的姓名不能为空（非空约束），学生的身份证号不允许重复（唯一性约束），百分制成绩的值必须是 0 ~ 100 之间的值（检查约束）。

5）关系数据库的设计范式

随着关系数据库的广泛应用，关系数据库的设计规则也日趋完善，只有遵循这些规则，数据库的使用者才能设计出简洁、有效的数据库模型。目前有 6 个范式级别，分别为第一范式（1NF）、第二范式（2NF）、第三范式（3NF）、BC 范式（BCNF）、第四范式（4NF）、第五范式（5NF）。满足最低要求的关系模式称为第一范式。范式的级别越高，应满足的约束条件也越严格。在实际数据库设计过程中，将数据库规范到第三范式即可，其他范式可以在积累足够的数据库设计经验后再去研究。下面分别介绍前 3 种范式。

① 第一范式（1NF）。若一个关系模型每个属性的域都只包含单纯值，而不是一些值的集合，即关系模型的所有属性都是不可再分的基本数据项，则称为第一范式。在任何一个关系数据库系统中，所有的关系模式必须满足第一范式。不满足第一范式要求的数据库模式就不能称为关系数据库模式。

例如，表 2 - 5 所示的关系，属性联系方式可以再分，违反了第一范式要求。解决方法为将联系方式属性进行分割，如表 2 - 6 所示。

表 2 - 5 客户基本信息表（1）

客户编号	姓名	性别	联系方式	
			手机	座机
0001	张甜	女	13475858975	029 - 85789562
0002	何亮	男	13834598624	027 - 84562178
0003	李萌	女	13984579684	010 - 82587953

表 2 - 6 客户基本信息表（2）

客户编号	姓名	性别	手机电话	固定电话
0001	张甜	女	13475858975	029 - 85789562
0002	何亮	男	13834598624	027 - 84562178
0003	李萌	女	13984579684	010 - 82587953

② 第二范式（2NF）。如果一个关系已经属于第一范式（1NF），另外再满足一个条件，即每个非主属性（不构成主键的属性）都必须完全依赖于主键，不能部分依赖于主键，则称该关系属于第二范式（2NF）。也就是说，不能存在某个非主属性只依赖于主键的一部分的情况。

例如，有一个学生成绩表，见表 2 - 7，在此关系中，主键为（学号，课程号）属性组，其中，姓名、性别、出生日期、班级编号都依赖于学号，成绩属性依赖于学号和课程号，不符合第二范式，因此必须将此关系分成两个表，如表 2 - 8 和表 2 - 9 所示。

表 2 - 7 学生成绩表

学号	姓名	性别	出生日期	班级编号	课程号	成绩
S0001	王强	男	2002 - 3 - 6	0411801	C001	92
S0002	陈浩	男	2001 - 1 - 8	0311702	C002	87
S0003	李娜	女	2002 - 4 - 9	0311605	C003	76

表 2 - 8 规范后的学生表

学号	姓名	性别	出生日期	班级编号
S0001	王强	男	2002 - 3 - 6	0411801
S0002	陈浩	男	2001 - 1 - 8	0311702
S0003	李娜	女	2002 - 4 - 9	0311605

表 2 - 9 规范后的学生成绩表

学号	课程号	成绩
S0001	C001	92
S0002	C002	87
S0003	C003	76

③ 第三范式（3NF）。如果一个关系已经属于第二范式，另外再满足一个条件，即每个非主属性都必须直接依赖于主键，不能传递依赖于主键，则称该关系属于第三范式（3NF）。即不能存在非主属性 A 依赖于非主属性 B，非主属性 B 再依赖于主键的情况，也就是说，不能存在非主属性 A 通过另一个非主属性 B 传递依赖于主键的情况。

例如，表 2 - 10，商品表中的"总价值"属性不是直接依赖于主键"商品编号"，而是通过属性"单价"和"数量"传递依赖于主键。为了能满足第三范式，需要将"总价值"属性删除。

表 2 - 10 商品表

商品编号	商品名称	单价	数量	总价值
1001	可口可乐	3	200	600
1002	雪碧	2.5	200	500

3. 数据库设计

在数据库系统中，数据由数据库管理系统（DBMS）进行独立的管理，对程序的依赖大为减少，数据库的设计也逐渐成为一项独立的开发活动。一般来说，数据库的设计要经历概念结构设计、逻辑结构设计、物理设计 3 个阶段。

① 概念结构设计：概念结构设计是整个数据库设计的关键，需要使用"实体—联系"法，用 E - R 图来描述现实世界的概念模型。

② 逻辑结构设计：逻辑结构设计的任务是需要把概念模型转换为组织层数据模型，因为组织层关系模型有很多优点，是现阶段主流数据库管理软件所采用的数据模型，因此第二个阶段的任务是将概念模型转换为关系数据模型。

③ 物理设计：物理设计的任务是选用一个合适的数据库管理软件，实现已经设计好的关系数据模型。

2.2 实战训练

【实战训练】 针对数据库应用场景"学生选课管理"完成数据库的设计。具体描述如下：

一个高校，有 14,000 余名学生，每学期初，学生需要在网上申报本学期的选修课。每名学生每学期最多可以申报 3 门课程，根据每门课程的限选人数，依据报名顺序报满截止。学生报名成功后，认真上课，学期末通过课程考核后，方可获得该门课的课程积分。

功能需求：

① 存储所有选课成功的学生信息、课程信息及学生报名选修课程的信息。

② 能够对所有存储信息进行查询。

③ 以班级为单位统计选课成功的学生信息，以院部为单位统计选修课程开设情况。

任务实施：

根据数据库设计的 3 个阶段，具体完成"学生选课管理系统"的数据库设计。

1. 用 E-R 图来描述概念模型

（1）抽象出实体和实体所具有的属性

在绘制 E-R 图之前，需要从实际场景中抽象出实体和实体所具有的属性。通过对"学生选课管理"实际场景进行功能需求分析，可以抽象出 5 个实体——院部、班级、学生、课程和成绩，以及这些实体的属性。在概念模型中，可以使用括号将属性表示在实体之后。

院部（院部编号，院部名称）

班级（班级编号，班级名称，专业，入学年份，院部编号）

学生（学号，姓名，性别，生日，班级编号）

课程（课程编号，课程名称，任课教师，学分，限报人数，学时）

成绩（学号，课程编号，平时成绩，期末成绩）

（2）绘制 E-R 图

下面根据 E-R 图绘制方法，画出 E-R 图。在绘制 E-R 图时，要注意符号的表示方法，使用矩形表示实体，椭圆表示属性，并用线段连接对应关系："学生选课管理系统"E-R 图如图 2-5 所示。在绘制 E-R 图时，使用 Microsoft Visio 等专用绘图软件可以快速完成图形的绘制。

（3）确定实体之间的关系，完善 E-R 图

实体和属性确定后，下面需要确定实体间的关系：院部与班级实体之间是包含关系，它们之间的联系是一对多；班级与学生实体之间也是包含关系，它们之间的联系是一对多；学生和课程实体之间是选课关系，选课关系可以通过成绩实体进行体现，在概念模型中实体间的联系可以通过另外一个实体表示，成绩实体就像一座桥梁一样，联系学生实体和课程实体。5 个实体之间的联系确定后，下面我们对 E-R 图进行完善，使用菱形表示实体间联系，并用线段连接对应关系，然后对联系进行标注，如图 2-6 所示。

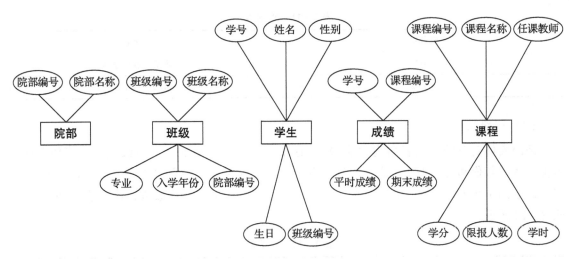

图 2-5　"学生选课管理系统" E-R 图（1）

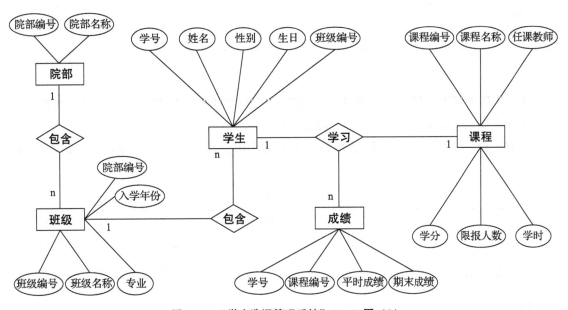

图 2-6　"学生选课管理系统" E-R 图（2）

2. 将概念模型转换为关系数据模型

将概念模型转换为关系数据模型，转化的过程有两个要点。

① 将实体表示为二维表，实体名就是二维表名，实体的属性就是二维表的各个列。

② 找到每张二维表的主键和外键，用外键表示实体间的联系。

下面我们把从实际场景中抽象出的 5 个实体，院部、班级、学生、课程及成绩分别表示为二维表。

（1）院部实体

院部实体对应的二维表名为"院部"，这个表的属性列有两个，院部编号和院部名称，其中院部编号不能为空值，不能重复，可以唯一标识这张表，将它定义为主键。如表 2-11 所示。

表 2-11　院部表

院部编号	院部名称
D01	计算机与软件学院
D02	机械工程学院

（2）班级实体

班级实体对应的二维表名为"班级"，这个表的属性列有 5 个，班级编号、班级名称、专业、入学年份和院部编号。班级编号可以唯一标识这张表，将它定义为主键。院部编号不是班级表的主键但却是院部表的主键，它的作用为关联院部表和班级表，因此它是外键。如表 2-12 所示。

表 2-12　班级表

班级编号	班级名称	专业	入学年份	院部编号
0111801	网络 3181	计算机网络技术	2018	D01
0121901	软件 3191	软件技术	2019	D01

（3）学生实体

学生实体表示为"学生"二维表，表的属性列包括学号、姓名、性别、生日和班级编号。学号可唯一标识这张表，因此学生表的主键是学号，班级编号不是本表的主键，但却是班级表的主键，而且起到关联班级表和学生表的作用，因此班级编号是外键。如表 2-13 所示。

表 2-13　学生表

学号	姓名	性别	生日	班级编号
s011180106	陈骏	男	2000/7/5	0111801
s012190118	陈天明	男	2000/7/18	0121901

（4）课程实体

课程实体表示为"课程"二维表，课程表的属性列有课程编号、课程名称、任课教师、学分、限报人数、学时，主键为课程编号。如表 2-14 所示。

表 2-14　课程表

课程编号	课程名称	任课教师	学分	限报人数	学时
c001	数据库应用	陈静	40	200	56
c002	软件工程	王博	40	100	56

（5）成绩实体

成绩实体表示为"成绩"二维表，成绩表的属性列有学号、课程编号、平时成绩和期末成绩。成绩表比较特殊，将学号和课程编号两个属性列组合才能唯一标识成绩表，反映学生的选课情况，所以成绩表的主键是这个属性组。下面确定外键，学号这个属性是本表的主键属性组之一，同时是学生表的主键，可以用来关联学生表和成绩表，所以它是一个外键；课程编号可以用来关联课程表，它也是外键。如表 2-15 所示。

表 2-15　成绩表

学号	课程编号	平时成绩	期末成绩
s011180106	c001	95.0	92.0
s011180106	c002	67.0	45.0

3. 数据库物理设计阶段

物理设计阶段的任务是选用一个合适的数据库管理软件实现已经设计好的关系数据模型。目前流行的数据库管理软件很多，其中 SQL Server 有很多优点，功能全面、效率高，适合中大型关系型数据库的开发和管理。本教材选用 SQL Server 2016 完成"学生选课管理系统"的物理设计，具体内容将在第二单元讲解。

2.3　拓展训练

【拓展训练】 针对数据库应用场景"商品销售管理系统"完成数据库的设计。具体描述如下：一个线上"商品销售管理系统"平台，提供多种日用产品通过网络销售，客户可以在线注册、下订单、付款、收货后给予评价，员工则可以在平台上展示商品、上传商品图片、修改商品信息、统计库存和销售情况。

功能需求：
① 存储客户基本信息、员工基本信息、商品详细信息及订单详细信息。
② 能够对所有存储信息进行查询。
③ 以商品类别为单位统计商品销售量，以天为单位统计每日销售金额。

任务 3　SQL Server 2016 安装与配置

数据库的物理设计、实施和运行维护等阶段需要通过数据库管理系统完成。为了保障数据库系统开发的顺利进行，数据库管理系统在使用之前必须实现软件的安装与配置。任务 3 主要介绍 SQL Server 的发展，SQL Server 2016 的版本、主要功能、新增功能及安装与配置。

3.1　知识准备

1. SQL Server 发展历史

SQL Server 是世界上用户最多的数据库管理系统，是一个既可以支持大型企业级应用，也可以用于个人用户甚至移动端的数据库软件。SQL Server 是微软公司的一个关系数据库管理系统，它的历史是从 Sybase 开始的。SQL Server 从 20 世纪 80 年代后期开始开发，最早起源于 1987 年的 Sybase SQL Server。

1988 年，微软、Sybase 和 Ashton – Tate 合作，在 Sybase 的基础上研发出了在 OS/2 操作系统上使用的 SQL Server 1.0。

1989 年，SQL Server 1.0 面世，Ashton – Tate 退出 SQL Server 的开发。

1990 年，SQL Server 1.1 面世，并被微软公司正式推向市场。

1992 年，微软公司和 Sybase 共同开发的 SQL Server 4.2 面世。

1995 年，SQL Server 6.0 发布。随后推出的 SQL Server 6.5 取得巨大成功。

1998 年，微软公司发布了 SQL Server 7.0 产品，开始进军企业级数据库市场。

2000 年，微软公司发布了 SQL Server 2000 产品，引入了对多实例的支持，并且允许用户选择排序规则。

2005 年，微软公司发布了 SQL Server 2005 产品，带来了重大的架构变革。

2008 年，微软公司发布了 SQL Server 2008，这是上一代产品的升级和强化，性能更强大，功能更全面，安全性更高。

2012 年，微软公司继发布 SQL Server 2008 后，于 2012 年 3 月正式发布了 SQL Server 2012。

2014 年，SQL Server 2014 发布，这一版本可以满足企业当前的业务需求，并提供更高的可靠性和性能。

2016 年，SQL Server 2016 产品发布，其在关键技术和新特性上有很大改进。

2. SQL Server 2016 的版本介绍

微软 SQL Server 2016 分为 5 个版本，分别是企业版（Enterprise）、标准版（Standard）、Web 版、开发人员版（Developer）和快捷版（Express）。

① SQL Server 2016 企业版（Enterprise）提供了全面的高端数据中心功能，性能极为快捷，虚拟化不受限制，还具有端到端的商业智能，可为关键任务工作负荷提供较高服务级别，支持最终用户访问深层数据。

② SQL Server 2016 标准版（Standard）提供了基本数据管理和商业智能数据库，使部门和小型组织能够顺利运行其应用程序，并支持将常用开发工具用于内部部署和云部署，有助于以最少的 IT 资源获得高效的数据库管理。

③ SQL Server 2016 Web 版对于 Web 主机托管服务提供商和 Web VAP 而言，是一项总拥有成本较低的选择，它可针对从小规模到大规模 Web 资产等内容提供可伸缩性、经济性和可管理性能力。

④ SQL Server 2016 开发人员版（Developer）支持开发人员基于 SQL Server 构建任意类型的应用程序。它包括 Enterprise 版的所有功能，但有许可限制，只能用作开发和测试系统，而不能用作生产服务器。SQL Server 2016 Developer 是构建 SQL Server 和测试应用程序的人员的理想之选。

⑤ SQL Server 2016 快捷版（Express）是入门级的免费数据库，是学习和构建桌面及小型服务器数据驱动应用程序的理想选择，也是独立软件供应商、开发人员和热衷于构建客户端应用程序的人员的最佳选择。如果您需要使用更高级的数据库功能，则可以将 SQL Server 2016 Express 无缝升级到其他更高端的 SQL Server 版本。SQL Server 2016 Express LocalDB 是 Express 的一种轻量级版本，它具备 Express 的所有可编程性功能，但在用户模式下运行，还具有零配置快速安装和必备组件要求较少的特点。

3. SQL Server 2016 主要功能

SQL Server 2016 是 Microsoft 数据平台历史上最大的一次跨越性发展，提供了可提高性能、简化管理以及将数据转化为切实可行的各种功能，而且所有的这些功能都可用在一个任何主流平台上运行的漏洞最少的数据库实现。SQL Server 2016 基本功能包括以下内容。

（1）实时运营分析

在 SQL Server 2016 中，将内存中列存储和行存储功能结合起来，可以直接对事务性数据进行快速分析处理。它开放了实时欺诈检测等新方案，事务处理能力速度提高了 30 倍，并将查询性能从分钟级别提高到秒级别。

（2）高可用性和灾难恢复

SQL Server 2016 中增强的 AlwaysOn 是用于实现高可用性和灾难恢复的统一解决方案，利用它可获得任务关键型正常运行时间、快速故障转移、轻松设置和可读辅助数据库的负载平衡。此外，在 Azure 虚拟机中放置异步副本可实现混合的高可用性。

（3）安全性和合规性

利用可连续运行 6 年时间、在任何主流平台上运行的漏洞最少的数据库，保护静态和动态数据。SQL Server 2016 中的安全创新通过一种多层次的方法帮助保护任务关键型工作负载的数据，这种方法在行级别安全性、动态数据掩码和可靠审核的基础上又添加了加密技术。

（4）在价格和大规模性能方面位居第一

SQL Server 专为运行一些要求非常苛刻的工作负载而构建，在 TPC－E、TPC－H 和实际应用程序性能的基准方面始终保持领先。通过与 Windows Server 2016 配合使用，最高可扩展至 640 个逻辑处理器，拥有多达 12 TB 可寻址存储器的能力。

（5）性能最高的数据仓库

通过使用 Microsoft 并行仓库一体机的扩展和大规模并行处理功能，企业级关系数据仓库中的数据可以扩展到 PB 级，并且能够与 Hadoop 等非关系型数据源进行集成。支持小型数据市场到大型企业数据仓库，同时通过加强数据压缩降低了存储需求。

（6）将复杂的数据转化为切实可行的见解

通过 SQL Server Analysis Services 构建全面分析解决方案，无论是多维模型还是表格模型，均可在内存中实现快如闪电的性能。使用 DirectQuery 快速访问数据，而不必将其存储在 Analysis Services 中。

（7）移动商业智能

通过在任何移动设备上提供正确见解来提高组织中的业务用户的能力。

（8）从单一门户管理报告

利用 SQL Server Reporting Services 进行管理，并在一个地方提供对用户的移动和分页报告以及关键绩效指标的安全访问。

（9）简化大数据

通过使用简单的 Transact－SQL 命令查询 Hadoop 数据的 PolyBase 技术来访问大型或小型数

据。此外，新的 JSON 支持可让用户分析和存储 JSON 文档并将关系数据输出到 JSON 文件中。

（10）数据库内高级分析

使用 SQL Server Reporting Services 构建智能应用程序。通过直接在数据库中执行高级分析和被动响应式分析，从而实现预测性和指导性分析。使用多线程和大规模并行处理，与单独使用开源 R 相比，可更快地获得见解。

（11）从本地到云均提供一致的数据平台

作为世界上第一个云中数据库，SQL Server 2016 提供从本地到云的一致体验，可构建和部署用于管理的数据投资的混合解决方案。用户可从在 Azure 虚拟机中运行 SQL Server 工作负载的灵活性中获益，或使用 Azure SQL Database 扩展并进一步简化数据库管理。

（12）易用的工具

在本地 SQL Server 和 Microsoft Azure 中使用已有的技能和熟悉的工具来管理数据库基础结构，例如，Azure Active Directory 和 SQL Server Management Studio（SSMS）。跨各种平台应用行业标准 API 并从 Visual Studio 下载更新的开发人员工具，以构建下一代的 Web、企业、商业智能以及移动应用程序。

3.2 实战训练

【实战训练】安装 SQL Server 2016 企业版（Enterprise）。

任务分析：

在安装 SQL Server 2016 之前，必须配置适用的硬件和软件，才能避免安装过程中发生问题，保证 SQL Server 的正常运行。下面以 SQL Server 2016（64 位）为例进行介绍。

1. 硬件要求

SQL Server 2016 安装的硬件要求见表 3 – 1。

表 3 – 1　SQL Server 2016 安装的硬件要求

组件	要求
硬盘	SQL Server 2016 要求最少 6 GB 的可用磁盘空间。磁盘空间要求将随所安装的 SQL Server 2016 组件的不同而发生变化
驱动器	从磁盘进行安装时需要相应的 DVD 驱动器
显示器	SQL Server 2016 要求有 Super – VGA（800×600）或更高分辨率的显示器
Internet	使用 Internet 功能需要连接 Internet
内存	最低要求：快捷版 512 MB，所有其他版本 1 GB。推荐：快捷版 1 GB，所有其他版本至少 4 GB，并且应随着数据库大小的增加而增加来确保最佳性能
处理器速度	最低要求：x64 处理器 1.4 GHz 推荐：2.0 GHz 或更快
处理器类型	x64 处理器：AMD Opteron、AMD Athlon 64、支持 Intel EM64T 的 Intel Xeon，以及支持 EM64T 的 Intel Pentium IV

2. 软件要求

SQL Server 2016 安装的软件要求见表3 - 2。

表3 - 2　SQL Server 2016 安装的软件要求

组件	要求
操作系统	Windows Server 2012 以上版本适合于所有的 SQL Server 2016 版本，Windows 10、Windows 8 适合于 SQL Server 2016 中的开发人员版、标准版和快捷版
. NET Framework	SQL Server 2016 和更高版本需要 . NET Framework 4. 6 才能运行数据库引擎、Master Data Services 或复制。SQL Server 安装程序自动安装 . NET Framework。还可以从适用于 Windows 的 Microsoft. NET Framework 4. 6（Web 安装程序）手动安装 . NET Framework
网络软件	SQL Server 支持的操作系统具有内置网络软件。独立安装项的命名实例和默认实例支持以下网络协议：共享内存、命名管道、TCP/IP 和 VIA

任务实施：

在安装 SQL Server 2016 时需要连接网络。中途不能断开网络。如果需要安装 SQL 全部功能，则需要先安装 JDK；若只需要安装数据库部分功能，则可以不安装 JDK。下面以安装 SQL Server 2016 Enterprise 简体中文版为例，介绍具体的安装步骤。

1）进入 SQL Server 安装中心

打开 SQL Server 2016 安装文件夹，鼠标右击 "setup. exe"，选择 "以管理员身份运行" 命令，出现等待界面后，接着会打开 "SQL Server 安装中心" 对话框，如图3 - 1 所示。

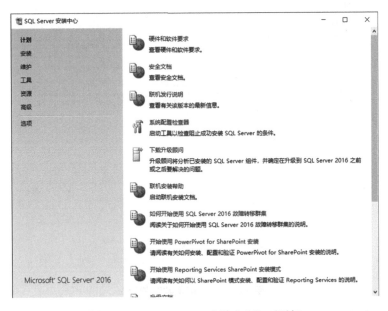

图3 - 1　"SQL Server 安装中心" 对话框

2）输入产品密钥

在 "SQL Server 安装中心" 对话框左侧单击 "安装"，然后在界面右侧单击 "全新 SQL Server 独立安装或向现有安装添加功能" 即可打开输入产品密钥界面，如图3 - 2 所示。此版本的产品密钥是自动填写的，如果没有自动填写则需要手动输入，然后单击"下一步"按钮。

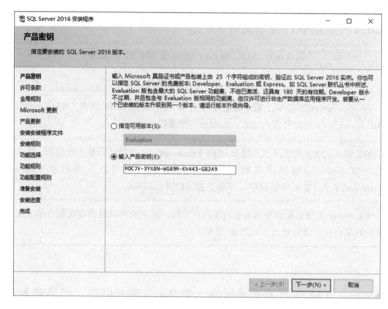

图 3 – 2　输入产品密钥界面

3）接受产品许可条款

在打开的"许可条款"界面中，单击"我接受许可条款"复选框，如图 3 – 3 所示，然后单击"下一步"按钮。

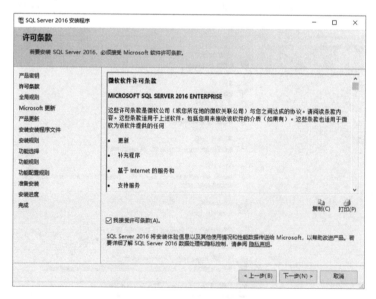

图 3 – 3　"许可条款"界面

4）检查安装规则状态

在打开的"安装规则"界面中，检查所有安装规则状态是否为"已通过"，如果出现"未通过"则需要单击相应状态链接进行查看，并解决安装过程中所发生的问题，安装程序才能继续，如图 3 – 4 所示，检查完毕后，单击"下一步"按钮。

图 3 - 4　"安装规则"界面

5）功能选择

"功能选择"界面用于选择要安装的 Enterprise 功能，建议全选所有功能，然后取消"R 服务（数据库内）"和"R server（独立）"复选框，并将 SQL Server 软件安装到 C 盘以外的其他磁盘，例如，将"实例根目录""共享功能目录"和"共享功能目录（x86）"改为 D 盘下的软件安装目录，如图 3 - 5 所示。设置完成后，单击"下一步"。

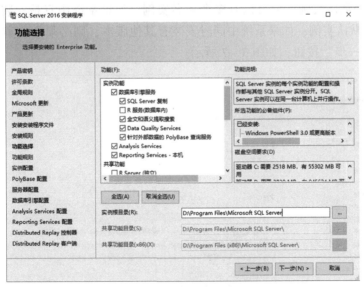

图 3 - 5　"功能选择"界面

6）检查功能规则状态

在"功能规则"界面中，检查所有功能规则状态是否为"已通过"，如果出现"未通过"则需要单击状态链接进行查看，并解决安装过程中所发生的问题，安装程序才能继续。经常会出现的失败状态发生在"Polybase 要求安装 Oracle JRE 7 更新 51（64 位）或更高版本"规则项，解决方法有两种：第一，下载安装 jdk7（必须是 jdk7，不能是其他版本），再重新尝试安装 SQL

Server 2016；第二，返回至安装步骤 5，在"功能选择"界面中取消勾选"针对外部数据的 PloyBase 查询服务"复选框。检查完毕后，单击"下一步"按钮，如图 3-6 所示。

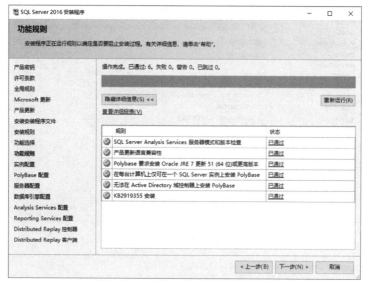

图 3-6 "功能规则"界面

7）实例配置

在"实例配置"界面中需要选择是采用"默认实例"还是自行"命名实例"。实例名是指在安装 SQL Server 的过程中给服务器取得的名称，默认实例名称是 MSSQLSERVER，SQL Server 只能有一个默认实例，但可以有多个命名实例。如果系统中只是安装一个 SQL Server 版本，则可采用默认实例；如果系统中同时安装有其他版本，则必须命名实例，实例配置完成后，单击"下一步"按钮，如图 3-7 所示。

图 3-7 "实例配置"界面

8）PolyBase 配置

在"PolyBase 配置"界面中，选择"将此 SQL Server 用作已启动 PolyBase 的独立实例"，设置完成后单击"下一步"按钮。

9）服务器配置

服务器配置一般进行默认设置，不需要进行修改，单击"下一步"按钮。

10）数据库引擎配置

数据库引擎配置需要指定数据库引擎身份验证安全模式、管理员、数据目录及 TempDB。其中数据目录和 TempDB 均为默认设置，在"身份验证模式"中需要指定以下项目：

① 为 SQL Server 实例选择"Windows 身份验证模式"或"混合模式"。如果选择"混合模式"身份验证，则必须为内置 SQL Server 系统管理员账户提供一个强密码。在设备与 SQL Server 成功建立连接后，用于 Windows 身份验证和混合模式身份验证的安全机制是相同的。这里选择"混合模式"，并输入密码。

② 指定 SQL Server 管理员。必须至少为 SQL Server 实例指定一个系统管理员。这里单击"添加当前用户"按钮，添加当前用户，如图 3 - 8 所示。

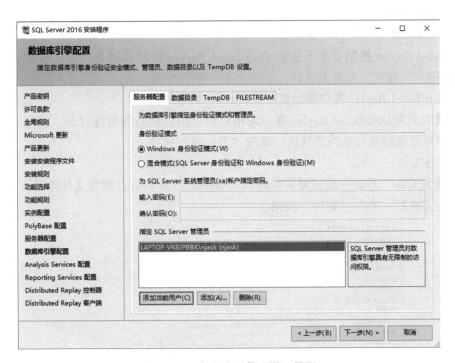

图 3 - 8 "数据库引擎配置"界面

11）Analysis Services 配置

Analysis Services 配置包括"服务器配置"和"数据目录"两部分，在"服务器配置"中选择服务器模式为"多维和数据挖掘模式"，并单击"添加当前用户"按钮。数据目录均为默认安装目录，如图 3 - 9 所示。配置完成后，单击"下一步"按钮。

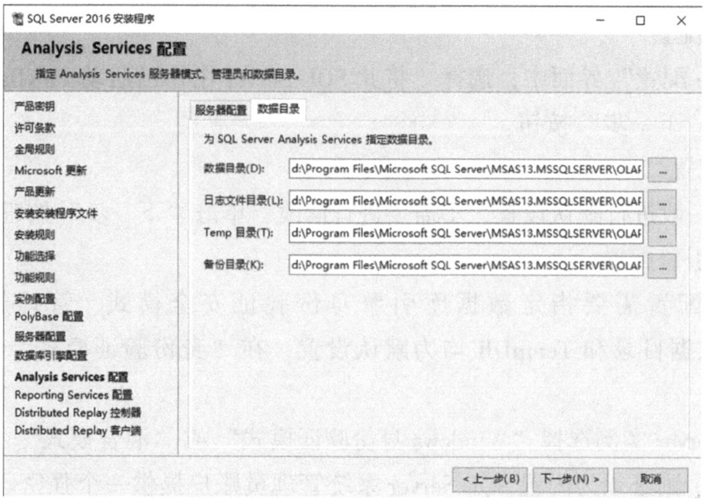

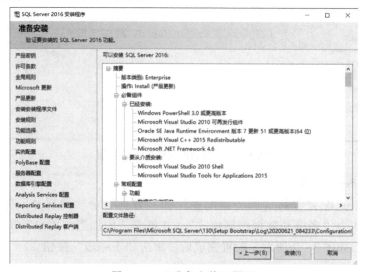

图 3 – 9 "Analysis Services 配置"界面

12）Reporting Services 配置

Reporting Services 配置包括"Reporting Services 本机模式"和"Reporting Services SharePoint 集成模式"，分别选择默认配置选项"安装和配置"及"仅安装"。配置完成后，单击"下一步"按钮。

13）Distributed Replay 控制器配置

Distributed Replay 控制器用于指定 Distributed Replay 控制器服务的访问权限，这里单击"添加当前用户"按钮。配置完成后，单击"下一步"按钮。

14）Distributed Replay 客户端配置

此步骤用于为 Distributed Replay 客户端指定相应的控制器和数据目录，控制器名称可以为空，工作目录和结果目录均为默认，单击"下一步"按钮。

15）准备安装

在"准备安装"界面中验证要安装的 SQL Server 2016 功能及配置文件路径，如图 3 – 10 所示，验证完成后，单击"安装"按钮。

图 3 – 10 "准备安装"界面

16）进行安装

在安装过程中，"安装进度"界面中会显示相应的状态，可以在安装过程中监视安装进度，如图 3 – 11 所示。

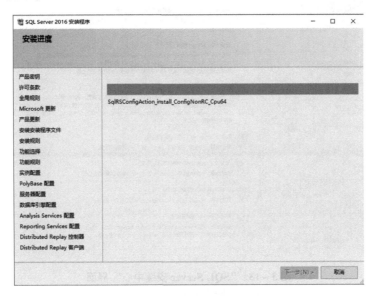

图 3 – 11　"安装进度"界面

17）安装完成

SQL Server 2016 安装成功后，出现如图 3 – 12 所示界面，单击"关闭"按钮即可完成安装。

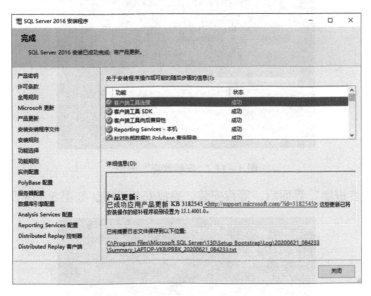

图 3 – 12　"完成"界面

18）安装 SQL Server 管理工具 SSMS

SSMS 是一个集成环境，用于访问、配置、管理和开发 SQL Server 的所有组件。SSMS 组合了大量图形工具和丰富的脚本编辑器，使各种技术水平的开发人员和管理员都能访问 SQL Server。SQL Server 2016 企业版需要独立安装 SSMS。具体安装步骤如下：

① 双击安装文件"SSMS – Setup – CHS. exe",打开"SQL Server 安装中心"界面,如图 3 –13所示。单击"安装 SQL Server 管理工具",进入"安装欢迎"界面。

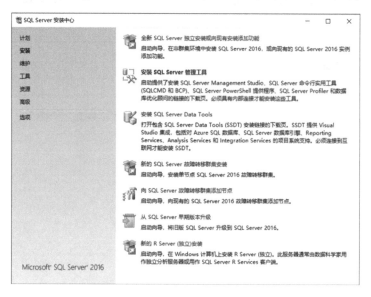

图 3 –13 "SQL Server 安装中心"界面

② 在"安装欢迎"界面中,更改安装路径,通常 SQL Server 管理工具安装路径和 SQL Server 相同,更改完成后,单击"安装"按钮,如图 3 –14 所示。

图 3 –14 "安装欢迎"界面

③ 进入"安装进度"界面后,等待安装,完成安装进度,如图 3 –15 所示。

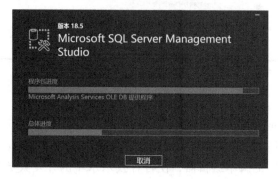

图 3 –15 "安装进度"界面

④ 单击"重新启动"按钮，完成安装程序，如图 3 – 16 所示。

图 3 – 16　"安装完成"界面

任务 4　SQL Server 2016 的验证与使用

SQL Server 2016 安装完成之后，需要熟悉 SQL Server 2016 系统组成，掌握基本的验证和使用方法，才能保证数据库系统开发的顺利进行。任务 4 主要介绍 SQL Server 2016 组件及管理工具、SQL Server 配置管理器和 SQL Server Management Studio 的使用。

4.1　知识准备

1. SQL Server 2016 组件

（1）SQL Server 数据库引擎

SQL Server 数据库引擎包括数据库引擎、部分工具和数据库引擎服务（DQS）服务器，其中引擎是用于存储、处理和保护数据，复制及全文搜索的核心服务，工具用于管理数据库分析集成中和可访问 Hadoop 及其他异类数据源的 PolyBase 集成中的关系数据和 XML 数据。

（2）Analysis Services

Analysis Services 包括一些工具，可用于创建和管理联机分析处理（OLAP）以及数据挖掘应用程序。

（3）Reporting Services

Reporting Services 包括用于创建、管理和部署表格报表、矩阵报表、图形报表以及自由格式报表的服务器和客户端组件。Reporting Services 还是一个可用于开发报表应用程序的可扩展平台。

（4）Integration Services

Integration Services 是一组图形工具和可编程对象，用于移动、复制和转换数据。它还包括数据库引擎服务的 Integration Services 组件。

（5）Master Data Services

Master Data Services（MDS）是针对主数据管理的 SQL Server 解决方案。可以配置 MDS 管理任何领域（包括产品、客户、账户）MDS 中可包括层次结构、各种级别的安全性、事务、数据版本控制和业务规则，以及可用于管理数据 Excel 的外接程序。

（6）R Services（数据库内）

R Services（数据库内）支持在多个平台上使用可缩放的分布式 R 解决方案，并支持使用多个企业数据源（如 Linux、Hadoop 和 Teradata 等）。

2. SQL Server 2016 管理工具

（1）SQL Server Management Studio

SQL Server Management Studio 是用于访问、配置、管理和开发 SQL Server 组件的集成环境。Management Studio 使各种技术水平的开发人员和管理员都能使用 SQL Server。用户可以从 Management Studio 中下载 SQL Server Management Studio 并安装。

（2）SQL Server 配置管理器

SQL Server 配置管理器为 SQL Server 服务、服务器协议、客户端协议和客户端别名提供基本配置管理。

（3）SQL Server Profiler

SQL Server Profiler 提供了一个图形用户界面，用于监视数据库引擎实例或 Analysis Services 实例。

（4）数据库引擎优化顾问

数据库引擎优化顾问可以协助创建索引、索引视图和分区的最佳组合。

（5）数据质量客户端

数据质量客户端提供了一个非常简单和直观的图形用户界面，用于连接到 DQS 数据库并执行数据清理操作。它还允许集中监视在数据清理操作过程中执行的各项活动。

（6）SQL Server Data Tools

SQL Server Data Tools 提供 IDE 以便为以下商业智能组件生成解决方案，如 Analysis Services、Reporting Services 和 Integration Services。SQL Server Data Tools 还包含"数据库项目"，为数据库开发人员提供集成环境，以便在 Visual Studio 内为任何 SQL Server 平台（包括本地和外部）执行其所有数据库设计工作。数据库开发人员可以使用 Visual Studio 中功能增强的服务器资源管理器，轻松创建或编辑数据库对象和数据执行查询。

（7）连接组件

连接组件即安装的用于客户端和服务器之间通信的组件，以及用于 DB – Library、ODBC 和 OLE DB 的网络库。

4.2 实战训练

【实战训练 4 – 1】使用 SQL Server 2016 配置管理器。

任务实施：

SQL Server 2016 配置管理器为 SQL Server 2016 服务、服务器协议、客户端协议和客户端别名提供基本配置管理。使用 SQL Server 配置管理器可以完成的功能包括启动 SQL Server 服务、修改服务启动模式、配置客户端网络协议、更改服务使用账户。

1）启动 SQL Server 服务

在访问数据库之前，必须启动 SQL Server 必要的服务，否则 SQL Server 将无法正常使用。手动启动 SQL Server 服务的操作步骤如下：

① 在"开始"菜单中选择"Microsoft SQL Server 2016"，单击"SQL Server 2016 配置管理器"选项，打开"Sql Server Configuration Manager"界面，如图 4 - 1 所示。

② 在界面左窗格中单击"SQL Server 服务"选项，右窗格中会显示 SQL Server 服务名称、状态、启动模式等信息，如图 4 - 2 所示。SQL Server 服务主要包括：

● SQL Server（MSSQLSERVER）是数据库引擎服务，就像汽车的发动机一样，此服务是必须要开启的。

● SQL Server 代理（MSSQLSERVER）是一个代理服务，如果存在自动运行的定时作业、维护计划、定时备份数据库等操作，此服务就需要开启。

● SQL Server Reporting Services（MSSQLSERVER）是报表服务，一般不用开启，除非存在报表，需要通过这个组件来提供报表服务。

● SQL Server Analysis Services（MSSQLSERVER）是分析服务，一般不用开启，如果需要多位分析和数据挖掘，才需要开启。

● SQL Full-text Filter Daemon Launcher（MSSQLSERVER）是全文检索服务，如果没有使用全文检索技术，也不需要开启。

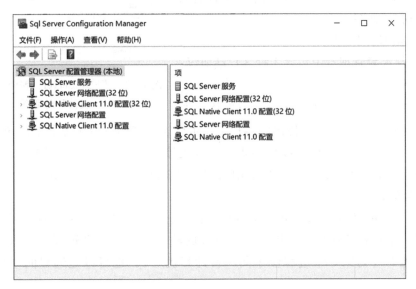

图 4 - 1　"Sql Server Configuration Manager"界面

图 4 – 2   SQL Server 服务

③ 手动开启 SQL Server（MSSQLSERVER）服务的具体操作为：在"SQL Server 服务"选项的右窗格中，右击该服务，在快捷菜单中选择"启动"命令。

2）修改服务启动模式

SQL Server 配置管理器提供修改服务启动模式功能，可以将 SQL Server 服务启动模式修改为"自动"，这样可避免手动启动服务的频繁操作。修改 SQL Server（MSSQLSERVER）服务启动模式的操作步骤如下：

① 在"SQL Server 服务"选项的右窗格中，右击"SQL Server（MSSQLSERVER）"，在快捷菜单中选择"属性"命令，可打开"SQL Server（MSSQLSERVER）属性"对话框。

② 在打开的"SQL Server（MSSQLSERVER）属性"对话框中，选择"服务"选项卡，设置启动模式为"自动"，如图 4 – 3 所示。

3）配置客户端网络协议

SQL Server 配置管理器中包含 3 种客户端协议：Shared Memory、TCP/IP 和 Named Pipes 协议。

图 4 – 3   "SQL Server（MSSQLSERVER）属性"对话框

● Shared Memory：Shared Memory 是最快最简单的协议，使用 Shared Memory 协议的客户端仅可以连接到同一台服务器上的 SQL Server 实例。如果其他协议有误，可以通过 Shared Memory 连接到本地服务器进行故障处理。

● TCP/IP：TCP/IP 是 Internet 上使用广泛的通信协议，它包括路由网络协议的标准，提供高级的安全功能。

● Named Pipes 协议：Named Pipes 是为局域网开发的协议。内存的一部分被某个进程用来向另一个进程传递信息，因此一个进程的输出就是另一个进程的输入。第二个进程可以是本地的（与第一个进程位于同一台计算机上），也可以是远程的（位于联网的计算机上）。

① 启用或禁用客户端协议。在 SQL Server 配置管理器中，展开"SQL Native Client 11.0 配置"，单击"客户端协议"，如图 4 – 4 所示。在左侧窗格中右键单击某个客户端协议，在

打开的快捷菜单中选择"启用"命令，可启用该协议；如果需要禁用某个协议，则选择"禁用"命令。

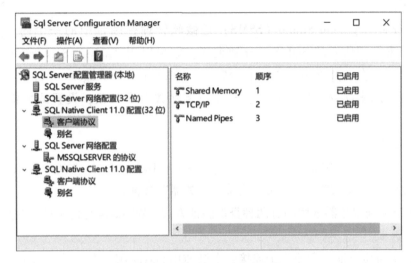

图 4 - 4　SQL Server 客户端协议

② 更改客户端协议顺序。在 SQL Server 配置管理器中，展开"SQL Native Client 11.0 配置"，右键单击某个"客户端协议"，再选择"顺序"命令，打开"客户端协议属性"对话框，如图 4 - 5 所示。在此对话框右侧的"启用的协议"中，选中某个协议，单击"↑"或"↓"按钮，可更改连接到 SQL Server 时使用的协议顺序。

4）更改服务使用账户

SQL Server 2016 可以为不同的服务指定不同的账户，在此可以通过配置管理器对原来指定的账户进行修改。右击右侧名称列表中的"SQL Server（MSSQLSERVER）"，选择"属性"命令，打开"SQL Server（MSSQLSERVER）属性"对话框，如图 4 - 6 所示。在此可以修改内置账户与本账户的属性。

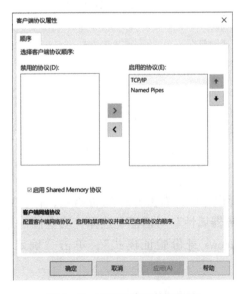

图 4 - 5　更改客户端协议顺序

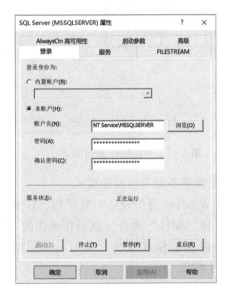

图 4 - 6　更改服务使用账户

【实战训练4-2】使用 SQL Server Management Studio 对象资源管理器。

任务实施：

SQL Server Management Studio（SSMS）是微软管理控制台中的一个内建控制台，用来管理所有的 SQL Server 数据库，它可以用 Analysis Services 对关系数据库提供集成的管理。在 SQL Server 2016 系统中，SQL Server Management Studio 是其核心的管理工具，可以用来配置数据库系统，建立或删除数据库对象，设置或取消用户的访问权限等。

1）登录 SSMS

① 在"开始"菜单中选择 Microsoft SQL Server Tools，单击"SQL Server Management Studio"，启动对象资源管理器，进入"连接到服务器"界面。

② SSMS 连接到服务器常用的有两种身份验证方式：Windows 身份验证和 SQL Server 身份验证。

● Windows 身份验证，主要用于连接到本机 SQL Server 服务器，其中服务器名称为本机计算机名称（可通过右击桌面上的"此电脑"图标查看），也可以在命令行输入"localhost"查看，此种连接方式无需录入用户名和密码，如图4-7所示。

● SQL Server 身份验证，既可连接到本机 SQL Server 服务器，也可以连接到互联网上的另一台 SQL Server 服务器。当连接到本机时，服务器名称为本机计算机名称；当连接到另一台服务器时，服务器名称为该服务器 IP 地址或域名。此种连接方式必须录入登录名和密码，登录名为"sa"，密码为安装 SQL Server 2016 时选择"混合模式"身份验证的强密码，如图4-8所示。

图4-7　Windows 身份验证

图4-8　SQL Server 身份验证

2）更改服务器身份验证模式

以"Windows 身份验证"登录后，在资源管理器中，右击 SQL 服务器名，在弹出的快捷菜单中选择"属性"命令，然后在弹出的"服务器属性"对话框中选择"安全性"选项，将服务器身份验证模式改为"SQL Server 和 Windows 身份验证模式"，单击"确定"按钮，如图4-9所示。

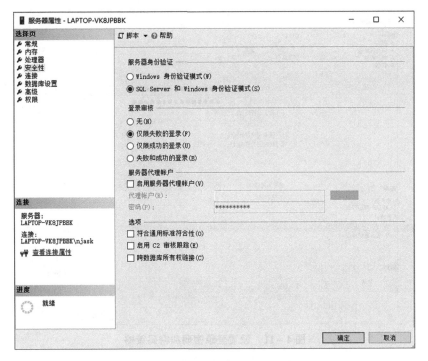

图 4 – 9　更改服务器身份验证模式

3）设置服务器账户

在 SSMS 对象资源管理器中，展开"安全性"→"登录名"列表菜单，右击 sa 账户，在弹出的快捷菜单中选择"属性"命令，然后在弹出的"登录属性 – sa"对话框中选择"状态"选项，把登录名状态由"禁用"改为"启用"，如图 4 – 10 所示。选择"常规"选项，设置 sa 账户的登录密码和密码策略，如图 4 – 11 所示。

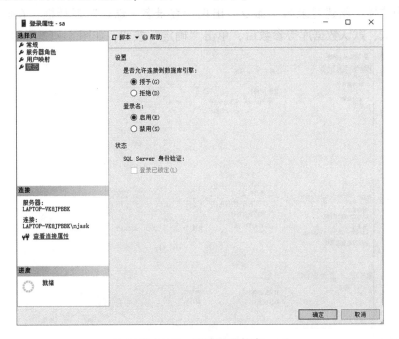

图 4 – 10　更改登录状态

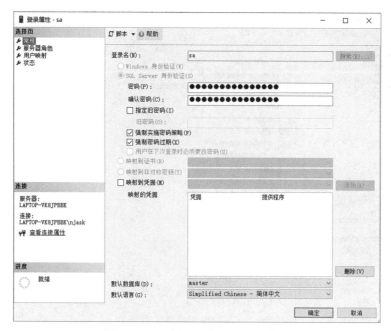

图 4-11 设置登录密码和密码策略

4）重新启动服务，使得修改生效

选择"开始"→"程序"→"Microsoft SQL Server 2016"→"SQL Server 2016 配置管理器"命令，打开 SQL Server 2016 配置管理器对话框，展开"SQL Server 服务"，在对话框右部区域，右击"SQL Server（MSSQLSERVER）"，选择"重新启动"。

5）创建新服务账户

在 SSMS 对象资源管理器中，展开"安全性"列表菜单，右击"登录名"选项，在弹出的快捷菜单中选择"新建登录名"命令，出现"登录名－新建"对话框，在此设置登录名、服务器验证模式、默认数据库等参数后，单击"确定"按钮，如图 4-12 所示。

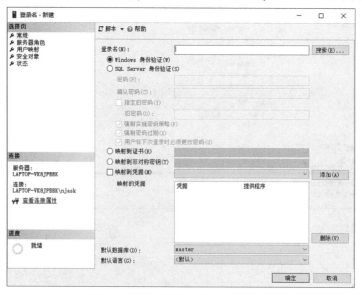

图 4-12 "登录名－新建"对话框

【实战训练4-3】使用 SQL Server Management Studio 查询分析器。

任务实施：

SQL Server Management Studio 查询分析器是一个提供了图形界面的查询管理工具，用于提交 Transact-SQL 语言，然后发送给服务器，并返回执行结果。该工具支持基于任何服务器的任何数据连接。在开发和维护应用系统时，查询分析器是非常常用的管理工具之一。

在启动的 SQL Server Management Studio 对话框中，单击工具栏中的"新建查询"按钮，系统弹出新建查询界面，如图4-13所示。在该界面中，可以将查询结果以3种不同的方式显示。在空白处右击，在弹出的快捷菜单中选择"将结果保存到"命令，便可以看到图4-14所示的3种方式。

① "以文本格式显示结果"：是以当前连接选项的格式显示结果。

② "以网格显示结果"：与"以文本格式显示结果"相比更节省空间，显示结果更容易被理解。

③ "将结果保存到文件"：可以将结果保存到扩展名为 .sql 的文件中，再次使用该文件时，只需在 SSMS 中打开即可。

图4-13 新建查询界面

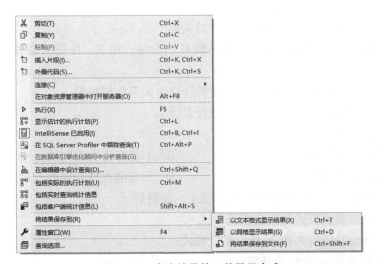

图4-14 查询结果的3种显示方式

单元测试

一、选择题

1. (　　) 是位于用户与操作系统之间的一层数据管理软件，数据库在建立、使用和维护时由其统一管理、统一控制。

   A. 数据库管理系统（DBMS）　　　　　　B. 数据库系统（DBS）

   C. 数据库（DB）　　　　　　　　　　　D. DBA

2. SQL Server 是 (　　)。

   A. 数据　　　　　B. 数据库管理系统　　C. 数据库　　　　D. 数据库系统

3. 数据库管理系统的功能主要包括 (　　)。

   A. 数据定义功能　　　　　　　　　　　B. 数据操纵功能

   C. 数据库管理功能　　　　　　　　　　D. 数据库维护功能

4. 以下关于 E-R 图描述不正确的是 (　　)。

   A. 用矩形表示实体　　　　　　　　　　B. 用三角形表示属性

   C. 用菱形表示联系　　　　　　　　　　D. 用直线段连接实体与属性

5. 以下描述错误的是 (　　)。

   A. 层次模型是用树形结构来表示各类实体以及实体间的联系

   B. 网状模型是使用网状结构来表示各类实体以及实体间的联系，它是对层次模型的拓展

   C. 关系模型是一种表结构，每个表称作一个关系

   D. 关系模型的二维表中，每一行数据称作一条记录，每一列数据称作属性，列标题称作属性名

6. 以下描述中不属于数据库设计的阶段是 (　　)。

   A. 概念结构设计阶段　　　　　　　　　B. 逻辑结构设计阶段

   C. 层次结构设计阶段　　　　　　　　　D. 数据库物理设计阶段

7. 以下说法不正确的是 (　　)。

   A. 概念结构设计阶段是整个数据库设计的关键

   B. 概念结构设计阶段需要使用"实体—联系"方法，用 E-R 图来描述现实世界的概念模型

   C. 逻辑结构设计阶段的任务是将概念模型转换为关系数据模型

   D. 数据库物理设计阶段就是对数据库进行设计

8. 关于二维表需要满足的性质不包括 (　　)。

   A. 每个属性列都可以拆分　　　　　　　B. 不能有完全相同的元组

   C. 不能有完全相同的属性名称　　　　　D. 元组的次序和属性的次序都是无关紧要的

9. SQL Server 2016 数据库有两种身份验证模式，分别是 (　　)。

   A. Windows 身份验证模式和混合验证模式

   B. Windows 身份验证模式和 sa 身份验证模式

   C. 混合验证模式和 sa 身份验证模式

D. 混合验证模式和 SQL Server 验证模式

10. 下列选项中，哪个是配置 SQL Server 服务器内置的系统管理员账户？（　　　）

    A. root   B. scott   C. sa   D. test

11. 下面关于 SSMS 的说法，不正确的是（　　　）。

    A. SSMS 是 SQL Server Management Studio 的简写

    B. SSMS 是用于管理 SQL Server 基础架构的集成环境

    C. SSMS 由 SQL Server 直接安装，无需独立安装

    D. SSMS 安装成功之后需要重启计算机

12. SQL Server 2016 使用（　　　）工具来启动、停止和监控服务。

    A. SQL Server profile   B. SSMS

    C. 数据库引擎优化顾问   D. SQL Server 配置管理器

二、填空题

1. _____是长期存储在计算机内有序的、可共享的数据集合。

2. 数据模型中实体之间联系主要有_____、_____、_____。

3. SQL Server 是一个_____型的数据库管理系统。

4. 关系模型是用_____表示实体，用_____表示实体间的联系。

5. _____是指二维表中一个属性或者多个属性的组合，它能够唯一标识这张二维表。

6. _____指一张二维表中的一个属性，它不是本张表的主键，却是另一张表的主键，或主键属性组之一。

7. 在访问数据库之前，必须启动 SQL Server 的_____服务，否则 SQL Server 将无法正常使用。

第二单元
创建和管理数据库

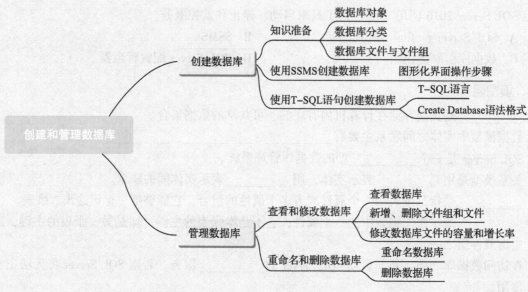

本单元知识要点思维导图

完成了数据库的概念结构设计和逻辑结构设计之后，接下来的任务是进行数据库的物理设计。数据库物理设计包括创建和管理数据库、创建和管理数据表。本单元介绍数据库的创建和管理。在 SQL Server 2016 中创建和管理数据库可以使用 SSMS 的图形化界面，也可以通过编写执行 T-SQL 语句实现。

学习目标

1. 了解 SQL Server 2016 数据库的常用对象。
2. 了解数据库的分类。
3. 掌握 SQL Server 2016 数据库的文件与文件组。
4. 掌握使用图形化界面 SSMS 创建数据库的方法。
5. 掌握使用 T-SQL 语句创建数据库的方法。
6. 熟悉修改数据库和删除数据库的方法。

任务 5　使用 SSMS 创建数据库

　　SQL Server 提供了两种方式创建数据库,一是通过图形化界面 SSMS 间接对数据库进行创建,二是通过 T－SQL 语句直接对数据库进行创建。前一种方式操作方便,入门容易,但是当数据库文件数量较多时,操作起来非常繁琐;后一种方式功能强大,可以通过编程实现。本单元分别采用两种方式进行讲解,任务 5 介绍通过图形化界面对数据库进行创建,目的是熟悉数据库的组成,任务 6 介绍使用 T－SQL 语句实现对数据库的创建。

5.1　知识准备

1. 数据库对象

　　数据库中存放着各种数据库对象,数据库对象是具体存储数据或对数据进行操作的实体,这些数据库对象都是保存在数据库文件中的。数据库实际上是一个存放数据库对象的容器,

SQL Server 数据库对象有数据库关系图、表、索引、视图、函数、存储过程、触发器等,如图 5－1 所示。其中常用的数据库对象有如下几种。

　　(1) 表

　　数据库中存放数据的"容器"就是表,表是 SQL Server 中一种重要的数据库对象。在定义数据库结构时,首先应定义数据表的结构,如数据记录的列名称、列类型、取值范围等,而且还要定义数据表之间的联系、数据表的安全性和完整性约束等。这些有关数据表的定义,都将在一定程度上影响数据库的性能。

　　(2) 索引

　　索引是对数据库表中一列或多列的值进行排序的一种结构,它可以提高 SQL Server 系统的性能,加快数据的查询速度,减少系统的响应时间。另外,索引还可以防止列中出现重复的数据。

　　(3) 视图

　　视图是一种虚拟的数据表,其数据列和数据行都是来自于基本表并且由定义视图的查询产生。视图中不保存数据库中的数据,真正的数据存放在原来的基本表中,一旦基本表的数据变化了,视图中对应的数据也会发生变化。视图提供了用户操作数据的方便性,可以通过视

图 5－1　数据库对象

图关注那些自己感兴趣的数据。

（4）存储过程

存储过程是利用 SQL 语句和流程控制语句编写的预编译程序，存储在数据库内，可以被客户端应用程序调用，并允许数据以参数形式在存储过程和应用程序间传递。使用存储过程可以提高工作效率，减少数据在网络上的传输量。

（5）触发器

触发器是一种特殊的存储过程，由事件自动触发，主要用于强制服从复杂的业务规则或要求，也可用于强制引用完整性，以便在多个表中添加、更新或删除行时，保留在这些表之间所定义的关系。

（6）用户与角色

在数据库中，一个用户取得合法的登录账号，只表明该账号通过了 SQL Server 服务器的认证，并不表明其可以对数据库数据和数据库对象进行某些操作。只有为登录账号创建了与其有映射关系的一种数据库对象，即数据库用户，才能访问数据库。在 SQL Server 2016 中，可以将用户设置成某一角色。当对角色进行权限设置时，能够把这种权限设置传递给单一的用户。这样，只要对角色进行权限的设置，即可实现对于属于该角色的所有用户的权限设置，大大减少了工作量。

2. SQL Server 2016 中数据库的分类

SQL Server 2016 数据库分为两种类型：第一类是系统数据库，第二类是用户数据库。用户数据库是由用户根据自己的需要创建的，并不是 SQL Server 自带的，本单元讲授的创建和管理数据库指的是用户数据库。系统数据库是安装 SQL Server 时自动创建的，也可以说是 SQL Server 自带的。系统数据库包括 4 种，有主数据库 master、模板数据库 model、msdb 数据库和临时数据库 tempdb。在对象资源管理器中可以找到这几种系统数据库，如图 5 - 2 所示。

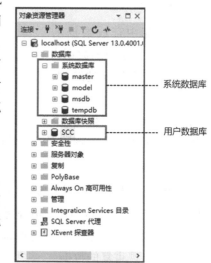

图 5 - 2　数据库分类

（1）主数据库 master

主数据库 master 保存 SQL Server 2016 所有系统信息、所有数据库文件的位置，同时它还记录了 SQL Server 的初始化信息，所以一旦 master 不能使用，则 SQL Server 就无法启动。

（2）模板数据库 model

模板数据库 model 是作为新创建数据库的一种模板或原型，每当创建数据库时，模板数据库的内容就被拷贝到新的数据库中。模板数据库必须始终在 SQL Server 系统中。

（3）msdb 数据库

msdb 数据库用于安排 SQL Server 的周期活动，包括任务调度、异常处理和报警管理等。

（4）临时数据库 tempdb

临时数据库 tempdb 是用作系统的临时存储空间，其主要作用是存储用户建立的临时表和临时存储过程。

3. 数据库的文件组成

（1）数据库文件

在 SQL Server 中使用文件来存储数据库，数据库文件可分为主数据文件、辅助数据文件和事务日志文件 3 类，见表 5 – 1。

表 5 – 1　数据库文件

文件名称	扩展名	作用	允许的个数
主数据文件	.MDF	用于存放数据，是所有数据库文件的起点	有且仅有一个
辅助数据文件	.NDF	也用来存放数据，存储主数据文件未存储的所有其他数据和对象	可有可无，若有可有多个
事务日志文件	.LDF	用来存放事务日志，即记录 SQL Server 中所有的事务和由这些事务引起的数据库的变化	至少有一个

1）主数据文件

主数据文件用于存放数据库中数据，包含数据库的启动信息，并存储部分或全部数据。主数据文件是所有数据库文件的起点，包含指向其他数据库文件的指针。每个数据库有且仅有一个主数据文件。主数据文件的默认扩展名为 .MDF。

2）辅助数据文件

辅助数据文件也用来存放数据，存储主数据文件没有存储的所有其他数据和对象。一个数据库中可以没有辅助数据文件，也可以有多个辅助数据文件。当一个数据库需要存储的数据量很大时，可以用辅助数据文件来保存主数据文件无法存储的数据。辅助数据文件的默认扩展名为 .NDF。

3）事务日志文件

事务日志文件用来存放事务日志，即记录 SQL Server 中所有的事务和由这些事务引起的数据库的变化。事务日志文件是维护数据完整性的重要工具，如果由于某种不可预料的原因使得数据库系统崩溃，但仍然保留有完整的日志文件，那么数据库管理员仍然可以通过日志文件完成数据库的恢复与重建。一个数据库至少有一个事务日志文件，也可以有多个事务日志文件。事务日志文件的默认扩展名为 .LDF。

（2）数据库文件组

保存数据库中数据的文件类型有 2 种，分别是主数据文件和辅助数据文件，其中辅助数据文件允许有多个，如果数据文件存储位置分散，管理这些文件就非常重要。管理数据文件可以借助文件组，在 SQL Server 中，允许将多个数据文件归纳为同一组，并赋予此组一个名称，这就是文件组。但是需要注意的是，事务日志文件不属于任何文件组。

数据库文件组有两个作用，第一是方便分配和管理数据文件，第二是可以提高数据库的读写速度。例如，把 3 个数据文件分别存在 3 个盘里，将这 3 个文件组成 1 个文件组。创建二维表的时候，可指定将表创建在文件组上，这样表的数据就会分布在 3 个盘上，当对这个表进行查询时，可以在这3个盘上并行操作，那么就可以大大提高查询效率，如图5-3所示。

图5-3 数据库文件组的作用

SQL Server 2016 提供2种文件组类型，分别是主文件组和用户自定义文件组。

1）主文件组

主文件组是 SQL Server 自动创建的，名字叫 PRIMARY。主文件组上包括主数据文件和所有没有被包括在其他文件组中的文件。

2）用户自定义文件组

用户自定义文件组是为了提高数据库的性能，由用户自己创建的。它包括创建或修改数据库时使用 FileGroup 关键字指定的文件。

在使用数据库文件和文件组时，需要注意4个问题：

① 一个文件或者文件组只能用于一个数据库，不能用于多个数据库。

② 主数据文件只能属于 PRIMARY 文件组。

③ 同一个辅助数据文件只能存放在一个文件组中，默认辅助数据文件属于 PRIMARY 文件组，但也可以修改其所属文件组。

④ 文件组不适用于事务日志文件。

5.2 实战训练

【实战训练】使用 SSMS 创建学生选课管理数据库"SCC"，该数据库由4个文件组成，数据文件分别存储在两个文件组内，文件的属性设置如表5-2所示。

表5-2 文件的属性设置

文件	逻辑名称	文件类型	文件组	初始大小	自动增长/最大大小	路径	文件名
主数据文件	SCC_data1	行数据	PRIMARY	10MB	增长为64MB/限制为1000MB	D:\DB	SCC_data1.mdf
辅助数据文件	SCC_data2	行数据	NEWGROUP	10MB	增长为10%/无限制	D:\DB	SCC_data2.ndf
日志文件1	SCC_log1	日志	不适用	8 MB	增长为64MB/无限制	D:\DB	SCC_log1.ldf
日志文件2	SCC_log2	日志	不适用	8 MB	增长为64MB/无限制	D:\DB	SCC_log2.ldf

任务分析：

通过任务要求可以发现，在使用SSMS创建数据库时，数据库文件的属性设置包括7项。

① 逻辑名称，它是指数据库文件的主文件名。

② 文件类型，用来指定数据库文件的类型，其中主数据文件和辅助数据文件都设置为"行数据"，事务日志文件设置为"日志"。

③ 文件组，主数据文件默认存储于PRIMARY主文件组中，辅助数据文件既可以存储在主文件组也可以存储在用户自定义文件组中，事务日志文件不能存储在任何文件组中。

④ 初始大小，用来指定文件的初始存储大小，单位是MB。SQL Server 2016默认为8MB。

⑤ 自动增长/最大大小，自动增长是指数据库文件随着数据库数据和事务日志不断增加的文件自动增长量，它可以有2种增长方式，即"按百分比"和"按MB"；最大大小是文件增长的最大容量限制，可以设置为具体的MB数，也可以设置为无限制。

⑥ 路径，是数据库文件的存储路径。这里要注意，存储路径的目录名称不要使用中文，否则容易造成错误。

⑦ 文件名，是数据库文件的全名，包括主文件名和扩展名。

任务实施：

熟悉了数据库文件的属性设置之后，下面使用SSMS创建数据库。创建学生选课管理数据库"SCC"的具体步骤如下：

① 从开始菜单中启动SQL Server Management Studio（SSMS），在界面左侧的对象资源管理器中，找到"数据库"节点，单击鼠标右键，选择"新建数据库"命令，会打开"新建数据库"对话框。

② 在对话框中的数据库名称处输入"SCC"，输入后，SQL Server会自动创建两个文件，第一个是主数据文件SCC，第二个是事务日志文件SCC_log，这里的逻辑名称就是文件的主文件名，如图5-4所示。

图 5-4 "新建数据库"对话框

③ 设置主数据文件，将逻辑名称 SCC 修改为 SCC_data1，因为它是主数据文件，会被强制放入主文件组 PRIMARY，所以文件组无法修改；文件的初始大小默认值是 8MB，根据题目需要修改为 10MB；文件自动增长/最大大小的设置方法是单击 ... 按钮，在打开的对话框中设置自动增长量为 64MB，最大容量设置为 1000MB，如图 5-5 所示；存储路径设置为 D 盘下的 DB 目录，注意这个目录要提前创建好，如果目录不存在，数据库文件会无法创建；最后写出文

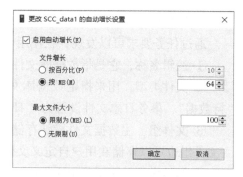

图 5-5 文件自动增长设置

件全名 SCC_data1.mdf，因为一个数据库有且只能有一个主数据文件，因此不能再创建第二个主数据文件。

④ 设置第一个日志文件，将文件逻辑名称 SCC_log 修改为 SCC_log1，因为它是一个事务日志文件，不属于任何文件组，所以无法选择文件组；根据题目要求，日志文件的大小、最大长度和文件增长幅度均采用系统默认值，存放在 D:\DB 文件夹中，因此在"新建数据库"对话框中只需要修改存储路径，录入日志文件全名 SCC_log1.ldf，结果如图 5-6 所示。

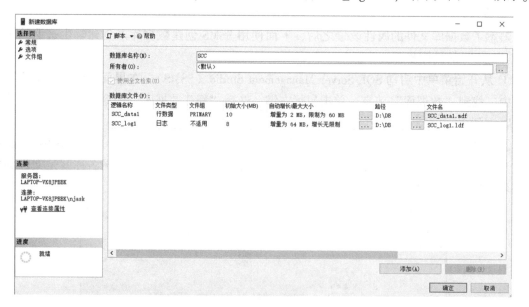

图 5-6 创建数据库文件

⑤ 创建辅助数据文件，具体方法是：单击"新建数据库"对话框下面的"添加"按钮，就可以在数据库文件列表里多出一行，然后再进行文件的属性设置。根据题目要求，在对话框中录入辅助数据文件逻辑名称 SCC_data2，文件类型选择行数据，文件组为用户自定义文件组 NEWGROUP，操作方法是在文件组中选择"新文件组"，在打开的对话框中输入文件组名称 NEWGROUP，然后单击"确定"按钮，如图 5-7 所示；设置文件初始大小为 10MB，最

图 5-7 新建文件组

大大小不限制，按 10% 增长，设置存储路径为 D：\ DB，文件全名设置为 SCC_data2. ndf，如图 5 – 8 所示。

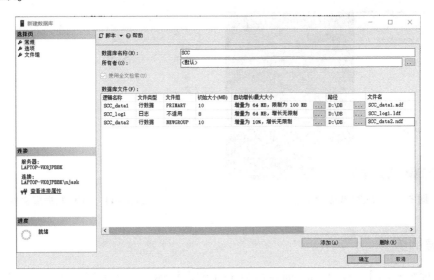

图 5 – 8 创建辅助数据文件

⑥ 创建第二个日志文件的方法和创建辅助数据文件的方法相同。单击"新建数据库"对话框下面的"添加"按钮，在新增的空白文件列表里录入逻辑名称 SCC_log2，选择文件类型为日志，设置存储路径为 D：\DB，录入日志文件全名 SCC_log2. ldf，其余属性均为默认值，如图 5 – 9 所示。

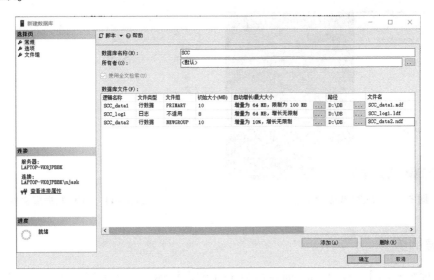

图 5 – 9 创建第二个日志文件

⑦ 学生选课管理数据库"SCC"中的 4 个文件创建和设置完成后，在"新建数据库"对话框中单击"确定"按钮，即可在 SSMS 对象资源管理器中看到创建成功的"SCC"数据库节点，如图 5 – 10 所示。同时，打开 D 盘下的 DB 目录，可以看到创建完成的 4 个数据库文件图标，如图 5 – 11 所示。

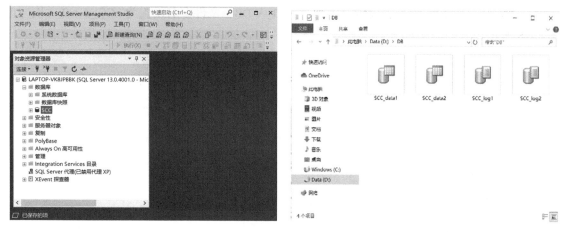

图 5 - 10　SCC 数据库节点　　　　　　　图 5 - 11　SCC 数据库文件

5.3　拓展训练

【拓展训练 5 - 1】 使用 SSMS 创建名为 Test 的数据库，该数据库由 2 个文件组成，一个主数据文件 Test_data. mdf，一个日志文件 Test_log. ldf，两个文件的初始大小、自动增长/最大大小均采用系统默认值，保存在 D 盘 Test 目录下。

【拓展训练 5 - 2】 使用 SSMS 创建商品销售管理数据库 Goods，该数据库由 4 个文件组成，数据文件分别存储在两个文件组内，文件的属性设置如表 5 - 3 所示。

表 5 - 3　文件的属性设置

文件	逻辑名称	文件类型	文件组	初始大小	自动增长/最大大小	路径	文件名
主数据文件	Goods_data1	行数据	PRIMARY	20MB	增长为 64MB/限制为 2000MB	D：\DBG	Goods_data1. mdf
辅助数据文件	Goods_data2	行数据	GGROUP	20MB	增长为 10%/无限制	D：\DBG	Goods_data2. ndf
事务日志文件 1	Goods_log1	日志	不适用	8 MB	增长为 64MB/无限制	D：\DBG	Goods_log1. ldf
事务日志文件 2	Goods_log2	日志	不适用	8 MB	增长为 64MB/无限制	D：\DBG	Goods_log2. ldf

任务 6　使用 T - SQL 语句创建数据库

使用 SSMS 创建数据库是一种简单有效的方式，但在实际工作中未必总能用它创建。在设计一个应用程序时，开发人员会直接使用 T - SQL 语句在程序代码中创建数据库及其他数据库对象，因此需要重点掌握 T - SQL 常用语句。

6.1 知识准备

1. T-SQL 语言简介、组成及特点

(1) T-SQL 语言简介

T-SQL 即 Transact-SQL，是 SQL 在 Microsoft SQL Server 上的增强版，它是用来让应用程序与 SQL Server 沟通的主要语言。T-SQL 提供标准 SQL 的 DDL 和 DML 功能，加上延伸的函数、系统预存程序以及程序设计结构（例如，IF 和 WHILE），让程序设计更有弹性。

SQL 是结构化查询语言（Structured Query Language）的简称，是一种数据库查询和程序设计语言，用于存取数据以及查询、更新和管理关系数据库系统。

SQL 从功能上可以分为 3 部分：数据定义、数据操纵和数据控制。

① SQL 数据定义功能：能够定义数据库的三级模式结构，即外模式、全局模式和内模式结构。在 SQL 中，外模式又叫作视图（View）；全局模式简称为模式（Schema）；内模式由系统根据数据库模式自动实现，一般无需用户过问。

② SQL 数据操纵功能：包括对基本表和视图的数据插入、删除和修改，特别是具有很强的数据查询功能。

③ SQL 数据控制功能：主要是对用户的访问权限加以控制，以保证系统的安全性。

(2) T-SQL 语言的组成

T-SQL 语言包含 6 个部分。

① 数据查询语言（Data Query Language，DQL）：其语句也称为"数据检索语句"，用于从表中获得数据，确定数据怎样在应用程序给出。保留字 SELECT 是 DQL 用得最多的关键字，其他 DQL 常用的保留字有 WHERE、ORDER BY、GROUP BY 和 HAVING。这些 DQL 保留字常与其他类型的 SQL 语句一起使用。

② 数据操作语言（Data Manipulation Language，DML）：其语句包括关键字 INSERT、UPDATE 和 DELETE，它们分别用于添加、修改和删除。

③ 事务控制语言（TCL）：它的语句能确保被 DML 语句影响的表的所有行及时得以更新。包括 COMMIT（提交）命令、SAVEPOINT（保存点）命令、ROLLBACK（回滚）命令。

④ 数据控制语言（DCL）：它的语句通过 GRANT 或 REVOKE 实现权限控制，确定单个用户和用户组对数据库对象的访问。某些 DBMS 可用 GRANT 或 REVOKE 控制对表单个列的访问。

⑤ 数据定义语言（DDL）：其语句包括关键字 CREATE、ALTER 和 DROP，可在数据库中创建新表或修改、删除表（CREATE TABLE 或 DROP TABLE），为表加入索引等。

⑥ 指针控制语言（CCL）：它的语句，像 DECLARE CURSOR，FETCH INTO 和 UPDATE WHERE CURRENT 用于对一个或多个表单独行的操作。

(3) T-SQL 语言的特点

1) SQL 风格统一

SQL 可以独立完成数据库生命周期中的全部活动，包括定义关系模式、录入数据、建立数据库、查询、更新、维护、数据库重构、数据库安全性控制等一系列操作，这就为数据库

应用系统开发提供了良好的环境。在数据库投入运行后，还可根据需要随时逐步修改模式，且不影响数据库的运行，从而使系统具有良好的可扩充性。

2）高度非过程化

非关系数据模型的数据操纵语言是面向过程的语言，用其完成用户请求时，必须指定存取路径。而用 SQL 进行数据操作，用户只需提出"做什么"，而不必指明"怎么做"，因此用户无须了解存取路径，存取路径的选择以及 SQL 语句的操作过程由系统自动完成。这不但大大减轻了用户的负担，而且有利于提高数据独立性。

3）面向集合的操作方式

SQL 采用集合操作方式，不仅查找结果可以是元组的集合，而且一次插入、删除、更新操作的对象也可以是元组的集合。

4）以同一种语法结构提供两种使用方式

SQL 既是自含式语言，又是嵌入式语言。作为自含式语言，它能够独立地用于联机交互的使用方式，用户可以在终端键盘上直接输入 SQL 命令对数据库进行操作。作为嵌入式语言，SQL 语句能够嵌入到高级语言（如 C、C#、Java）程序中，供程序员设计程序时使用。在两种不同的使用方式下，SQL 的语法结构基本上是一致的。这种以统一的语法结构提供两种不同的操作方式，为用户提供了极大的灵活性与方便性。

5）语言简洁，易学易用

SQL 功能极强，语言也十分简洁，完成数据定义、数据操纵、数据控制的核心功能只用了 9 个关键字：CREATE、ALTER、DROP、SELECT、INSERT、UPDATE、DELETE、GRANT 和 REVOKE。SQL 语言语法简单，接近英语口语，因此容易学习，也容易使用。

2. CREATE DATABASE 创建数据库语法格式

创建数据库语法格式如下：

```
CREATE DATABASE 数据库名
ON [ PRIMARY ]
(   NAME = 数据文件的逻辑名称,
    FILENAME = '文件的路径和文件全名',
    SIZE = 文件的初始大小 ,
    MAXSIZE = 文件的最大容量 |UNLIMITED ,
    FILEGROWTH = 文件的每次增长量
)[ , …n]
[FILEGROUP] 文件组名
LOG ON
(   NAME = 事务日志文件的逻辑名称 ,
    FILENAME = '文件的路径和文件全名',
    SIZE = 文件的初始大小 ,
    MAXSIZE = 文件的最大容量 |UNLIMITED,
    FILEGROWTH = 文件的每次增长量
) [ , …n]
```

T - SQL 语法说明如下：

① [ ] 中的内容可用省略，省略时系统取值为默认值。

② ［, …n］ 表示的内容可重复书写 n 次，但必须用逗号隔开。

③ ｜ 表示相邻的前后两项只能任取一项。

④ 一条语句可用分成多行书写，但是多条语句不允许写在一行。

⑤ 命令一旦设计成功，可以反复使用。

⑥ T–SQL 语句书写时不区分大小写，一般系统保留字大写，用户自定义的名称可用小写。

参数说明如下：

① 数据库名称：表示新创建的数据库的名称。数据库名称在 SQL Server 的实例中必须唯一，并且符合标识符的规定。

② ON：表示根据后面的参数创建该数据库的主数据文件或辅助数据文件，这两种文件在区分时通过它们的扩展名来区分，分别是 .MDF 和 .NDF。

③ LOG ON：表示根据后面的参数创建该数据库的事务日志文件。该选项省略时，SQL Server 自动为数据库创建一个事务日志文件。ON 和 LOG ON 引出数据文件和事务日志文件可以是多个，如果有多个的话，每一个小括号之间用英文逗号隔开。

④ PRIMARY：用来指定后面创建的数据文件属于主文件组 PRIMARY，它可以省略，如果省略了，表示跟随其后的数据文件属于主文件组 PRIMARY。

⑤ ［FILEGROUP］文件组名：这条语句用来指定其后的辅助数据文件属于该自定义文件组。

⑥ 文件默认单位为 MB，如果没有指定 MAXSIZE 值或者使用 UNLIMITED 关键字指定，则文件大小不受限制，仅受物理存储空间的限制。

⑦ FILEGROWTH，用来设置文件每次增加容量的大小，单位可以使用 MB 或者%。当设置为 0 时，表示文件不增长。

⑧ 无论创建什么类型的数据库文件，小括号内的 NAME 和 FILENAME 语句是不能省略的，其他 3 条都可以省略，如果省略了都按照系统默认属性值进行设置。

6.2 实战训练

【实战训练 6–1】创建图书管理数据库 Books，采用系统默认配置方式，即只包含一个主数据文件和一个事务日志文件，它们均采用系统默认文件名，其初始大小、最大容量和文件每次增长量均采用系统默认值。

任务实施：

① 启动 SQL Server Management Studio，单击工具栏中的"新建查询"按钮，在新建查询界面中录入 T–SQL 语句：

CREATE   DATABASE Books

② 单击工具栏中的"执行"按钮，会在消息栏中显示执行结果，如图 6–1 所示。

③ 在 SSMS 对象资源管理器中，右击"数据库"选择"刷新"命令，会显示创建成功的"Books"数据库节点，右击"Books"选择"属性"命令，可以查看此数据库的属性信息。在对话框左侧单击"文件"选项，将会显示该数据的文件信息，该数据库所有文件属性均为系统默认设置，如图 6–2 所示。

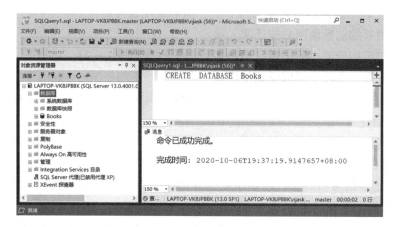

图6-1 新建查询界面

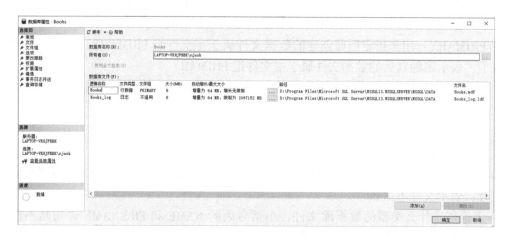

图6-2 "数据库属性"对话框

【实战训练6-2】使用 T-SQL 语句创建学生选课管理数据库 "SCC"，要求：包含2个数据文件，其中主数据文件初始大小为 10MB，最大容量为 1000MB，按64MB增长，文件名为 SCC_data1.mdf；1个辅助数据文件为 10MB，最大容量不限，按10%增长，文件名为 SCC_data2.ndf；该数据库有2个事务日志文件，SCC_log1.ldf 和 SCC_log2.ldf，初始大小、最大容量和文件每次增长量均采用系统默认值。所有文件存放在 e:\DB 文件夹中。

任务实施：

① 启动 SSMS，单击工具栏中的"新建查询"按钮，在新建查询界面中录入 T-SQL 语句：

```
Create Database SCC                          --创建 SCC 数据库
On                                           --默认主文件组
(   name = SCC_data1,                        --主数据文件逻辑文件名
    filename = 'e:\DB\SCC_data1.mdf',        --主数据文件路径和文件全名
    size = 10,                               --初始大小为 10MB
    maxsize = 1000,                          --最大容量为 1000MB
    filegrowth = 64 MB                       --文件每次增长量为 64 MB
),
```

```
(   name = SCC_data2 ,              --辅助数据文件逻辑文件名
    filename = 'e: \DB \SCC_data2 .ndf',   --辅助数据文件路径和文件全名
    size = 10 ,                     --初始大小为 10 MB
    maxsize = unlimited ,           --最大容量为不受限制
    filegrowth = 10%               --文件每次增长量为 10%
)
Log On
(   name = SCC_log1 ,               --事务日志文件逻辑文件名
    filename = 'e: \DB \SCC_log1 .ldf'    --事务日志文件路径和文件全名
),
(   name = SCC_log2 ,               --事务日志文件逻辑文件名
    filename = 'e: \DB \SCC_log2 .ldf'    --事务日志文件路径和文件全名
)
```

② 单击工具栏中的"执行"按钮，执行结果显示命令已成功完成。

③ 在"对象资源管理器"界面中，展开"数据库"节点，按 F5 键刷新其中的内容，可以看到新建的数据库"SCC"。

④ 打开 E 盘 DB 目录，可以看到数据库"SCC"中的所有文件，如图 6 – 3 所示。

SCC_data1.mdf   SCC_data2.ndf   SCC_log1.ldf   SCC_log2.ldf

图 6 – 3　数据库"SCC"所有文件

【实战训练 6 – 3】使用 T – SQL 语句创建数据库 Test，要求：有 2 个文件组，主文件组 Primary 包括文件 Test_data1, Test_data2；第 2 个文件组名为 Testgroup，包括文件 Test_data3, Test_data4；该数据库只有一个事务日志文件。所有文件的初始大小、最大容量和文件每次增长量均采用系统默认值，所有文件都存放在 e: \ sql 文件夹中。

任务实施：

创建数据库 Test 的 T – SQL 语句如下：

```
Create Database Test                --创建 Test 数据库
On  Primary                         --在 Primary 主文件组中创建文件
( name = Test_data1 ,               --主数据文件逻辑文件名
    filename = 'e: \sql \Test_data1 .mdf'   --主数据文件路径和文件全名
),
( name = Test_data2 ,               --辅助数据文件逻辑文件名
    filename = 'e: \sql \Test_data2 .ndf'   --辅助数据文件路径和文件全名
),
Filegroup Testgroup                 --在 Testgroup 自定义文件组中创建文件
```

```
( name = Test_data3,                         --辅助数据文件逻辑文件名
  filename = 'e:\sql \Test_data3 .ndf'       --辅助数据文件路径和文件全名
),
( name = Test_data4,                         --辅助数据文件逻辑文件名
  filename = 'e:\sql \Test_data4 .ndf'       --辅助数据文件路径和文件全名
)
Log On
( name = Test_log,                           --事务日志文件逻辑文件名
  filename = 'e:\sql \Test_log.ldf'          --事务日志文件路径和文件全名
)
```

6.3 拓展训练

【拓展训练6-1】使用 T – SQL 语句创建名为 Test 数据库，该数据库由 2 个文件组成，一个主数据文件 Test_data. mdf，一个事务日志文件 Test_log. ldf，两个文件的初始大小、文件每次增长量、最大容量均采用系统默认值，保存在 D 盘 Test 目录下。

【拓展训练6-2】使用 T – SQL 语句创建商品销售管理数据库 Goods，该数据库由 4 个文件组成，数据文件分别存储在两个文件组内，文件的属性设置如表 6 – 1 所示。

表 6 – 1 文件的属性设置

文件	逻辑名称	文件类型	文件组	初始大小	文件每次增长量/最大容量	路径	文件名
主数据文件	Goods_data1	行数据	PRIMARY	20MB	增长为 64MB/限制为 2000MB	D:\ DBG	Goods_data1. mdf
辅助数据文件	Goods_data2	行数据	GGROUP	20MB	增长为 10%/无限制	D:\ DBG	Goods_data2. ndf
事务日志文件 1	Goods_log1	日志	不适用	8 MB	增长为 64MB/无限制	D:\ DBG	Goods_log1. ldf
事务日志文件 2	Goods_log2	日志	不适用	8 MB	增长为 64MB/无限制	D:\ DBG	Goods_log2. ldf

任务 7 数据库的管理

　　用户数据库在创建完成后只能做出部分修改，比如不能修改主数据文件名、事务日志文件名和存放路径，但是用户可以给数据库添加辅助数据文件或事务日志文件，也可以修改某些配置选项，如文件最大容量、文件每次增长量、安全配置等。任务 7 主要介绍用户数据库的管理，包括修改数据库和删除数据库两个方面。

7.1 知识准备

1. 用户数据库可以实现的修改

用户数据库可以实现的修改如下：

① 新增和删除自定义文件组。

② 新增和删除辅助数据文件、事务日志文件。

③ 修改主数据库文件、辅助数据文件、事务日志的最大容量和文件每次增长量。

④ 重命名用户数据库。

(1) 新增文件组和文件的 T – SQL 语法格式

新增文件组：

```
ALTER DATABASE 数据库名
ADD  FILEGROUP 文件组名
```

新增辅助数据文件、事务日志文件：

```
ALTER DATABASE 数据库名
ADD [LOG] FILE
(NAME = 文件逻辑名称,
FILENAME = '文件的路径和文件名',
SIZE = 文件的初始大小 ,
MAXSIZE = 文件的最大容量 |UNLIMITED,
FILEGROWTH = 文件的每次增长量)
```

注意：第一，一条 ALTER DATABASE 语句只能新增一个文件，不管是辅助数据文件还是事务日志文件；第二，只能新增辅助数据文件，不能新增主数据库文件，因为一个数据库只能有一个主数据文件。

(2) 删除文件组和文件的 T – SQL 语法格式

删除文件组：

```
ALTER  DATABASE 数据库名
REMOVE  FILEGROUP 文件组名
```

删除辅助数据文件、事务日志文件：

```
ALTER  DATABASE 数据库名
REMOVE  FILE 逻辑文件名
```

注意：在删除文件组时必须保证文件组为空，即文件组的数据文件要在删除文件组之前全部删除。

(3) 修改主数据库文件、辅助数据文件、事务日志的最大容量和文件每次增长量的
　　　T – SQL 语法格式

```
ALTER DATABASE 数据库名
MODIFY FILE
```

```
（NAME = '文件的逻辑名称',
  SIZE = 文件的初始大小 ,
  MAXSIZE = 文件的最大容量 |UNLIMITED ,
  FILEGROWTH = 文件每次增长量)
```

（4）重命名用户数据库

方法一：使用 ALTER DATABASE 语句，T－SQL 语法格式为：

```
ALTER DATABASE 原数据库名
MODIFY NAME = 新数据库名
```

方法二：调用系统内置存储过程 SP_RENAMEDB。语句为：

```
SP_RENAMEDB 原数据库名, 新数据库名
```

2. 删除用户数据库

数据库及其中的数据失去利用价值以后，可以删除数据库来释放被其占用的磁盘空间。由于删除一个数据库会删除所有的数据和该数据库所使用的所有磁盘文件，所以删除数据库之前应格外小心。删除之后如果再想恢复，必须要从之前做好的备份中进行数据库还原，所以平时要注意及时备份数据库。

数据库处于以下三种情况之一是不能被删除的。

① 当用户正在使用数据库时。

② 当数据库正在恢复时。

③ 当数据库正在被复制时。

删除数据库是通过 DROP DATABASE 语句实现的，语句格式为：

```
DROP DATABASE 数据库名
```

注意：系统数据库中的 master、model 和 tempdb 都不能被删除，msdb 虽然可以被删除，但删除 msdb 后很多服务（如 SQL Server 代理服务）将无法使用。

7.2 实战训练

【实战训练 7－1】 在 SCC 数据库中新增名为 newgroup 的文件组，并为该文件组添加一个辅助数据文件 SCC_data3.ndf，同时为数据库添加一个事务日志文件 SCC_log3.ldf，文件属性都使用系统默认设置。

任务实施：

1）使用 SSMS 完成任务

① 在 SCC 数据库中新增名为 newgroup 的文件组，操作步骤如下：

启动 SSMS，在左侧对象资源管理器中，找到创建完成的数据库"SCC"，右击"SCC"选择"属性"命令，打开"数据库属性－SCC"对话框，在左侧"选择页"中单击"文件组"，会打开"文件组"操作界面，单击"添加文件组"按钮，在新增行中录入文件组名

newgroup，单击"确定"按钮，如图 7 – 1 所示。

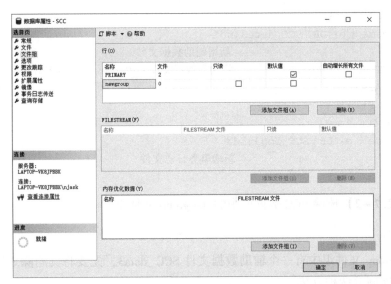

图 7 – 1　新增文件组

② 在 SCC 数据库中，新增辅助数据文件、事务日志文件，操作步骤如下：

打开"数据库属性 – SCC"对话框，在左侧"选择页"中单击"文件"，打开"文件"操作界面，单击"添加"按钮，在新增的数据库文件列表中，录入文件信息。其中辅助数据文件逻辑名为 SCC_data3，文件类型为行数据，文件组为 newgroup，文件名为 SCC_data3. ndf；事务日志文件逻辑名为 SCC_log3，文件类型为日志，文件组为不适用，文件名为 SCC_log3. ldf，其他均为系统默认设置，设置完成后单击"确定"按钮，如图 7 – 2 所示。

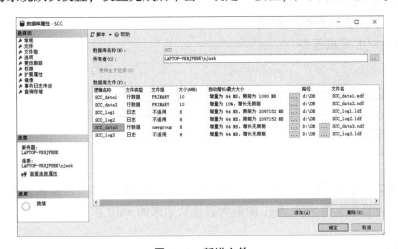

图 7 – 2　新增文件

2）使用 T – SQL 完成任务

使用 T – SQL 完成任务，语句如下：

```
ALTER DATABASE SCC
ADD FILEGROUP newgroup          --新增文件组
ALTER DATABASE SCC
```

```
ADD  FILE
(name = SCC_data3,
    filename ='e:\DB\SCC_data3.ndf'
)                                    --新增辅助数据文件
to  FILEGROUP  newgroup      --将辅助数据文件 SCC_data3 存放于 newgroup 文件组中
ALTER DATABASE SCC
ADD  log  File
(  name = SCC_log3,
    filename ='e:\DB\SCC_log3.ldf'
)                                    --新增事务日志文件
```

【实战训练 7 – 2】删除 SCC 数据库中的 newgroup 文件组。

任务实施：

由于 newgroup 文件组中有一个辅助数据文件 SCC_data3，先要将其删除之后才能删除文件组。该任务实施有两种方法。

1）使用 SSMS 完成任务

① 在 SCC 数据库中删除辅助数据文件 SCC_data3，操作步骤如下：

启动 SSMS，在左侧对象资源管理器中右击创建完成的数据库 "SCC"，选择 "属性" 命令，打开 "数据库属性 – SCC" 对话框，在 "选择页" 中单击 "文件"，打开 "文件" 操作界面，在数据库文件列表中选择 "SCC_data3"，单击 "删除" 按钮。

② 在 SCC 数据库中删除 newgroup 文件组，操作步骤如下：

在 "数据库属性 – SCC" 对话框，单击 "文件组"，打开 "文件组" 操作界面，选择 newgroup 文件组，单击 "删除" 按钮。

2）使用 T – SQL 完成任务

语句如下：

```
ALTER DATABASE SCC
REMOVE FILE SCC_data3               --删除辅助数据文件
ALTER DATABASE SCC
REMOVE FILEGROUP newgroup           --删除文件组
```

【实战训练 7 – 3】将数据库 SCC 的数据文件 SCC_data1 的最大容量从原来的 10MB 扩充至 20MB，将事务日志文件 SCC_log1 的最大容量从原来的 8MB 扩充至 16MB。

任务实施：

1）使用 SSMS 完成任务

启动 SSMS，在左侧对象资源管理器中，右击创建完成的数据库 "SCC"，选择 "属性" 命令，打开 "数据库属性 – SCC" 对话框，在 "选择页" 中单击 "文件"，打开 "文件" 操作界面，在数据库文件列表中，将数据文件 SCC_data1 的大小从原来的 10MB 修改为 20MB，事务日志文件 SCC_log1 的大小从原来的 8MB 修改至 16MB，修改完成后单击 "确定" 按钮，结果如图 7 – 3 所示。

2）使用 T – SQL 完成任务

使用 T – SQL 完成任务，语句如下：

```
ALTER DATABASE SCC
MODIFY FILE
(   name ='SCC_data1 ',
    size =20MB
)                              -- 扩充 SCC_data1 文件容量
ALTER DATABASE SCC
MODIFY FILE
(   name ='SCC_log1 ',
    size =16MB
)                              -- 扩充 SCC_log1 文件容量
```

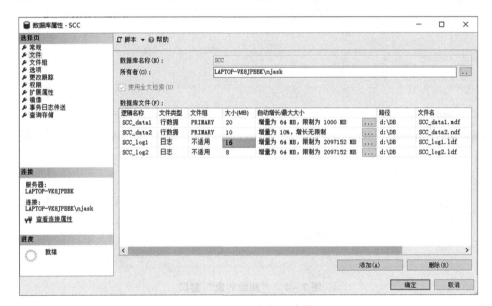

图 7 – 3　修改数据库容量

【实战训练 7 – 4】将数据库 Test 重命名为 NewTest。

任务实施：

1）使用 SSMS 完成任务

在 SSMS 对象资源管理器中，右击数据库 Test，选择重命名，可将其重命名为 NewTest。

2）使用 T – SQL 完成任务

使用 T – SQL 完成任务，语句如下：

方法一：使用 ALTER DATABASE 语句。

```
ALTER DATABASE Test
MODIFY name = NewTest
```

方法二：调用系统内置存储过程 SP_RENAMEDB。

```
SP_RENAMEDB Test, NewTest
```

系统内置存储过程是 SQL 自带的、能够完成某些特定功能的语句，SP_RENAMEDB 就可以实现数据库的重命名。

【实战训练 7 –5】删除名为的 Books 的数据库。

任务实施：

1）使用 SSMS 完成任务

在 SSMS 对象资源管理器中，右击数据库 Books，选择 "删除" 命令，可打开 "删除对象" 对话框，单击 "确定" 按钮，如图 7 –4 所示。

图 7 –4 "删除对象" 窗口

2）使用 T – SQL 完成任务

使用 T – SQL 完成任务，语句如下：

```
DROP DATABASE Books
```

7.3 拓展训练

【拓展训练 7 –1】分别使用 T – SQL 和 SSMS 两种方法完成对商品销售管理数据库 Goods 的维护，包括以下内容：

① 新增名为 GGROUP1 的文件组，并为该文件组添加一个辅助数据文件 Goods_data3. ndf，文件初始大小为 15MB，文件最大容量为不限制，增长量为 10%；同时为数据库添加一个事务日志文件 Goods_log3. ldf，该文件属性使用系统默认设置。

② 删除 Goods 数据库中的文件组 GGROUP1。

【拓展训练 7 –2】创建教学管理数据库 Student，文件均采用系统默认配置，使用 T – SQL 和 SSMS 两种方法将其重命名为 School，然后将 School 数据库删除。

单元测试

一、选择题

1. 以下不属于系统数据库的是（　　）。

    A. 主数据库   B. Student 数据库   C. 模板数据库   D. 临时数据库

2. 以下说法错误的是（　　）。

    A. 主数据库用来保存 SQL Server 所有系统信息和所有数据库文件的位置。

    B. 模板数据库是作为新创建数据库的一种模板或原型。

    C. msdb 数据库用于安排 SQL Server 的周期活动，包括任务调度、异常处理和报警管理等，同时还记录了 SQL Server 的初始化信息。

    D. 临时数据库用作系统的临时存储空间，其主要作用是存储用户建立的临时表和临时存储过程。

3. SQL Server 2016 数据库文件有且只有一个的是（　　）。

    A. 主数据文件   B. 次数据文件   C. 日志文件   D. 索引文件

4. SQL Server 2016 的数据文件可以分为（　　）。

    A. 重要文件和次要文件   B. 主数据文件和辅助数据文件

    C. 初始文件和最大文件   D. 初始文件和增长文件

5. 要想使 SQL Server 2016 数据库管理系统开始工作，必须首先启动（　　）。

    A. SQL Server 服务   B. 查询设计器

    C. SSMS   D. 数据导入和导出程序

6. 使用数据库文件和文件组的以下描述错误的是（　　）。

    A. 一个文件或者文件组只能用于一个数据库，不能用于多个数据库。

    B. 同一个辅助数据文件只能存放在一个文件组中。

    C. 事务日志文件可以属于文件组。

    D. 主数据文件只能存储于主文件组中。

7. 在使用 SQL 语言创建数据库时，主数据文件应该写在哪个关键字之后（　　）。

    A. LOG ON   B. ON   C. FILE   D. NAME

8. 在使用 SQL 语言创建数据库文件时，设置文件的每次增长量需要使用的关键字是（　　）。

    A. NAME   B. FILENAME   C. SIZE   D. FILEGROWTH

9. 在使用 SQL 语言创建数据库文件时，设置文件的最大容量为不限定大小需要使用的关键字是（　　）。

    A. NAME   B. FILENAME   C. UNLIMITED   D. SIZE

10. 对于创建完成的数据库可以修改的内容有（　　）。

    A. 主数据文件名   B. 事务日志文件名

    C. 存放路径   D. 新增辅助数据文件

11. 在 SQL 语言中，若要新增辅助数据文件，应该使用的语句是（　　）。

    A. ALTER DATABASE 数据库名 Add File

    B. ALTER DATABASE 数据库名

    C. ALTER DATABASE 数据库名 ADD FILEGROUP newgroup

    D. ALTER DATABASE 数据库名 ADD log File

12. 以下哪些情况下数据库是可以被删除的（　　　）。

    A. 当用户正使用数据库时　　　　　　　　B. 当数据库没有被使用时

    C. 当数据库正在恢复时　　　　　　　　　D. 当数据库正被复制时

二、填空题

1. SQL Server 数据库中主数据文件的扩展名是_____，辅助数据文件的扩展名是_____，事务日志文件的扩展名是_____。

2. 文件组用来方便分配和管理数据库文件，_____文件不属于文件组。

3. 在使用 SQL 语言创建数据库时，主数据文件应该写在_____关键字之后。

4. 在使用 SQL 语言创建数据库时，若要创建一个用户文件组，需要使用关键字_____。

5. 在 SQL 语言中，若要修改某个数据库，应该使用的语句是_____。

6. 对于数据库新增的数据文件，只能是_____，因为一个数据库只能有一个主数据文件。

7. 在 SQL 语言中，删除整个数据库的语句是_____。

第三单元
创建和管理数据表

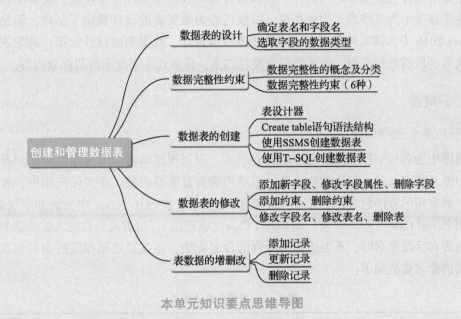

本单元知识要点思维导图

数据库中的数据需要存储在数据表中，因此创建和管理数据表是数据库物理设计的重要组成部分。本单元介绍创建和管理数据表，包括数据表的设计、数据完整性约束、数据表的创建、数据表的修改和表数据的增删改。对于在 SQL Server 2016 中实现创建和管理数据表，同样可以使用 SSMS 的图形化界面和编写执行 T-SQL 语句 2 种方法。

学习目标

1. 掌握表名和字段名的命名方法。
2. 熟悉字段不同种数据类型的特点及存储容量。
3. 掌握使用图形化界面 SSMS 创建数据表的方法。
4. 掌握使用 T-SQL 语句创建数据表的方法。
5. 掌握使用 T-SQL 语句实现数据表的修改。
6. 掌握使用 T-SQL 语句实现表数据的增删改。

数据库的设计包括概念结构设计、逻辑结构设计和物理设计 3 个阶段。逻辑结构设计的核心是将实体表示为二维表，因此在这一阶段已经为数据表的设计奠定了基础，但是为了在 SQL Server 2016 中具体实现数据表，还需要进一步设计。数据表的设计包括：确定表名和字段名、选取字段的数据类型、设置数据完整性约束。任务 8 主要介绍前两部分内容。

8.1　知识准备

1. 确定表名和字段名

数据库中表名和字段名的命名不能随心所欲，应当规范命名。因为在数据库的开发和使用过程中涉及很多人员，如果随意命名，不易沟通而且容易出错。在实际应用中，有很多命名方法，最常用的方法包含以下几种，如表 8 – 1 所示。在 SQL Server 中为表和字段命名时，广泛采用 Pascal Case（帕斯卡法）和 Camel Case（骆驼法），也就是俗称的大驼峰法和小驼峰法。当给表和字段命名时，不但要选用适合的命名方法，还需要遵循相应的命名规范。表名和字段名的命名规范如下：

表 8 – 1　常见的命名方法

命名标准	实例	描述
Pascal Case （帕斯卡法）	TableName	名称使用大小写混合的单词，将每个单词的首字母大写，然后连接在一起，中间不使用分隔符
Camel Case （骆驼法）	tableName	名称中除了第一个单词以外的其他单词的首字母都是大写，其他字符都是小写
Hungarian Notation （匈牙利法）	vcTableName mstrTableName	对象带有代表数据类型或范围的前缀。这个标准常用于程序代码中，而不是数据库对象命名中
Lower-case，delimited （带分隔符的小写法）	table_name	从遗留的不支持混合大小写的数据库产品而来的标准，由于向后兼容的要求与传统观点的存在，仍旧被普遍使用
Long Names （长名字法）	Table Name	在 Microsoft 的产品中推广，如 Access。具有易读的优点，但是通常不用于严肃的软件解决方案中。与相关的程序代码不兼容

① 采用英文单词或者英文单词的缩写，避免使用拼音命名。英文单词要取自于具体业务原本的名字，要尽量表达清楚。

② 不能使用汉字，因为汉字会造成很多的程序错误。

③ 避免使用特殊字符，如数字、下划线、空格之类。

④ 避免使用数据库关键字，如 time 、datetime、password 等。

⑤ 表名称不应该取得太长（一般不超过 3 个英文单词）。

⑥ 表名称一般使用名词或者动宾短语。

⑦ 若采用复数形式时，复数仅添加在最后一个单词上。

⑧ 字段名避免和表名重复，避免使用数据类型前缀，如 Int。

2. 选取字段的数据类型

数据类型决定了数据存储的空间和格式，有助于正确、有效地存储数据。SQL Server 2016 支持的常用数据类型有数值型、字符型、日期时间型、二进制、特殊型。可以根据表中需要存储的数据值来选择合适的数据类型。

（1）数值型数据类型

数值型分为 4 类，包括整数型、浮点型、定点小数型和货币型。定点小数型能精确指定小数点两边的位数，而浮点型只能近似地表示数值。货币型数据表示货币值，但在实际应用中经常采用 decimal 数据类型代替货币型数据类型，如表 8 – 2 所示。

表 8 – 2 数值型数据类型

数据类型	名称	说明	存储
整数型	bigint	允许从 -2^{63} 至 $2^{63}-1$ 的所有数字	占用 8 个字节
	int	允许从 -2^{31} 至 $2^{31}-1$ 的所有数字	占用 4 个字节
	smallint	允许从 -2^{15} 至 $2^{15}-1$ 的所有数字	占用 2 个字节
	tinyint	允许从 0 至 255 的所有数字	占用 1 个字节
浮点型	real	从 $-3.40E+38$ 到 $3.40E+38$ 的浮动精度数字数据	占用 4 个字节
	float（n）	从 $-1.79E+308$ 到 $1.79E+308$ 的浮动精度数字数据。参数 n 指示该字段保存 4 个字节还是 8 个字节。Float（24）保存 4 个字节，而 Float（53）保存 8 个字节。n 的默认值是 53	占用 4 或 8 个字节
定点小数型	decimal（p，s）	固定精度和比例的数字。允许从 $-10^{38}+1$ 到 $10^{38}-1$ 之间的数字 p 参数指示可以存储的最大位数（小数点左侧和右侧）。p 必须是 1 到 38 之间的值，默认是 18。s 参数指示小数点右侧存储的最大位数。s 必须是 0 到 p 之间的值，默认是 0	占用的字节数随精度的不同而不同 精度 1—9 位占 5 个字节； 精度 10—19 位占 9 个字节； 精度 20—28 位占 13 个字节； 精度 29—38 位占 17 个字节
	numeric（p，s）	固定精度和比例的数字。允许从 $-10^{38}+1$ 到 $10^{38}-1$ 之间的数字 p 参数指示可以存储的最大位数（小数点左侧和右侧）。p 必须是 1 到 38 之间的值，默认是 18。s 参数指示小数点右侧存储的最大位数。s 必须是 0 到 p 之间的值，默认是 0	
货币型	smallmoney	介于 -2^{31} 至 $2^{31}-1$ 之间的货币数据	占用 4 个字节
	money	介于 -2^{63} 至 $2^{63}-1$ 之间的货币数据	占用 8 个字节

注意：

① 整数型按照存储数据范围由大到小排序为：bigint、int、smallint、tinyint。

② 定点小数型有两种：decimal、numeric，几乎没有区别，可以进行互换，其中的参数 p 表示小数精度，s 表示小数位数。比如，decimal（4，1）表示存储的定点小数一共有 4 位，其中小数部分占 1 位，整数部分占 3 位。

③ 浮点型数值类型 real 精度可达 6 位，Float 精度可达 15 位。

④ money 和 smallmoney 类型被限定到小数点后 4 位。

（2）字符型数据类型

字符型数据可以由汉字、英文字母、数字和各种符号组成。字符型编码方式有两种，普通字符编码和统一字符编码。

① 普通字符编码：是指不同国家或地区的编码长度不同。例如，英文字母的编码为 1 个字节（8 位），中文汉字的编码是 2 个字节（16 位）。

② 统一字符编码（Unicode）：是指世界上所有的字符统一进行编码。不管对哪个国家、哪种语言都采用双字节（16 位）编码。

对于用一个字节编码每个字符的数据类型，存在的问题是此数据类型只能表示 256 个不同的字符，不可能处理像日文、汉字或韩文等具有数千个字符的字母表。统一字符编码通过采用两个字节编码每个字符，能表示 65,536 个不同的字符。建议支持多语言的系统使用 Unicode 字符数据类型，可减少字符转换，同时解决汉字、日文、韩文等双字节字符等问题。表 8-3 列出了 SQL Server 2016 支持的字符型数据类型。

表 8-3 字符型数据类型

编码方式	名称	说明	存储
普通字符编码	char（n）	固定长度的字符串类型。n 表示能存放的最多字符数，取值范围为 1 ~ 8,000 个字符	1 个字符占 1 个字节，尾端空白字符保留
	varchar[（n|max）]	可变长度的字符串类型。n 的取值范围为 1 ~ 8,000 个字符。max 表示最大存储，大小是 $2^{31}-1$ 个字节	1 个字符占 1 个字节，尾端空白字符删除
	text	用于存储数量庞大的可变长度的字符串	最多存储 2GB 字符数据
统一字符编码（双字节编码）	nchar（n）	固定长度的 Unicode 字符串类型。n 表示能存放的最多字符数，最多 4,000 个字符	1 个字符占 2 个字节，尾端空白字符保留
	nvarchar[（n|max）]	可变长度的 Unicode 字符串类型。n 的取值范围为 1 ~ 4,000 个字符。max 表示最大存储，大小是 $2^{31}-1$ 个字节	1 个字符占 2 个字节，尾端空白字符删除
	ntext	用于存储数量庞大的可变长度的 Unicode 字符串	最多存储 2GB 字符数据

注意：

① 当存储的是汉字、日文、韩文等语言字符时，建议使用统一字符编码，这样可以避免字符转换问题。

② 当使用 char、nchar、varchar、nvarchar 这 4 种数据类型时，要在后面添加小括号，标明能存放的最大字符数。

（3）日期时间型数据类型

日期时间型数据类型在 SQL Server 2016 中包括以下 7 种，可以根据它们的格式、取值范围和精度进行选择，如表 8 - 4 所示。

表 8 - 4　日期时间型数据类型

数据类型	描述	存储
datetime	从 1753 年 1 月 1 日到 9999 年 12 月 31 日，精度为 3.33 毫秒	8 个字节
datetime2	从 1753 年 1 月 1 日到 9999 年 12 月 31 日，精度为 100 纳秒	6 - 8 个字节
smalldatetime	从 1900 年 1 月 1 日到 2079 年 6 月 6 日，精度为 1 分钟	4 个字节
date	仅存储日期。从 0001 年 1 月 1 日到 9999 年 12 月 31 日	3 个字节
time	仅存储时间。精度为 100 纳秒	3 - 5 个字节
datetimeoffset	与 datetime2 相同，外加时区偏移	8 - 10 个字节
timestamp	存储唯一的数字，每当创建或修改某行时，该数字会更新。timestamp 基于内部时钟，不对应真实时间。每个表只能有一个 timestamp 变量	

（4）二进制数据类型

二进制数据类型可以用来存储图像、视频和音乐等数据，主要包括以下 5 种数据类型，如表 8 - 5 所示。

表 8 - 5　二进制数据类型

数据类型	描述	存储
bit	允许 0、1 或 NULL	1—2 个字节
binary（n）	固定长度的二进制数据	最多存储 8,000 个字节
varbinary（n）	可变长度的二进制数据	最多存储 8,000 个字节
varbinary（max）	可变长度的二进制数据	最多存储 2GB
image	可变长度的二进制数据	最多存储 2GB

（5）特殊数据类型

SQL Server 2016 支持的特殊数据类型如表 8 - 6 所示。

表 8 - 6　特殊数据类型

数据类型	描述
sql_variant	存储最多 8,000 个字节不同数据类型的数据，除了 text、ntext 以及 timestamp 类型
uniqueidentifier	存储全局标识符（GUID）
xml	存储 XML 格式化数据。最多 2GB
cursor	用于存储过程中对游标的引用
table	用于存储结果集以进行后续处理，通常作为用户定义函数返回，在表的定义中不可作为可用的数据类型

8.2 实战训练

【实战训练 8 – 1】 确定学生选课管理数据库 "SCC" 中数据表名和字段名。

任务分析：

数据库 "SCC" 中的 5 张数据表的表名均使用英文单词，院部表命名为 Department，班级表命名为 Class，学生表 Student，课程表 Course，成绩表 Score。表中的字段名大多使用英文单词缩写，像院部编号使用 Dno，就是 DepartmentNo 的缩写；院部名称使用 Dname，是 DepartmentName 的缩写，还有平时成绩 Uscore，期末成绩 EndScore 等。还可以使用英文单词的组合，比如，班级名称 ClassName，入学年份 EnterYear，学时 CourseHour 等。

任务实施：

1. 院部表

院部（院部编号，院部名称）

Department（Dno，Dname）

2. 班级表

班级（班级编号，班级名称，专业，入学年份，院部编号）

Class（ClassNo，ClassName，Specialty，EnterYear，Dno）

3. 学生表

学生（学号，姓名，性别，生日，班级编号）

Student（Sno，Sname，Sex，Birth，ClassNo）

4. 课程表

课程（课程编号，课程名称，任课教师，学分，限报人数，学时）

Course（Cno，Cname，Teacher，Credit，LimitNum，CourseHour）

5. 成绩表

成绩（学号，课程编号，平时成绩，期末成绩）

Score（Sno，Cno，Uscore，EndScore）

【实战训练 8 – 2】 为学生选课管理数据库 "SCC" 中的字段选取合适的数据类型。

任务实施：

1. 为 Department 表中的字段选取数据类型

Department 表中的 Dno 和 Dname 字段都选取 nvarchar 类型，nvarchar 采用的是统一字符编码，是一种可变长字符串类型，它的一个字符占 2 个字节，尾端的空白字符会被删除。Dno 最大存储字符数为 10，最大可以存储 10 个字符，占 20 个字节；Dname 最大可以存储 30 个字符，占 60 个字节，用来存储院部编号和院部名称是足够的，如表 8 – 7 所示。

表 8 – 7　Department 表结构

字段名	数据类型	长度	字段说明
Dno	nvarchar	10	院部编号
Dname	nvarchar	30	院部名称

2. 为 Class 表中的字段选取数据类型

Class 表中 EnterYear 字段选用数值整数型 int 而没有选用日期时间型 date，是因为 EnterYear 仅用来存储年份数值，使用整数型就足够了。表中的其他数据类型都选用 nvarchar，因为考虑到 ClassNo 班级编号、Dno 院部编号这两个字段需要存储英文字符加数值的数据，因此选用 nvarchar 类型，如表 8 – 8 所示。

表 8 – 8　Class 表结构

字段名	数据类型	长度	字段说明
ClassNo	nvarchar	10	班级编号
ClassName	nvarchar	30	班级名称
Specialty	nvarchar	30	专业
EnterYear	int		入学年份
Dno	nvarchar	10	院部编号

3. 为 Student 表中的字段选取数据类型

Student 表中的 Sex 性别字段选用的是 nchar 类型，nchar 采用统一字符编码，是固定长度字符串类型，尾端空白字符保留，字符长度为 1，因为 Sex 只用来存储一个汉字——男或者女。Birth 生日字段，选用 date 类型，用来存储包含年月日的日期。其余字段均选用 nvarchar 类型，如表 8 – 9所示。

表 8 – 9　Student 表结构

字段名	数据类型	长度	字段说明
Sno	nvarchar	15	学号
Sname	nvarchar	10	姓名
Sex	nchar	1	性别
Birth	date	—	生日
ClassNo	nvarchar	10	班级编号

4. 为 Course 表中的字段选取数据类型

Course 表的 Credit 学分字段选用 numeric 定点小数类型，可以用来存储包含 1 位小数但总长是 4 位的小数，比如 100.5；LimitNum 限报人数和 CourseHour 学时字段选用整数型 int 来存储整数；这个表的其余字段都选用 nvarchar 类型，如表 8 – 10 所示。

表 8 – 10　Course 表结构

字段名	数据类型	长度	字段说明
Cno	nvarchar	10	课程编号
Cname	nvarchar	30	课程名称
Teacher	nvarchar	10	任课教师
Credit	numeric (4, 1)		学分
LimitNum	int		限报人数
CourseHour	int		学时

5. 为 Score 表中的字段选取数据类型

Score 表中的 Uscore 和 EndScore 需要保存平时成绩和期末成绩，所以选用定点小数类型 numeric；剩下的两个字段 Sno 学号和 Cno 课程编号需要和相联系的表 Student 和 Course 中的字段保持一致，因此选用 nvarchar 数据类型，如表 8 – 11 所示。

表 8 – 11　Score 表结构

字段名	数据类型	长度	字段说明
Sno	nvarchar	15	学号
Cno	nvarchar	10	课程编号
Uscore	numeric (4, 1)		平时成绩
EndScore	numeric (4, 1)		期末成绩

8.3　拓展训练

【拓展训练】为商品销售管理数据库 Goods 中的字段选取合适字段名和数据类型，填写在下方相应的表格中。

1. 为客户表 Consumer 中的字段选取合适的字段名和数据类型

客户（客户编号，账号，密码，姓名，性别，电话，收货地址）

表 8 – 12　客户表结构

字段名	数据类型	长度	字段含义
			客户编号
			账号
			密码
			姓名
			性别
			电话
			收货地址

2. 为员工表 Employee 中的字段选取合适的字段名和数据类型

员工（员工号，账号，密码，姓名，性别，电话）

表 8 –13　员工表结构

字段名	数据类型	长度	字段含义
			员工号
			账号
			密码
			姓名
			性别
			电话

3. 为商品类别表 Category 中的字段选取合适的字段名和数据类型

商品类别（商品类别编号，商品类别名称）

表 8 –14　商品类别表结构

字段名	数据类型	长度	字段含义
			商品类别编号
			商品类别名称

4. 为商品表 Shop_goods 中的字段选取合适的字段名和数据类型

商品（商品编号，商品名称，品牌，规格，单价，库存数量，图片路径，商品描述，商品类别编号）

表 8 –15　商品表结构

字段名	数据类型	长度	字段含义
			商品编号
			商品名称
			品牌
			规格
			单价
			库存数量
			图片路径
			商品描述
			商品类别编号

5. 为订单表 Shop_Order 中的字段选取合适的字段名和数据类型

订单（订单编号，商品编号，销售数量，下单日期，订单状态，客户编号，反馈评论，发货员工号，发货日期）

表 8 – 16　订单表结构

字段名	数据类型	长度	字段含义
			订单编号
			商品编号
			销售数量
			下单日期
			订单状态
			客户编号
			反馈评论
			发货员工号
			发货日期

任务 9　数据完整性约束

数据表的设计包括3部分：确定表名和字段名、选取字段的数据类型、设置数据完整性约束。任务 9 主要介绍数据完整性约束。

9.1　知识准备

1. 数据完整性的概念及分类

数据库是一种共享资源，因此在数据库的使用过程中，保证数据的安全、可靠、正确、可用就成为非常重要的问题。数据完整性是保证数据库中数据的正确性、有效性和相容性，防止错误的数据进入数据库。正确性是指数据的合法性，例如，一个数值型数据只能包含数字，不能出现其他字符，否则就不正确，失去了完整性。有效性是指数据是否属于所定义的有效范围，例如，期末考试成绩的取值范围是0—100，超出这个范围是无效的。相容性是指在多用户、多程序共用数据库的前提下，保证更新时不出现与实际不一致的情况，也就是同一个事实的两个数据相同，不一致就是不相容。

数据完整性分为 4 类：实体完整性、域完整性、参照完整性和用户自定义完整性。

（1）实体完整性

实体完整性要求表中不能存在完全相同的记录，并且每条记录都要具有一个非空且不重复的主键值，这样就可以保证数据所代表的任何实体都不重复。即如果字段 A 是二维表 R 的主键，则字段 A 不能取空值且不能重复。例如，学生表 Student 中的学号为主键，那么学号这个字段的值就不能为空，不能有重复。实体完整性用于保证关系数据库表中的每条记录都是唯一的。在 SQL Server 中，实体完整性可以通过主键约束（PRIMARY KEY）、唯一索引、唯一约束（UNIQUE）和指定标识列（IDENTITY）属性来实现。

（2）域完整性

域完整性用来保证数据的有效性，它可以限制录入的数据与数据类型是否一致，规定字段的默认值，设置字段是否可以为空。域完整性可以确保不会输入无效的数据。在 SQL Server 中，域完整性可以通过默认值约束（DEFAULT）、非空约束（NOT NULL）和表的数据类型实现。

（3）参照完整性

参照完整性用于确保相关联表之间的数据保持一致。当添加、删除或修改数据表中的记录时，可以借助于参照完整性来保证相关表之间数据的一致性。参照完整性是基于外键的，如果表中存在外键，则外键的值必须与主表中某条记录的被参照列的值相同。例如，Student 表中的 ClassNo（班级编号）参照表 Class 表的主键 ClassNo，则 Student 表中的 ClassNo 列的值必须与 Class 表中某条记录的主键 ClassNo 列的值相同。在 SQL Server 中，参照完整性通过外键约束（FOREIGN KEY）实现。

（4）用户自定义完整性

用户自定义完整性约束就是针对某一具体关系数据库的约束条件，它反映某一具体应用所涉及的数据必须满足的语义要求。例如，学生期末成绩采用百分制，成绩值只能在 0 到 100 之间。在 SQL Server 中，用户自定义完整性主要通过检查约束（CHECK）实现。

2. 数据完整性约束

在 SQL Server 中，可以通过为表的字段设置约束来保证表中数据的完整性。数据完整性约束包括 6 种，分别是：主键约束（PRIMARY KEY），非空约束（NOT NULL），检查约束（CHECK），唯一约束（UNIQUE），外键约束（FOREIGN KEY），默认值约束（DEFAULT）。

（1）主键约束（PRIMARY KEY）

主键约束能够强制表的实体完整性，它要求主键列数据唯一，不允许为空，能唯一地指定一行记录。那么当给表中数据进行增加或修改时，主键列的数据都不能重复或者为空值。主键约束的命名推荐使用 "PK_表名" 的命名格式，方便后续使用时进行识别。主键约束具有以下特征：

① 每个表只能有一个主键约束。

② 定义主键约束的字段可以是一列或几列组合。

③ 定义主键约束的字段的取值不能重复，并且不能取 NULL 值。

④ 创建主键约束时，SQL Server 会自动创建一个唯一的聚集索引。

⑤ image 和 text 类型的列不能被确定为主键。

（2）非空约束（NOT NULL）

非空约束是一种最容易理解的约束，它是用来指定某个字段的值是否允许取空值。对于非空约束需要注意是，取空值和值为 0 或值为空字符串是不同的。例如，成绩字段的值为 0，表示该学生已经完成考试，成绩为 0 分；而成绩字段的值为空，表示该学生还没有参加考试，或考试的成绩还没有录入。

（3）检查约束（CHECK）

检查约束用来限制列数据的有效范围。当对约束的列数据进行添加或修改时，SQL Server 会自动检查列数据的有效性，从而保证数据库中数据的用户自定义完整性。在设置检查约束时，可以使用逻辑表达式表示数据的有效性范围，而且在一个字段上可以定义多个检查约束，这些约束将按照创建的顺序依次发生作用。检查约束的命名规则是"CK_字段名"。

（4）唯一约束（UNIQUE）

唯一约束应用于表中的非主键列，用于指定一个或者多个字段的组合的值具有唯一性，以防止在字段中输入重复的值。例如，身份证号码列，由于所有身份证号码不可能出现重复，所以可以创建唯一约束来保证不会输入重复的身份证号码。唯一约束的命名规则为"UQ_字段名"。

唯一约束与主键约束非常相似，但是却有本质上的区别。

① 唯一约束主要用于非主键的一列或列组合。

② 一张表可以设置多个唯一约束，但是主键约束在一个表中只能有一个，因为它是表中字段的唯一标识。

③ 设置了唯一约束的列值必须唯一，但允许有一个空值 NULL。而设置了主键约束的列值必须唯一，而且不允许为空。

（5）外键约束（FOREIGN KEY）

外键约束用于实现表和表之间的参照完整性，外键约束的核心是给表创建外键。外键的作用是关联两张二维表，使二维表所描述的实体建立联系。

外键可以理解为两张二维表含义上的公共字段，这个字段的字段名在两张表中可以不同，但是为了识别方便，一般我们把这个公共字段定义为相同的名字。但是要注意，公共字段在两张表中的数据类型一定是相同的，因为它在两张表中存储的是相互参照的数据。

如果这个公共字段在一张表中是主键或主键组之一，就把这张表叫作主键表；如果这个公共字段在一张表中不是主键，就把这张表叫作外键表，而且外键的创建需要在外键表上创建。外键约束在创建时的命名规则为"FK_外键表名_主键表名"。

（6）默认值约束（DEFAULT）

默认值约束是指在表记录添加后用户没有输入某个字段值时，该字段值由系统自动提供。设置默认值约束可以简化表数据的录入，比如，某个班级学生的性别大多数都是男生，可以将性别字段的默认值设置为"男"，这样可避免大量数据的重复录入，提高工作效率。

9.2 实战训练

【实战训练】 为学生选课管理数据库"SCC"中各表设置数据完整性约束。

任务实施：

1. 为院部表 Department 设置数据完整性约束

Department 表中的 Dno 和 Dname 字段都不允许为空，设置非空约束为 NOT NULL。Dno

字段为标识列，需要确保表中记录不重复，设置为主键约束。Dname 字段值不能重复，设置为唯一约束，如表 9 - 1 所示。

表 9 - 1 Department 表设计

字段名	数据类型	含义	非空约束	约束
Dno	nvarchar (10)	院部编号	NOT NULL	主键约束
Dname	nvarchar (30)	院部名称	NOT NULL	唯一约束

2. 为班级表 Class 设置数据完整性约束

Class 表中除了 EnterYear 字段允许为空外，其他字段均不允许为空，设置非空约束为 NOT NULL。ClassNo 字段为标识列，需要确保表中记录不重复，设置为主键约束。ClassName 字段值不能重复，设置为唯一约束。Dno 字段设置为外键约束，可以建立 Class 表和 Department 表之间的联系，实现两张表之间的参照完整性，如表 9 - 2 所示。

表 9 - 2 Class 表设计

字段名	数据类型	含义	非空约束	约束
ClassNo	nvarchar (10)	班级编号	NOT NULL	主键约束
ClassName	nvarchar (30)	班级名称	NOT NULL	唯一约束
Specialty	nvarchar (30)	专业	NOT NULL	
Dno	nvarchar (10)	院部编号	NOT NULL	外键约束
EnterYear	int	入学年份	NULL	

3. 学生表 Student 设置数据完整性约束

Student 表中的 Sno 字段为标识列，需要确保表中记录不重复，设置为主键约束。Sex 字段设置为默认值约束，可以减少大量重复数据的录入，设置为检查约束，取值为"男"或"女"，能够避免无效数据录入到表中。ClassNo 字段设置为外键约束，可以建立 Student 表和 Class 表之间的联系，实现两张表之间的参照完整性，如表 9 - 3 所示。

表 9 - 3 Student 表设计

字段名	数据类型	含义	非空约束	约束
Sno	nvarchar (15)	学号	NOT NULL	主键约束
Sname	nvarchar (10)	姓名	NOT NULL	
Sex	nchar (1)	性别	NOT NULL	默认值约束（值为"男"） 检查约束（值为"男"或"女"）
Birth	date	生日	NULL	
ClassNo	nvarchar (10)	班级编号	NOT NULL	外键约束

4. 课程表 Course 设置数据完整性约束

Course 表中的 Cno 字段为标识列，需要确保表中记录不重复，设置为主键约束。Cname 字段值不能重复，设置为唯一约束。Teacher 字段设置默认值约束，值为"待定"，避免任课教师没有确定时产生空值。Credit 和 LimitNum 字段设置检查约束，字段值取值范围是大于 0，避免表中录入无效数据，如表 9 - 4 所示。

表 9 - 4 Course 表设计

字段名	数据类型	含义	非空约束	约束
Cno	nvarchar (10)	课程编号	NOT NULL	主键约束
Cname	nvarchar (30)	课程名称	NOT NULL	唯一约束
Teacher	nvarchar (10)	任课教师	NOT NULL	默认值约束，值为"待定"
Credit	numeric (4, 1)	学分	NOT NULL	检查约束，值大于0
LimitNum	int	限报人数	NOT NULL	检查约束，值大于0
CourseHour	int	课程学时	NULL	

5. 成绩表 Score 设置数据完整性约束

Score 表中的 Sno 和 Cno 字段组合后作为标识列，设置为主键约束，保证表中记录不重复。Sno 字段设置为外键约束，可以建立 Score 表和 Student 表之间的联系，实现参照完整性。Cno 字段设置为外键约束，可以建立 Score 表和 Course 表之间的联系，实现参照完整性。Uscore 和 EndScore 字段设置检查约束，字段值取值范围是 0—100，可避免表中录入无效数据，如表 9 - 5所示。

表 9 - 5 Score 表设计

字段名	数据类型	含义	非空约束	约束	
Sno	nvarchar (15)	学号	NOT NULL	主键约束	外键约束
Cno	nvarchar (10)	课程编号	NOT NULL		外键约束
Uscore	numeric (4, 1)	平时成绩	NULL	检查约束（值在 0—100）	
EndScore	numeric (4, 1)	期末成绩	NULL	检查约束（值在 0—100）	

9.3 拓展训练

【拓展训练】为商品销售管理数据库 Goods 中各表设置数据完整性约束，填写在下方的表格中。

1. 为客户表 Consumer 中的字段设置数据完整性约束

表 9 - 6 客户表设计

字段名	数据类型	含义	非空约束	约束
Consumer_Id	nvarchar (30)	客户编号		
Account	varchar (20)	账号		
Password	varchar (20)	密码		
Name	nvarchar (20)	姓名		
Sex	nchar (1)	性别		
Tel	varchar (20)	电话		
Address	nvarchar (60)	收货地址		

2. 为员工表 Employee 中的字段设置数据完整性约束

表 9 – 7 员工表设计

字段名	数据类型	含义	非空约束	约束
Employee_ Id	nvarchar（30）	员工号		
Account	varchar（20）	账号		
Password	varchar（20）	密码		
Name	nvarchar（20）	姓名		
Sex	nchar（1）	性别		
Tel	varchar（20）	电话		

3. 为商品类别表 Category 中的字段设置数据完整性约束

表 9 – 8 商品类别表设计

字段名	数据类型	含义	非空约束	约束
Category_ Id	nvarchar（30）	商品类别编号		
Name	nvarchar（30）	商品类别名称		

4. 为商品表 Shop_ goods 中的字段设置数据完整性约束

表 9 – 9 商品表设计

字段名	数据类型	含义	非空约束	约束
Goods_ Id	nvarchar（30）	商品编号		
Name	nvarchar（30）	商品名称		
Brand	nvarchar（30）	品牌		
Size	nvarchar（30）	规格		
Price	decimal（8，2）	单价		
Stock	int	库存数量		
Image_ Url	varchar（50）	图片路径		
Description	nvarchar（100）	商品描述		
Category_ Id	nvarchar（30）	商品类别编号		

5. 为订单表 Shop_ Order 中的字段设置数据完整性约束

表 9 – 10 订单表设计

字段名	数据类型	含义	非空约束	约束
Order_ Id	nvarchar（30）	订单编号		
Goods_ Id	nvarchar（30）	商品编号		
Quantity	int	销售数量		
Order_ Date	date	下单日期		
Status	nvarchar（10）	订单状态		
Consumer_ Id	nvarchar（30）	客户编号		
Comment	nvarchar（100）	反馈评论		
Employee_ Id	nvarchar（30）	发货员工号		
Shipping_ Date	date	发货日期		

任务 10　数据表的创建

SQL Server 2016 中数据表的创建可以使用两种方法实现：SSMS 图形化界面和 T - SQL 语句。使用图形化界面创建表需要掌握"表设计器"的使用方法，使用 T - SQL 语句创建表则需要掌握 Create Table 语句。

10.1　知识准备

1. 表设计器

使用表设计器可以帮助开发人员利用图形化界面快速完成表结构的创建，包括定义数据表中的字段、数据类型、字段属性及数据完整性约束。对于表设计器的操作需要掌握以下两部分内容。

（1）启动表设计器

启动 SSMS，在对象资源管理器中单击数据库左侧的"+"，右击"表"对象，在快捷菜单中选择"新建"→"表"，如图 10 – 1 所示。

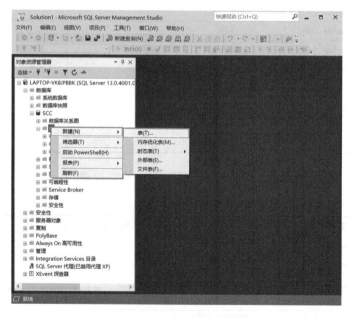

图 10 – 1　启动表设计器

（2）表设计器的组成

表设计器由上下两个部分组成，分别是"字段定义"窗格和"列属性"窗格，如图 10 – 2所示。

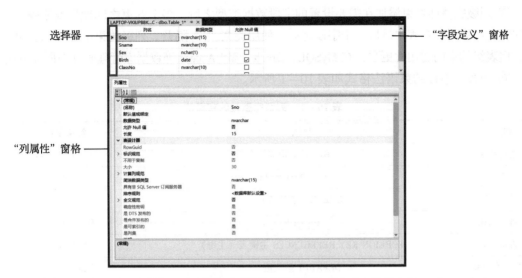

图 10 – 2　表设计器

①"字段定义"窗格的作用是创建数据表的所有字段，包括"列名""数据类型""允许
NULL 值"和"选择器"4 列。在"列名"列中需要输入已经确定的字段名；"数据类型"列
可以通过下拉列表框选择合适的数据类型，如果觉得查找麻烦，也可以输入数据类型的前几
个字母，窗口可以自动补充；"允许 NULL 值"列用来设置字段的非空约束，单击方框打钩表
示允许该字段为空值；"选择器"是指每个列名前的单元格，单击某个单元格时可以选中对
应的字段，配合快捷键"Ctrl"和"Shift"可以实现多个字段的选择。

②"列属性"窗格用来设置字段的列属性。当使用选择器选中某个列名时，可在"列属
性"窗格中完成属性的设置，主要包括默认值或绑定、长度、标识规范等。

2. CREATE TABLE 语句语法结构

```
CREATE  TABLE  表名
      ( 列名 1   数据类型［列级完整性约束］,
        列名 2   数据类型［列级完整性约束］,
         ……,
        列名 n   数据类型［列级完整性约束］,
        ［表级完整性约束 1］,
         ……,
        ［表级完整性约束 n］,
      )
```

说明:

① CREATE　TABLE 语句可为数据表定义各个列名、数据类型和完整性约束。

② 数据类型中，char、nchar、varchar、nvarchar 数据类型必须指明长度。例如，nvarchar
（10），其他数据类型无需指明长度。decimal（p，s）和 numeric（p，s）数据类型必须指明 p
（精度）和 s（小数位数）。

③ 标识列要使用 IDENTITY（标识种子，标识增量）语法来定义。

④ 列级和表级完整性约束也可以通过修改表结构添加。

⑤ 列级完整性约束添加在需要设置的字段数据类型之后，多个约束之间使用空格隔开；表级完整性约束添加在表中最后一个字段之后，使用英文"，"隔开。列级约束语法简洁，书写方便，但表级约束的适用性更强，在 MySQL、Oracle、MS Access 等数据库管理软件中同样可用。

⑥ 列级完整性约束语法格式如表 10 – 1 所示。

表 10 – 1　列级完整性约束语法

约束名	语法	约束命名
主键约束	PRIMARY KEY	系统默认命名
非空约束	[NULL] NOT NULL	无命名
检查约束	CHECK（表达式）	系统默认命名
唯一约束	UNIQUE	系统默认命名
外键约束	FOREIGN KEY REFERENCES 主键表（主键）	系统默认命名
默认值约束	DEFAULT 默认值	系统默认命名

⑦ 表级完整性约束语法格式如表 10 – 2 所示。

表 10 – 2　表级完整性约束语法

约束名	语法	约束命名规则（推荐）
主键约束	CONSTRAINT 主键约束名 PRIMARY KEY（主键名）	PK_表名
非空约束	不支持表级约束	无命名
检查约束	CONSTRAINT 检查约束名 CHECK（表达式）	CK_约束字段名
唯一约束	CONSTRAINT 唯一约束名 UNIQUE（约束字段名）	UQ_约束字段名
外键约束	CONSTRAINT 外键约束名 FOREIGN KEY（外键字段名）REFERENCES 主键表名（主键字段名）	FK_外键表名_主键表名
默认值约束	不支持表级约束	DF_表名_约束字段名

10.2　实战训练

【实战训练 10 – 1】使用 SSMS 创建学生选课管理数据库"SCC"中的数据表 Student。

任务实施：

1. 创建 Student 表中的字段、数据类型、非空约束

在对象资源管理器中，右击数据库"SCC"的表对象，选择"新建"→"表"，打开表设计器。参照 Student 表设计（表 9 – 3）录入 Student 表的字段名，选择数据类型，修改字符串数据类型长度，设置 Birth 字段允许为 NULL 值，其他所有字段不允许为空值，如图 10 – 3 所示。

2. 创建主键约束

在 Student 表设计器中，选中 Sno 字段，单击"表设计器"工具栏上的"设置主键"按钮，如图 10 – 4 所示。此时 Sno 字段前的选择器中出现金色钥匙图标，表示主键创建完成，如图 10 – 5 所示。在工具栏中单击"保存"按钮，刷新对象资源管理器中的 Student 表，在

"键"节点中可以看到创建成功的主键约束,系统将其命名为"PK_Student",如图 10 – 6 所示。

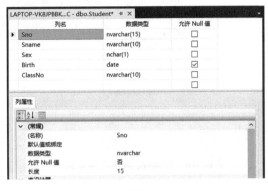

图 10 –3　创建 Student 表

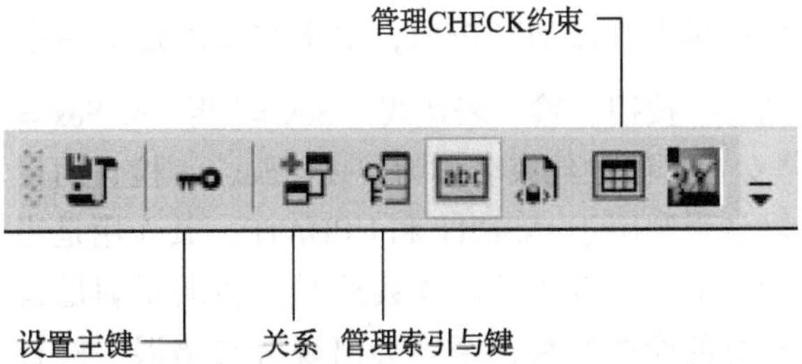

图 10 –4　"表设计器"工具栏

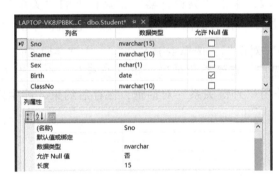

图 10 –5　Student 表创建主键约束

图 10 –6　"PK_Student"主键约束

3. 创建默认值约束

在 Student 表设计器中,选中 Sex 字段,在"列属性"窗格的"默认值或绑定"栏中输入默认值"'男'",输入完成后按回车键,如图 10 –7 所示。

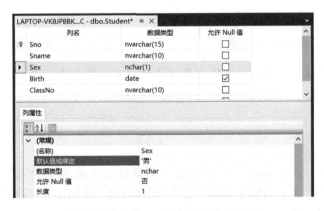

图 10 –7　Student 表创建默认值约束

4. 创建检查约束

在 Student 表设计器中，选中 Sex 字段，单击"表设计器"工具栏上的"管理 CHECK 约束"按钮，打开"检查约束"对话框。在对话框中单击"添加"按钮，单击常规表达式栏中的 ⋯ 按钮，输入表达式"Sex ='男' or Sex ='女'"，修改约束名称为"CK_Sex"，检查约束默认强制用于 INSERT 和 UPDATE，其作用是当给 Sex 字段增加或修改数据时，必须要满足设置好的检查约束，否则会出现警告错误。检查约束设置完成后，关闭"检查约束"对话框进行保存，约束才能生效，如图 10-8 所示。

图 10-8　Student 表创建检查约束

5. 创建外键约束

在 Student 表设计器中，选中 ClassNo 字段，单击"表设计器"工具栏上的"关系"按钮，打开"外键关系"对话框，如图 10-9 所示。在对话框中单击"添加"按钮，单击"表和列规范"栏中的 ⋯ 按钮，打开"表和列"对话框，选择主键表 Class，主键字段 ClassNo，外键表 Student，外键字段 ClassNo。设置完成后，系统会将外键约束（关系名）自动修改为 FK_Student_Class，外键约束设置完成后，关闭"外键关系"对话框，保存后约束才能生效，如图 10-10 所示。

图 10-9　"外键关系"对话框

图 10-10　Student 表创建外键约束

提示：在定义外键约束之前，必须先定义主键约束，否则会失败。本任务在创建外键约束 FK_Student_Class 之前，需要在 Class 班级表中将 ClassNo 字段创建为主键约束，否则外键约束无法创建。

6. 保存表

Student 表创建完成后，单击"表设计器"对话框右上角的"关闭"按钮，会出现"保存更改提示"对话框，在对话框中单击"是"，或单击工具栏中的"保存"，这时会出现"选择名称"对话框，输入表名"Student"，再单击"确定"按钮。

【**实战训练 10-2**】使用 SSMS 创建学生选课管理数据库中的数据表 Course。

任务实施：

1. 创建 Course 表中的字段、数据类型、非空约束

在对象资源管理器中，右击数据库"SCC"的表对象，选择"新建"→"表"打开表设计器。参照 Course 表设计（表 9 – 4）录入 Course 表的字段名，选择数据类型，修改字符串数据类型长度，设置字段非空约束，如图 10 –11 所示。

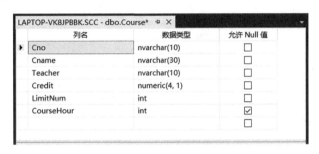

图 10 –11 创建 Course 表

2. 创建主键约束

在 Course 表设计器中，单击字段选择器选中 Cno 字段，右击鼠标，选择"设置主键"，如图 10 – 12 所示。

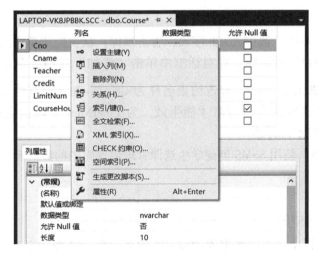

图 10 –12 Course 表创建主键约束

3. 创建唯一约束

在 Course 表设计器中，单击字段选择器选中 Cname 字段，右击鼠标，在快捷菜单中选择"索引/键"，或者单击"表设计器"工具栏上的"管理索引或键"按钮，打开"索引/键"对话框。在对话框中单击"添加"按钮，在"常规"中的"类型"栏中选择"唯一键"，并修改标识名称（唯一约束）为 UQ _ Cname，如图 10 – 13 所示。单击"关闭"按钮，按"Ctrl + S"键保存约束后才可生效。

图 10 – 13 "索引/键"对话框

4. 创建默认值约束

在 Course 表设计器中，选中 Teacher 字段，在"列属性"窗格的"默认值或绑定"栏中输入默认值"待定"，输入完成后按回车键。

5. 创建检查约束

在 Course 表设计器中，选中 Credit 字段，右击鼠标，在快捷菜单中选择"CHECK 约束"选项，打开"检查约束"对话框。在对话框中单击"添加"按钮，单击常规表达式栏中的 ⋯ 按钮，输入表达式 Credit > 0，修改约束名称为 CK_Credit。检查约束设置完成后，关闭"检查约束"对话框进行保存，约束才能生效。为 LimitNum 字段创建检查约束的方法与 Credit 完全相同，这里不再详述。

【实战训练 10 – 3】使用 SSMS 创建学生选课管理数据库中的数据表 Score。

任务实施：

1. 创建 Score 表中的字段、数据类型、非空约束

在对象资源管理器中，右击数据库"SCC"的表对象，选择"新建"→"表"，打开表设计器。参照 Score 表设计（表 9 – 5）录入 Score 表的字段名，选择数据类型，修改字符串数据类型长度，设置字段非空约束，如图 10 – 14 所示。

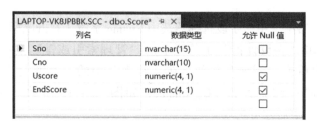

图 10 – 14 创建 Score 表

2. 创建主键约束

在 Score 表设计器中，按住"Ctrl"键单击"Sno"和"Cno"字段选择器，同时选中这两个字段，单击"表设计器"工具栏上的"设置主键"按钮，或者右击鼠标选择"设置主键"。

3. 创建外键约束

保存并刷新 Score 表，在对象资源管理器中，右击 Score 表的"键"节点，在快捷菜单中选择"新建外键"，如图 10 – 15 所示。打开"外键关系"对话框，单击"表和列规范"栏中的 ... 按钮，打开"表和列"对话框，设置主键表 Student、外键表 Score 及公共字段 Sno，创建外键约束 FK_Score_Student，如图 10 – 16 所示。在"外键关系"对话框中单击"添加"按钮，同理设置主键表 Course、外键表 Score 及公共字段 Cno，创建外键约束 FK_Score_Course。约束创建完成后，关闭"外键关系"对话框，在工具栏上单击"保存"按钮后约束才可生效。

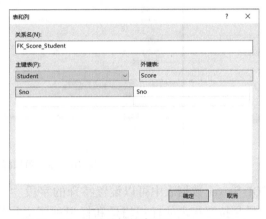

图 10 – 15　Score 表新建外键约束　　　　图 10 – 16　创建外键约束 FK_Score_Student

4. 创建检查约束

在对象资源管理器中，右击 Score 表的"约束"节点，在快捷菜单中选择"新建约束"，如图 10 – 17 所示。打开"检查约束"对话框，如图 10 – 18 所示，输入检查约束表达式 Uscore > =0 AND Uscore < =100，创建约束名 CK_ Uscore。单击"添加"按钮，同理创建检查约束 CK_ Endscore。

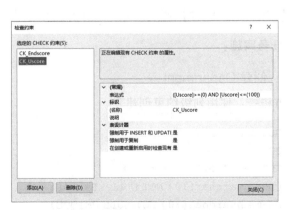

图 10 – 17　Score 表新建约束　　　　图 10 – 18　创建检查约束 CK_Uscore

5. 添加标识列

在 Score 表设计器中，添加字段 ScoreID，设置数据类型为 int，不允许为空值。在该字段的列属性中，设置"标识规范"中的"是标识"选项为"是"，设置"标识增量"为 1，"标识种子"为 1，如图 10-19 所示。

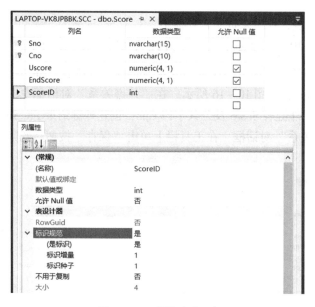

图 10-19 添加标识列

在 SQL Server 数据表中可以设置特殊的字段"标识列"，标识列能够自动为表生成一列行号。行号是按照指定的标识增量和标识种子进行排序，例如，一个字段被定义为标识列，它的标识增量和标识种子都为 1，那么表示这个标识列字段的值是从 1 开始、增量为 1 的自然数，这个字段存储的数据值是 1、2、3、4、5……一直排列下去。使用标识列时需要注意以下 3 个问题。

① 一个表只能创建一个标识列。

② 如果在创建标识列时没有指定标识增量和标识种子，那么它们的默认值都为 1。

③ 标识列的数据类型只能使用整数型中的 bigint、int、smallint 和 tinyint 类型。定点小数型 decimal、numeric 也可以使用，但是不允许出现小数位数。

【实战训练 10-4】使用 T-SQL 创建学生选课管理数据库中的各数据表。

任务实施：

1. 创建 Department 表

方法一：使用列级约束创建表。

```
USE SCC                                    --将当前数据库设置为 SCC
GO
CREATE  TABLE Department
(Dno nvarchar(10) NOT NULL  PRIMARY KEY,
Dname nvarchar(30) NOT NULL UNIQUE)
```

方法二：使用表级约束创建表。

```
USE SCC                                          --将当前数据库设置为 SCC
GO
CREATE  TABLE Department
(Dno     nvarchar(10) NOT NULL,
Dname    nvarchar(30) NOT NULL,
CONSTRAINT Pk_Department Primary Key(Dno),
CONSTRAINT UQ_Dname UNIQUE (Dname))
```

2. 创建 Class 表

方法一：使用列级约束创建表。

```
USE SCC                                          --将当前数据库设置为 SCC
GO
CREATE  TABLE  Class
(ClassNo      nvarchar(10)  NOT NULL  PRIMARY KEY,
ClassName nvarchar(30)  NOT NULL  UNIQUE,
Specialty    nvarchar(30)  NOT NULL,
Dno          nvarchar(10)  NOT NULL  FOREIGN KEY REFERENCES Department(Dno),
EnterYear int)
```

方法二：使用表级约束创建表。

```
USE SCC                                          --将当前数据库设置为 SCC
GO
CREATE  TABLE  Class
(ClassNo      nvarchar(10)  NOT NULL,
ClassName nvarchar(30)  NOT NULL,
Specialty    nvarchar(30)  NOT NULL,
Dno          nvarchar(10)  NOT NULL,
EnterYear  int,
CONSTRAINT PK_Class PRIMARY KEY(ClassNo),
CONSTRAINT UQ_ClassName UNIQUE (ClassName),
CONSTRAINT FK_Class_Department FOREIGN KEY(Dno) REFERENCES Department(Dno))
```

3. 创建 Student 表

方法一：使用列级约束创建表。

```
USE SCC                                          --将当前数据库设置为 SCC.
GO
CREATE     TABLE  Student
( Sno      nvarchar(15) NOT NULL PRIMARY KEY,
Sname     nvarchar(10) NOT NULL,
Sex       nchar(1) NOT NULL DEFAULT '男' CHECK ( Sex ='男' or Sex ='女'),
Birth     date,
ClassNo   nvarchar(10) NOT NULL FOREIGN KEY REFERENCES Class(ClassNo) )
```

方法二：使用表级约束创建表。

```
USE SCC                                          --将当前数据库设置为 SCC
GO
CREATE     TABLE   Student
( Sno       nvarchar(15) NOT NULL,
Sname      nvarchar(10) NOT NULL,
Sex        nchar(1) NOT NULL DEFAULT '男',
Birth      date,
ClassNo    nvarchar(10) NOT NULL,
CONSTRAINT Pk_Student PRIMARY KEY(Sno),
CONSTRAINT CK_Sex CHECK ( Sex ='男' or Sex ='女'),
CONSTRAINT FK_Student_Class FOREIGN KEY(ClassNo) REFERENCES Class(ClassNo))
```

4. 创建 Course 表

方法一：使用列级约束创建表。

```
CREATE    TABLE   Course
( Cno        nvarchar(10)   NOT NULL PRIMARY KEY,
Cname       nvarchar(30)   NOT NULL UNIQUE,
Teacher     nvarchar(10)   NOT NULL DEFAULT '待定',
Credit      numeric(4,1)   NOT NULL CHECK(Credit >0),
LimitNum int  NOT NULL   CHECK(LimitNum >0),
CourseHour int)
```

方法二：使用表级约束创建表。

```
CREATE    TABLE   Course
( Cno      nvarchar(10)   NOT NULL,
Cname     nvarchar(30)   NOT NULL,
Teacher nvarchar(10)   NOT NULL default '待定',
Credit   numeric(4,1)   NOT NULL,
LimitNum   int  NOT NULL,
CourseHour int,
CONSTRAINT PK_Course PRIMARY KEY(Cno),
CONSTRAINT UQ_Cname UNIQUE (Cname),
CONSTRAINT CK_CreditCHECK(Credit >0),
CONSTRAINT CK_LimitNum CHECK(LimitNum >0))
```

5. 创建 Score 表

方法一：使用列级约束创建表。

```
CREATE TABLE Score
( Sno nvarchar(15) NOT NULL FOREIGN KEYREFERENCES   Student(Sno),
Cno nvarchar(10) NOT NULL PRIMARY KEY(Sno,Cno)FOREIGN KEYREFERENCES Course(Cno),
Uscore numeric(4,1)CHECK(Uscore > =0 and Uscore < =100),
EndScore numeric(4,1)CHECK(Endscore > =0 and Endscore < =100),
ScoreID int identity(1,1))
```

方法二：使用表级约束创建表。

```
CREATE TABLE Score
(Sno nvarchar(15) NOT NULL,
Cno nvarchar(10) NOT NULL,
Uscore numeric(4,1),
EndScore numeric(4,1),
ScoreID int identity(1,1),
CONSTRAINT PK_Score PRIMARY KEY(Sno, Cno),
CONSTRAINT FK_Score_Student FOREIGN KEY(Sno)  REFERENCES  Student(Sno),
CONSTRAINT FK_Score_Course FOREIGN KEY(Cno)  REFERENCES Course(Cno),
CONSTRAINT CK_Uscore CHECK(Uscore > =0 and Uscore < =100),
CONSTRAINT CK_Endscore CHECK(Endscore > =0 and Endscore < =100))
```

注意：

① CREATE TABLE 语句中的标点符号必须使用英文标点符号。

② 在执行语句前，先要检查当前数据库是否为 SCC，否则会造成将当前表创建到其他数据库中。为了保证当前数据库是 SCC，可以在工具栏上的"SQL 编辑器"中将可用数据库选择为 SCC，或者在 CREATE TABLE 语句前添加 USE SCC。

③ 非空约束中的 NULL 值表示允许为空值，可以省略。NOT NULL 则表示不容许为空值。

10.3 拓展训练

【拓展训练】 分别使用 SSMS 和 T – SQL 两种方法创建商品销售管理数据库 Goods 中的数据表。

1. 客户表 Consumer

表 10 – 3　客户表设计

字段名	数据类型	含义	非空约束	约束
Consumer_Id	nvarchar（30）	客户编号	NOT NULL	主键约束
Account	varchar（20）	账号	NOT NULL	唯一约束
Password	varchar（20）	密码	NULL	
Name	nvarchar（20）	姓名	NULL	
Sex	nchar（1）	性别	NULL	检查约束（值"男"或"女"）
Tel	varchar（20）	电话	NULL	
Address	nvarchar（60）	收货地址	NULL	

2. 员工表 Employee

表 10 – 4　员工表设计

字段名	数据类型	含义	非空约束	约束
Employee_Id	nvarchar（30）	员工号	NOT NULL	主键约束
Account	varchar（20）	账号	NOT NULL	唯一约束

（续）

字段名	数据类型	含义	非空约束	约束
Password	varchar（20）	密码	NULL	
Name	nvarchar（20）	姓名	NULL	
Sex	nchar（1）	性别	NULL	检查约束（值"男"或"女"）
Tel	varchar（20）	电话	NULL	

3. 商品类别表 Category

表 10-5　商品类别表设计

字段名	数据类型	含义	非空约束性	约束
Category_Id	nvarchar（30）	商品类别编号	NOT NULL	主键约束
Name	nvarchar（30）	商品类别名称	NULL	

4. 商品表 Shop_goods

表 10-6　商品表设计

字段名	数据类型	含义	非空约束	约束
Goods_Id	nvarchar（30）	商品编号	NOT NULL	主键约束
Name	nvarchar（30）	商品名称	NOT NULL	
Brand	nvarchar（30）	品牌	NULL	
Size	nvarchar（30）	规格	NULL	
Price	decimal（8,2）	单价	NOT NULL	检查约束（值>0）
Stock	int	库存数量	NOT NULL	检查约束（值>=0）
Image_Url	varchar（50）	图片路径	NULL	
Description	nvarchar（100）	商品描述	NULL	
Category_Id	nvarchar（30）	商品类别编号	NOT NULL	外键约束

5. 订单表 Shop_Order

表 10-7　订单表设计

字段名	数据类型	含义	非空约束	约束
Order_Id	nvarchar（30）	订单编号	NOT NULL	主键约束
Goods_Id	nvarchar（30）	商品编号	NOT NULL	外键约束
Quantity	int	销售数量	NULL	检查约束（值>=0）
Order_Date	date	下单日期	NULL	默认值约束 值为系统日期 getdate（）
Status	nvarchar（10）	订单状态	NULL	
Consumer_Id	nvarchar（30）	客户编号	NOT NULL	外键约束
Comment	nvarchar（100）	反馈评论	NULL	
Employee_Id	nvarchar（30）	发货员工号	NOT NULL	外键约束
Shipping_Date	date	发货日期	NULL	

任务 11　数据表的修改

SQL Server 中的数据表创建完成之后可以进行修改,修改数据表包括表结构和表数据的修改,任务 11 主要介绍表结构的修改,主要包括添加新字段、修改字段属性、删除字段、添加约束、删除约束、修改字段名、修改表名和删除表,具体实现可以通过 SSMS 图形化界面和 T – SQL 语句两种方法。

11.1　知识准备

使用 T – SQL 修改数据表结构的语法通过 ALTER TABLE 语句实现,包括以下内容:

1. 添加新字段

```
ALTER TABLE 表名
ADD 字段名类型 [长度] [约束]
```

2. 修改字段属性

包括修改字段的数据类型、长度、是否为空。

```
ALTER TABLE 表名
ALTER COLUMN 字段名类型 [长度] [NULL |NOT NULL ]
```

3. 删除字段

```
ALTER TABLE 表名
DROP COLUMN 字段名
```

4. 添加约束

添加约束包括添加主键约束、检查约束、外键约束、唯一约束和默认值约束。添加约束的语句格式如下:

```
ALTER TABLE 表名 ADD CONSTRAINT 约束名 约束定义
```

① 主键约束推荐命名规则为 PK_表名,具体语法为:

```
ALTER TABLE 表名
ADD CONSTRAINT 约束名 PRIMARY KEY(主键字段名)
```

② 检查约束推荐命名规则为 CK_约束字段名,具体语法为:

```
ALTER TABLE 表名
ADD CONSTRAINT 约束名 CHECK(检查表达式)
```

③ 外键约束推荐命名规则为 **FK_外键表名_主键表名**，具体语法为：

```
ALTER TABLE 表名
ADD CONSTRAINT 约束名 FOREIGN KEY(外键字段名)REFERENCES 主键表名(主键字段名)
```

④ 唯一约束推荐命名规则为 **UQ_约束字段名**，具体语法为：

```
ALTER TABLE 表名
ADD CONSTRAINT 约束名 UNIQUE (唯一约束字段名)
```

⑤ 默认值约束推荐命名规则为 **DF_表名_约束字段名**，具体语法为：

```
ALTER TABLE 表名
ADD CONSTRAINT 约束名 DEFAULT 默认值 FOR 约束字段名
```

5. 删除约束

```
ALTER TABLE 表名
DROP CONSTRAINT 约束名
```

6. 修改字段名

更改数据表的字段名时，通常要用到 SP_RENAME 存储过程，具体语法为：

```
EXECUTE  SP_RENAME  '表名.原字段名','新字段名',[ 'COLUMN']
```

7. 修改表名

```
EXECUTE  SP_RENAME  '原表名','新表名'
```

8. 删除表

可使用 DROP TABLE 语句删除表，其语法格式如下。

```
DROP TABLE 表名1[,…… 表名n]
```

11.2 实战训练

1. 使用 SSMS 图形化界面修改表结构

【**实战训练 11 - 1**】使用 SSMS 图形化界面为数据库"SCC"中的 Student 学生表添加字段 Tel（手机号），添加完成后再将其删除。

任务实施:

① 启动 SSMS,在数据库"SCC"中右击 Student 表节点,打开快捷菜单,选择"设计",如图 11 −1 所示。

② 在打开的 Student 表设计器中,右击 Birth 字段前的选择器,选择"插入列"选项,如图 11 −2 所示。

图 11 −1　打开表设计器

图 11 −2　选择"插入列"

③ 在添加的空白列中,录入字段名 Tel,数据类型 int,允许为空值,设置完成后在工具栏中单击"保存"按钮。

④ 删除字段的操作为,在 Student 表设计器中,右击 Tel 字段,在快捷菜单中选择"删除列",如图 11 −3 所示,即可删除该字段,删除完成后需要保存才可生效。

图 11 −3　删除列

2. 使用 T −SQL 修改表结构

【实战训练 11 −2】使用 T −SQL 在 Student 学生表中完成以下修改。

① 添加电子邮箱字段 Email,数据类型为 varchar(30),允许为空值,并对该字段设置检查约束,要求必须包含"@"符号。

② 修改 Email 字段的数据类型为 varchar(40),不允许为空值。

③ 删除 Email 字段。

任务实施：

① 添加字段代码如下：

```
USE SCC                                            --将当前数据库设置为 SCC
GO
ALTER TABLE Student
ADD Email varchar(30) NULL CHECK(Email like '%@%')
```

② 修改字段代码如下：

```
USE SCC
GO
ALTER TABLE Student
ALTER COLUMN Email nvarchar(40)   NOT NULL
```

③ 删除字段代码如下：

```
USE SCC
GO
ALTER TABLE Student
DROP COLUMN Email
```

提示：删除字段时，如果该字段存在约束，需要将约束删除后才能删除字段。

3. 使用 SSMS 图形化界面删除约束

【**实战训练 11-3**】使用 SSMS 图形化界面删除数据库"SCC"中 Score 表中的所有约束。

任务实施：

① 删除外键约束 FK_Score_Student。

打开 Score 表设计器，右击 Sno 字段选择器，在快捷菜单中单击"关系"选项，打开"外键关系"对话框，选中已经创建的外键约束 FK_Score_Student，单击"删除"按钮，如图 11-4 所示。删除完成后关闭对话框，在工具栏中单击"保存"按钮。

② 删除外键约束 FK_Score_Course。

在 SSMS 对象资源管理器中，展开 SCC 数据库 Score 表中的"键"节点，右击外键约束 FK_Score_Course，在快捷菜单中单击"删除"选项，如图 11-5 所示。打开"删除对象"对话框，在对话框中单击"确定"按钮，如图 11-6 所示。

图 11-4 删除 FK_Score_Student

图 11 – 5　删除 FK_Score_Course

图 11 – 6　"删除对象"对话框

③ 删除主键约束 Pk_Score。

在 Score 表设计器中，右击 Sno 字段选择器，在快捷菜单中单击"删除主键"选项，如图 11 – 7 所示。

④ 删除检查约束 CK_Uscore 和 CK_Endscore。

在 Score 表设计器中，右击 Uscore 字段选择器，在快捷菜单中单击"CHECK 约束"选项，打开"检查约束"对话框，分别选中 CK_Uscore 和 CK_Endscore，单击"删除"按钮，注意删除完成后需要保存才可生效，如图 11 – 8 所示。

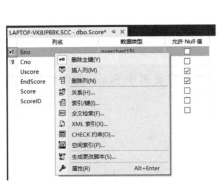

图 11 – 7　删除 Pk_Score

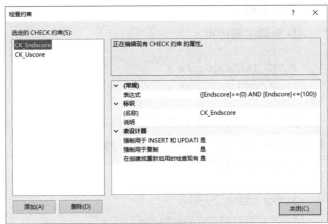

图 11 – 8　删除检查约束

4. 使用 T – SQL 删除约束

【实战训练 11 – 4】使用 T – SQL 删除数据库"SCC"中 Student 表中的所有约束。

任务实施：

① 删除主键约束。

```
ALTER TABLE Student
DROP CONSTRAINT PK_student
```

提示： 在删除 Student 表的主键约束 PK_student 之前，首先需要删除 Score 表中的外键约束 FK_Score_Student，否则无法删除 PK_student。

② 删除默认值约束。

```
ALTER TABLE Student
DROP CONSTRAINT DF_Student_Sex
```

③ 删除检查约束。

```
ALTER TABLE Student
DROP CONSTRAINT CK_Sex
```

④ 删除外键约束。

```
ALTER TABLE Student
DROP CONSTRAINT FK_Student_Class
```

【实战训练 11 – 5】 使用 T – SQL 删除数据库 "SCC" 中 Course 表中的所有约束。

任务实施：

① 删除主键约束。

```
ALTER TABLE Course
DROP CONSTRAINT PK_Course
```

提示： 在删除 Course 表的主键约束 PK_Course 之前，首先需要删除 Score 表中的外键约束 FK_Score_Course，否则无法删除 PK_Course。

② 删除唯一约束。

```
ALTER TABLE Course
DROP CONSTRAINT UQ_Cname
```

③ 删除默认值约束。

```
ALTER TABLE Course
DROP CONSTRAINT DF_Course_Teacher
```

④ 删除检查约束。

```
ALTER TABLE Course
DROP CONSTRAINT CK_Credit
ALTER TABLE Course
DROP CONSTRAINT CK_LimitNum
```

5. 使用 T – SQL 在修改表时添加约束

【实战训练 11 – 6】使用 T – SQL 为 Student 表添加约束。

任务实施：

① 添加主键约束。

```
ALTER TABLE Student
ADD CONSTRAINT PK_Student   PRIMARY KEY(Sno)
```

② 添加默认值约束。

```
ALTER TABLE Student
ADD CONSTRAINT DF_Student_Sex DEFAULT '男' FOR Sex
```

③ 添加检查约束。

```
ALTER TABLE Student
ADD CONSTRAINT CK_Sex CHECK ( Sex ='男' or Sex ='女')
```

④ 添加外键约束。

```
ALTER TABLE Student
ADD CONSTRAINT FK_Student_Class FOREIGN KEY(ClassNo)   REFERENCES   Class(ClassNo)
```

【实战训练 11 – 7】使用 T – SQL 为 Course 表添加约束。

任务实施：

① 添加主键约束。

```
ALTER TABLE Course
ADD CONSTRAINT PK_Course PRIMARY KEY(Cno)
```

② 添加唯一约束。

```
ALTER TABLE Course
ADD CONSTRAINT UQ_Cname UNIQUE (Cname)
```

③ 添加默认值约束。

```
ALTER TABLE Course
ADD CONSTRAINT DF_Course_Teacher DEFAULT '待定' FOR Teacher
```

④ 添加检查约束。

```
ALTER TABLE Course
ADD CONSTRAINT CK_Credit CHECK(Credit > 0)
ALTER TABLE Course
ADD CONSTRAINT CK_CourseHour CHECK(CourseHour > 0)
```

【实战训练 11 – 8】 使用 T – SQL 为 Score 表添加约束。

任务实施:

① 添加主键约束。

```
ALTER TABLE Score
ADD CONSTRAINT PK_Score PRIMARY KEY(Sno,Cno)
```

② 添加外键约束。

```
ALTER TABLE Score
ADD CONSTRAINT FK_Score_Student FOREIGN KEY(Sno)   REFERENCES   Student(Sno)
ALTER TABLE Score
ADD CONSTRAINT FK_Score_Course FOREIGN KEY(Cno)   REFERENCES Course(Cno)
```

③ 添加检查约束。

```
ALTER TABLE Score
ADD CONSTRAINT CK_Uscore CHECK(Uscore > = 0 and Uscore < = 100)
ALTER TABLE Score
ADD CONSTRAINT CK_Endscore CHECK(Endscore > = 0 and Endscore < = 100)
```

6. 使用 T – SQL 修改表名和字段名

【实战训练 11 – 9】 修改数据库 "SCC" 中 Department 院部表的字段名,将 Dno 修改为 DeptNo,将 Dname 修改为 DeptName。

任务实施:

① 使用 SSMS 图形化界面修改字段名。

具体操作是打开 Department 表设计器,在 "列名" 窗格中按任务要求修改字段名,修改完成后保存即可。

② 使用系统存储过程 SP_RENAME 重命名字段。

```
EXECUTE SP_RENAME 'Department.Dno','DeptNo'
EXECUTE SP_RENAME 'Department.Dname','DeptName'
```

【实战训练 11 –10】 将数据库"SCC"中 Department 院部表重命名为 Dept。

任务实施：

① 使用 SSMS 图形化界面重命名表。

具体操作是在对象资源管理器中，右击 Department 表，选择"重命名"，输入新表名 Dept 即可。

② 使用系统存储过程 SP_RENAME 重命名表。

```
EXECUTE SP_RENAME 'Department','Dept'
```

7. 删除表

【实战训练 11 –11】 删除数据库"SCC"中的 Student 表。

任务分析：

在删除某张表时，需要查看该表与其他表是否存在依赖关系，如果存在则需要删除与之相关的所有外键，否则无法删除表。同时需要注意，如果数据表正在使用也无法删除。

任务实施：

① 使用 SSMS 图形化界面删除表。

a. 在对象资源管理器中，右击 Student 表，选择"删除"选项，打开"删除对象"对话框，如图 11 –9 所示。等待操作进度完成后，出现错误消息，信息如图 11 –10 所示，错误消息显示 Student 表对象被一个外键约束引用，因此无法删除。单击"删除对象"对话框中的"取消"按钮。

图 11 –9 "删除对象"对话框

图 11 – 10　"错误消息"对话框

b. 在对象资源管理器中，右击 Student 表，在快捷菜单中选择"查看依赖关系"选项，查看依赖于 Student 的对象，可以看到依赖于该表的对象为 Score 表。

c. 展开 Score 表对象的"键"节点，删除外键"FK_Score_Student"。

d. 删除引用该表的外键约束后，再右击 Student 表对象，选择"删除"命令，完成 Student 表的删除。

② 使用 DROP TABLE 语句删除表。

```
DROP TABLE Student
```

8. 创建数据库关系图

【实战训练 11 – 12】创建学生选课管理系统数据库"SCC"关系图。

任务分析：

数据库关系图可以帮助数据库开发人员查看和管理数据库中的表以及表之间的关系，因此创建数据库关系图非常必要。

任务实施：

① 在 SSMS 对象资源管理器中展开 SCC 节点，右击"数据库关系图"选择"新建数据库关系图"选项，如图 11 – 11 所示。

图 11 – 11　新建数据库关系图　　　　　图 11 – 12　"添加表"对话框

② 在打开的"添加表"对话框中选择数据库中的所有表，单击"添加"按钮。数据库关系图创建完成，如图 11 – 13 所示。

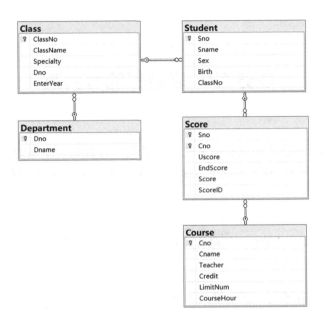

图 11-13　数据库关系图

③ 关系图创建完成后，在工具栏中单击"保存"按钮，输入关系图名称，单击"确定"按钮。在数据库关系图中可以清晰地看到数据库中的表、表的字段、主键以及表之间的关系。

11.3　拓展训练

【拓展训练 11-1】使用 SSMS 图形化界面为 Goods 数据库中的 Consumer 客户表添加字段 WeChat（微信号），添加完成后再将其删除。

【拓展训练 11-2】使用 T-SQL 为 Goods 数据库中的 Employee 员工表完成以下修改。

① 添加字段 Nation（民族），数据类型为 varchar（10），允许为空值，并对该字段设置默认值约束，默认值为"汉"。

② 修改 Nation 字段的数据类型为 nvarchar（15），不允许为空值。

③ 删除 Nation 字段。

【拓展训练 11-3】使用 SSMS 图形化界面删除 Goods 数据库 Shop_Order 订单表中的所有约束。

【拓展训练 11-4】使用 T-SQL 删除 Goods 数据库 Consumer 客户表、Shop_goods 商品表、Employee 员工表中的所有约束。

【拓展训练 11-5】使用 T-SQL 为 Goods 数据库中的 Shop_goods 商品表、Consumer 客户表、Employee 员工表、Shop_Order 订单表添加约束，参照拓展训练 10-1。

【拓展训练 11-6】修改 Goods 数据库中 Category 商品类别表的字段名，将 Category_Id 修改为 Categ_Id，将 Name 修改为 CategName。

【拓展训练 11-7】将 Goods 数据库中 Category 商品类别表重命名为 Categ。

【拓展训练 11-8】删除 Goods 数据库中的 Consumer 客户表。

【拓展训练 11-9】创建商品销售管理系统 Goods 数据库关系图。

任务 12　表数据的增删改

　　SQL Server 中的数据表结构创建完成之后可以进行表数据的增删改,任务 12 主要介绍表数据的添加、更新和删除,具体实现可以通过 SSMS 图形化界面和 T – SQL 语句两种方法。

12.1　知识准备

　　使用 T – SQL 语句实现表数据增删改通过 Insert、Update 和 Delete 语句实现,包括以下内容:

1. 添加记录

添加记录使用 Insert 语句。语法格式如下:

```
Insert [Into] <数据表名 > [(列名列表)]
Values (值列表)
```

说明:

　　① 列名列表和值列表必须严格一一对应,不仅要求它们的个数和顺序相同,对应的数据类型相同,并且其含义也应该相同,否则会将值插入到错误的列中。

　　② 列名列表可以省略,当省略时,相当于列名列表是数据表的全部列名(标识列主键除外),并且是按数据表中列定义的顺序排列。

　　③ 字符型和日期型数据值要用单引号引起来,数字型的值则不需要用引号。

　　④ 如果字符型的值中含有单引号,则需要将其替换为 2 个单引号。

　　⑤ 具有缺省值的列,可以使用 DEFAULT(缺省)关键字来代替插入的数值。

　　⑥ 插入的数据项,必须符合各种约束的要求:

- 对于主键约束列,字段值不能重复,不能为空值。
- 对于外键约束列,必须满足参照完整性:即必须先到主键表中添加相关记录,才能到外键表中添加对应记录。
- 对于唯一约束列,字段值不能重复。
- 对于非空约束列,字段值不能为空。
- 对于检查约束列,字段值必须满足约束条件。
- 对于默认值约束列,如果不提供字段值,值被赋予默认值。

2. 更新记录

当插入的数据有误、需要修改数据时,可以使用 Update 语句更新数据,语法格式如下:

```
UPDATE <表名 >
SET <列名 1 = 值 1 >[,列名 2 = 值 2 ]…
[WHERE 条件表达式]
```

说明：

① 一条 UPDATE 语句可以修改多个字段的值，多个"列 = 值"对之间用逗号进行分隔。

② 列和值的数据类型必须完全一致。

③ 对于字符型和日期型的值，与插入语句的处理相同，要用单引号引起来。字符串中的单引号也要替换为 2 个单引号，字符串长度也有限制。

④ UPDATE 语句可以更新一到多条记录的相应列的数据。如果只要修改某条记录，则应该在条件表达式中指定主键的值。

⑤ 如果省略了 WHERE 子句，会更新该数据表的所有记录，必须特别谨慎。

⑥ 在更新数据项时，必须符合各种约束的要求。

3. 删除记录

当需要删除表中数据时，可以使用 DELETE 语句删除一条或多条记录。DELETE 语句语法格式如下：

```
DELETE FROM <表名 >
[WHERE 条件表达式]
```

说明：

① DELETE 语句可以删除一条或多条记录，如果只要删除某条记录，则需要在条件表达式中指定删除条件，通常将主键作为条件判断依据。

② 如果省略了 WHERE 子句，则将删除该数据表的所有记录，必须特别谨慎。

③ 记录行将完全被删除，并且数据删除后不可恢复。

④ 删除记录时不能违反参照完整性约束要求，即不能删除主键表中被外键表参照的行。

删除记录还可以用 TRUNCATE 语句，它可以无条件地删除一张表中的所有记录，因此当删除所有记录时，使用 TRUNCATE 语句的速度比 DELETE 语句快。TRUNCATE 语法格式如下：

```
TRUNCATE TABLE <表名 >
```

说明：

① TRUNCATE 语句会删除指定表中的所有记录。如果只需要删除部分记录，则必须使用 DELETE 语句加上条件表达式。

② TRUNCATE 语句的操作不在事务日志中记录，因此该操作更是不可恢复的，危险性极大。

12.2　实战训练

1. 使用 SSMS 图形化界面为表添加记录

【实战训练 12 – 1】使用 SSMS 图形化界面为数据库"SCC"中的 Department 院部表添加记录，如表 12 – 1 所示。

表 12 – 1　使用 SSMS 图形化界面为表添加记录

Dno	Dname
D01	计算机与软件学院
D02	机械工程学院
D03	数控工程学院

任务实施：

① 右击 SSMS 对象资源管理器中的 Department 表对象，选择"编辑前 200 行"命令，打开如图 12 – 1 所示的"表编辑"界面。

② 将表 12 – 1 中的各条记录值录入到"表编辑"界面中，输入完成后在工具栏中单击"保存"按钮。

提示：

① 当输入一个字段结束后，可以用光标右移键将光标移动到下一个字段输入。此时会出现如图 12 – 2 所示的警戒标志，说明一个字段已经录入完毕，但记录还没有提交，也没有检查字段的完整性约束。当一行记录全部都输入完毕，按回车键，此时将检查数据的完整性，如果违反表定义的完整性约束，则会显示提示错误，修改错误后才能继续录入数据。

② 图 12 – 2 中的 * 标记表示将要添加的下一条记录。

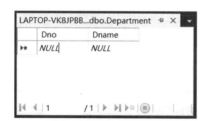 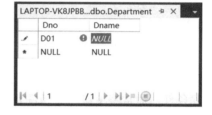

图 12 – 1　Department "表编辑"界面　　　　图 12 – 2　记录输入状态图

2. 使用 T – SQL 为表添加记录

【实战训练 12 – 2】使用 T – SQL 为数据库"SCC"中 Class 班级表添加记录，如表 12 –2 所示。

表 12 – 2　使用 T – SQL 为数据库"SCC"中 Class 班级表添加记录

ClassNo	ClassName	Specialty	Dno
0111801	网络 3181	计算机网络技术	D01
0211801	机制 3181	机械制造与自动化	D02

任务分析：

由于原 Class 班级表中包含 5 个字段 ClassNo、ClassName、Specialty、Dno、EnterYear，而表 12 – 2 中的字段数量只有 4 个，该任务是给 Class 表添加部分字段，因此 Insert 语句中的列名列表不能省略。

任务实施：

为 Class 班级表添加部分列数据，T – SQL 语句如下。

方法一：

```
Insert Into Class(ClassNo,ClassName,Specialty,Dno)
Values ('0111801','网络3181','计算机网络技术','D01')
Insert Into Class(ClassNo,ClassName,Specialty,Dno)
Values ('0211801','机制3181','机械制造与自动化','D02')
```

方法二：

```
INSERT INTO Class(ClassNo,ClassName,Specialty,Dno)
VALUES ('0111801','网络3181','计算机网络技术','D01'),
('0211801','机制3181','机械制造与自动化','D02')
```

【实战训练 12 – 3】使用 T – SQL 为数据库 "SCC" 中 Student 学生表添加记录，如表 12 –3所示。

表 12 –3　使用 T – SQL 为数据库 "SCC" 中 Student 学生表添加记录

Sno	Sname	Sex	Birth	ClassNo
s011180106	陈骏	男	2000/7/5	0111801
s021180119	林芳	女	2000/9/8	0211801
s011180208	王强	男	2000/2/25	0111802

任务分析：

由于原 Student 学生表中包含 5 个字段：Sno、Sname、Sex、Birth、ClassNo，表 12 – 3 中的字段数量和顺序与原表完全一致。该任务是给 Student 表所有列添加数据，因此 Insert 语句中的列名可以省略。

任务实施：

① 为 Student 学生表添加全部列数据，在新建查询界面中输入 T – SQL 语句如下：

```
INSERT  INTO Student VALUES('s011180106','陈骏','男','2000/7/5','0111801')
INSERT  INTO Student VALUES('s021180119','林芳','女','2000/9/8','0211801')
INSERT  INTO Student VALUES('s011180208','王强','男','2000/2/25','0111802')
```

② 在工具栏中单击 "执行" 按钮，出现错误提示消息，如图 12 – 3 所示。

图 12 –3　添加记录错误提示消息

提示：Student 表添加的第三条记录违反了参照完整约束，即主键表 Class 中不存在 ClassNo（班级编号）为 "0111802" 的班级，因此无法添加属于此班级的学生记录。解决该问题的方法是在 Class 班级表中添加 ClassNo 为 "0111802" 的记录。

3. 将 EXCEL 表中的数据导入到 SQL Server 2016 中

【实战训练 12 –4】在 SSMS 中使用图形工具将 "学生选课管理系统表中记录 . xls" 文件中的 Course 工作表中的数据导入到数据库 "SCC" 的课程表 Course 中。

任务分析：

添加记录除了使用"表编辑"界面和 INSERT 语句以外，还可以将外部数据直接导入到表中，这种方法可以大大提高输入效率。SQL Server 2016 可以与其他类型的数据管理软件交换数据（数据的导入导出），数据导入是把外部数据源的数据导入到 SQL Server 表中，数据导出是把 SQL Server 中的数据导出到外部数据源中。

利用数据导入和导出功能，可以在不同的数据环境中实现数据交换，同时也可以实现在同一数据库服务器上不同数据库之间的数据交换。常用的数据交换类型有：

① SQL Server 数据库之间数据的交换。
② SQL Server 数据库与 Excel 表格之间数据的交换。
③ SQL Server 数据库与 Access 数据库之间数据的交换。
④ SQL Server 数据库与文本文件之间数据的交换。

任务实施：

① 打开 SSMS，在"对象资源管理器"中选择数据库"SCC"，在右键快捷菜单中选择"任务"→"导入数据"，如图 12-4 所示。

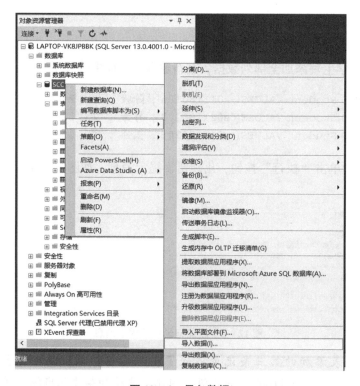

图 12-4 导入数据

② 在打开的"SQL Server 导入和导出向导"对话框中，选择"Next"按钮。

③ 在"选择数据源"对话框中选择数据的来源，"数据源"选择"Microsoft Excel"，然后选择"Excel 文件路径"和"Excel 版本"，如图 12-5 所示。选择完成后，单击"Next"按钮。

④ 打开"选择目标"对话框，选择目标为"SQL Server Native Client 11.0"，服务器名称

为当前服务器，身份验证使用 Windows 身份验证，如图 12 – 6 所示。设置完成后单击"Next"按钮。

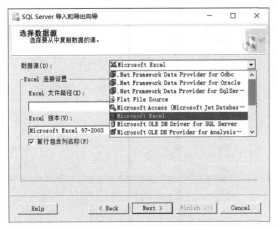

图 12 – 5　选择数据源

图 12 – 6　选择目标

⑤ 在打开的"指定表复制或查询"对话框中选择"复制一个或多个表或视图的数据"，单击"Next"按钮。

⑥ 在"选择源表和源视图"对话框中的"源"下选择"Course $"，"目标"下选择"［dbo］. ［Course］"，如图 12 – 7 所示，单击"Next"按钮。

⑦ 打开"保存并运行包"对话框，勾选"立即执行"，单击"Next"按钮。

⑧ 在"SQL Server 导入和导出向导"对话框中，单击"Close"按钮，执行成功后，关闭对话框，如图 12 – 8 所示。

图 12 – 7　选择源表和源视图

图 12 – 8　执行成功

⑨ 在 SSMS 中刷新数据库"SCC"，可以看到导入成功的 Course 表记录，如图 12 – 9 所示。同理可将"学生选课管理系统表中记录 . xls"文件中的其他工作表导入到数据库中。

4. 使用 SSMS 图形化界面更新表中的记录

【实战训练 12 – 5】使用 SSMS 图形化界面更新数据库"SCC"中 Department 表的记录，将 Dno 字段值为"D02"的记录，Dname 修改为"智能制造学院"。

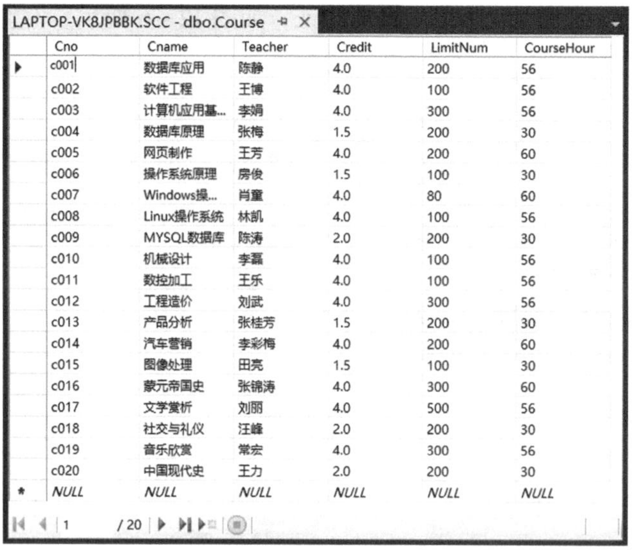

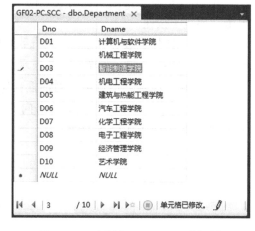

图 12-9　Course 表记录

任务实施：

① 右击 SSMS 对象资源管理器中的 Department 表对象，选择"编辑前 200 行"命令，打开"表编辑"界面。

② 在界面中找到 Dno 为 D02 字段，将 Dname 修改为"智能制造学院"，修改完成后进行保存，如图 12-10 所示。

图 12-10　更新 Department 表记录

5. 使用 T-SQL 更新表中的记录

【实战训练 12-6】使用 T-SQL 将 Class 班级表中的 Specialty（专业名称）字段值为"机械制造与自动化"的记录更新为"智能制造与自动化"。

任务实施：

```
UPDATE Class
SET Specialty = '智能制造与自动化'
WHERE Specialty = '机械制造与自动化'
```

【实战训练 12-7】使用 T-SQL 将 Score 成绩表中 Cno（课程编号）字段值为"c001"且 Uscore（平时成绩）小于 90 分的学生的平时成绩统一加 10 分。

任务实施：

```
UPDATE Score
SET Uscore = Uscore + 10
WHERE Cno = 'c001' and Uscore < 90
```

【实战训练 12 - 8】使用 T - SQL 将 Score 成绩表中 Cno 字段值"c011"更新为"c021"。

任务实施：

```
UPDATE Score
SET Cno ='c021'
WHERE Cno ='c011'
```

提示：在 Score 成绩表中更新 Cno 字段值违反了参照完整约束要求，由于 Course 和 Score 表通过外键约束 FK_Score_Course 关联在一起，更新的 Cno 字段值"c021"在 Course 表中不存在，那么在 Score 中不能出现学生选修了一门不存在的课程，因此出现错误消息提示，如图 12 - 11 所示。如若解决该错误，需要在 Course 表中添加 Cno 为"c021"的记录。

> 🗒 消息
> 消息 547，级别 16，状态 0，第 1 行
> UPDATE 语句与 FOREIGN KEY 约束"FK_Score_Course"冲突。该冲突发生于数据库"SCC"，
> 表"dbo.Course"，column 'Cno'。
> 语句已终止。
>
> 150 % ◀

图 12 - 11 更新 Score 表错误消息

【实战训练 12 - 9】将 Student 学生表中姓名为"陈骏"的学生，Sno 学号更新为"s021180146"后，在 Score 成绩表中，该学生信息也随之改变。

任务分析：

由于 Student 和 Score 表通过外键约束 FK_Score_Student 关联在一起，可以设置 FK_Score_Student 的更新规则为"级联"来解决此类问题。级联更新是指修改主表中主键字段的值，其对应外表中外键字段的相应值自动修改。

任务实施：

① 打开 Score 表设计器，右击 Sno 字段，在快捷菜单中选择"关系"选项，打开"外键关系"对话框。在对话框中选中外键约束 FK_Score_Student，设置"表设计器"栏中的"INSERT 和 UPDATE 规范"，将"更新规则"设置为"级联"，如图 12 - 12 所示。设置完成后关闭对话框，保存后才可生效。

图 12 - 12 "外键关系"对话框

② 在新建查询界面中，录入 T – SQL 语句：

```
UPDATE Student
SET Sno = 's021180146'
WHERE Sname = '陈骏'
```

③ 执行语句，刷新数据库 "SCC"，分别打开 Student 和 Score "表编辑" 界面，可以看到两张表中的记录均发生了更新。

6. 删除表中的记录

【实战训练 12 – 10】使用 SSMS 图形化界面删除数据库 "SCC" 中 Sno 为 "s011180208"，并且 Cno 为 "c002" 的记录。

任务实施：

① 右击 SSMS 的对象资源管理器中的 Score 表对象，选择 "编辑前 200 行" 命令，打开 Score 表的 "表编辑" 界面。

② 在界面中选中符合条件的记录，右击该记录，选择 "删除" 命令，如图 12 – 13 所示。

	Sno	Cno	Uscore	EndScore			
	s011180208	c001	70.0	51.5			
▶	s011180208	c002	82.0	*NULL*	执行 SQL(X)	Ctrl+R
	s011180208	c004	95.0	86.0	剪切(T)	Ctrl+X
	s012190205	c005	60.0	54.0	复制(Y)	Ctrl+C
	s012190205	c006	80.0	76.0	粘贴(P)	Ctrl+V
	s013180302	c001	85.0	69.0		
	s013180302	c003	96.0	88.5	删除(D)	Del
	s013180403	c001	75.0	72.5	窗格(N)	▶
	s013180403	c007	83.0	86.0		
	s014190301	c006	70.0	64.0	清除结果(L)	
	s014190301	c008	55.0	56.0	属性(R)	Alt+Enter
	s014190412	c009	90.0	98.5		
	s014190412	c015	86.0	78.5		

LAPTOP-VK8JPBBK.SCC - dbo.Score

图 12 – 13　删除 Score 表中的记录

【实战训练 12 –11】删除 Student 表中 Sname 字段值为 "王兰" 的记录。

任务实施：

① 右击 SSMS 的对象资源管理器中的 Student 表对象，选择 "编辑前 200 行" 命令，打开 Student 表的 "表编辑" 界面。选中 Sname 字段值为 "王兰" 的记录，右击该记录，选择 "删除" 命令。出现错误消息，如图 12 –14所示。

提示：如果要删除的主表记录在外表中也存在相关记录，则不能直接删除主表中的这些记录。有两种方法可以完成，一是先删除外表中的记录再删除主表中相关记录，二是采用级联删除或编写触发器。

本例采用第一种方法：先删除外表中

Microsoft SQL Server Management Studio ×

ⓘ 未删除任何行。

试图删除行 3 时发生问题。
错误源: .Net SqlClient Data Provider。
错误消息: DELETE 语句与 REFERENCE 约束"FK_Score_Student"冲突。该冲突发生于数据库"SCC"，表"dbo.Score"，column 'Sno'。
语句已终止。

请更正错误并重试删除该行，或按 Esc 取消更改。

确定　　帮助

图 12 –14　删除记录提示错误

的记录再删除主表中相关记录。

②右击 SSMS 的对象资源管理器中的 Student 表对象，选择"查看依赖关系"命令，打开"对象依赖关系 – Student"对话框，如图 12 – 15 所示。根据对话框中的信息提示，Student 表和 Score 表存在依赖关系。从 Student 表中查出"王兰"的学号 Sno 为"s012190205"，因此先要将 Score 表中所有 Sno 值为"s012190205"的记录删除，才能删除 Student 表中"王兰"的记录。

图 12 – 15　"对象依赖关系 – Student"对话框

③删除语句如下：

```
DELETE FROM Score
WHERE Sno ='s012190205'
DELETE FROM Student
WHERE Sname ='王兰'
```

【**实战训练 12 – 12**】删除 Course 课程表中 Cname 字段值为"文学赏析"的记录，同时删除 Score 表中相关记录。

任务分析：

Course 课程表和 Score 成绩表存在依赖关系，两张表通过外键 FK_Score_Course 关联在一起。本任务可以采用设置"级联删除"的方法解决此类问题。级联删除是指当删除主表中的记录时，其对应子表中的相应记录会自动删除。

任务实施：

①设置"级联删除"，具体操作为打开 SSMS，找到数据库"SCC"中的 Score 表对象，展开"键"节点，右击外键约束"FK_Score_Course"，选择"修改"命令，打开"外键关系"对话框。

②在"外键关系"对话框中，展开"INSERT 和 UPDATE 规范"，在"删除规则"中选择"级联"，如图 12 – 16 所示。保存 Score 表。

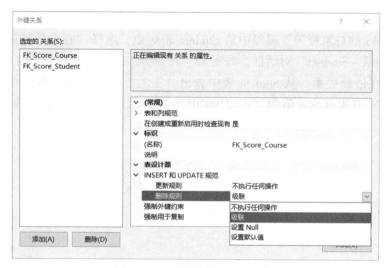

图 12 – 16 "外键关系"对话框

③ 在新建查询界面中，输入删除语句如下：

DELETE FROM Course

WHERE Cname = '文学赏析'

12.3 拓展训练

【拓展训练 12 – 1】 使用 SSMS 图形化界面为 Goods 数据库中的 Category 商品类别表添加记录，如表 12 – 4 所示。

表 12 – 4 使用 SSMS 为商品类别表添加记录

Category_Id	Name
b010	蔬菜
b012	水果
b013	肉蛋

【拓展训练 12 – 2】 使用 T – SQL 为 Goods 数据库中 Consumer 客户表添加记录，如表 12 – 5 所示。

表 12 – 5 使用 T – SQL 为客户表添加记录

Consumer_Id	Account	Password	Name
c0011	567821945	haf65658	赫飞
c0012	269871534	Gut98589	郭甜

【拓展训练 12 – 3】 使用 T – SQL 为 Goods 数据库中 Shop_goods 商品表添加记录，如表 12 –6所示。

表 12 – 6 使用 T – SQL 为商品表添加记录

Goods_Id	Name	Brand	Size	Price	Stock	Image_Url	Description	Category_Id
g0019	香菇	秦农	500g	8.2	600	d：\b001\g0019.jpg	鲜美、无农药残留	b001

（续）

Goods_Id	Name	Brand	Size	Price	Stock	Image_Url	Description	Category_Id
g0020	鸡翅	凤鸣	500g	9.0	700	d：\b003 \ g0020.jpg	天然谷物饲养	b003
g0021	奶黄包	安井	400g	10	800	d：\b004 \ g0021.jpg	奶香浓郁	b004

【拓展训练 12 – 4】使用 SSMS 图形化界面更新 Goods 数据库中 Category 表的记录，将 Category_Id（商品类别）字段值为"b004"的记录，Name（名称）修改为"冷冻食品"。

【拓展训练 12 – 5】使用 T – SQL 将 Shop_goods 商品表中 Category_Id（商品类别）字段值为"b001"的记录 Brand（品牌）字段更新为"山灵"。

【拓展训练 12 – 6】使用 T – SQL 将 Shop_goods 商品表中 Category_Id（商品类别）字段值为"b002"且 Price（单价）小于 4 元钱的商品单价提高 1 元。

【拓展训练 12 – 7】将 Shop_goods 商品表中 Name（商品名称）为"牙膏"、Brand（品牌）为"两面针"的记录商品编号更新为"g0026"，同时对 Shop_ Order 订单表进行级联更新。

【拓展训练 12 – 8】将 Shop_goods 商品表中，Goods_Id（商品编号）为"g0006"的记录删除，同时对 Shop_Order 订单表进行级联删除。

【拓展训练 12 – 9】使用 SSMS 图形化界面删除 Shop_goods 商品表所有记录。

【拓展训练 12 – 10】使用 T – SQL 删除 Category 商品类别表和 Consumer 客户表所有记录。

单元测试

一、选择题

1. 以下不属于 SQL Server 表字段数据类型的是（　　）。
   A. 数值型　　　　　　　B. 布尔类型　　　　　　C. 货币型　　　　　　D. 日期时间型

2. SQL Server 的字符型系统数据类型主要包括（　　）。
   A. int、money、char
   B. datetime、binary、int
   C. char、varchar、text
   D. char、varchar、int

3. SQL Server 的数值型数据类型不包括（　　）。
   A. money　　　　　　　B. int　　　　　　　　C. bigint　　　　　　D. bit

4. 以下关于 SQL Server 数据表的创建描述不正确的是（　　）。
   A. 数据表的创建有两种方法，使用图形化界面 SSMS 创建和使用 SQL 语句创建。
   B. 使用图形化界面创建表时，需要在对象资源管理器中右击选择"编辑前 200 行"进行创建。
   C. 使用图形化界面创建表时，需要在对象资源管理器中右击选择"设计"进行创建。
   D. 在创建数据表时需要指定表的字段、数据类型、属性等。

5. 以下关于标识列的描述错误的是（　　）。
   A. 一个表能创建多个标识列。

B. 如果在创建标识列时没有指定标识增量和标识种子，那么采用默认值，默认值是（1，1）。

C. 标识列能够自动为表生成行号，行号是按照指定的标识增量和标识种子排序。

D. 标识列的数据类型只能使用整数型中的 bigint、int、smallint 和 tinyint 类型。定点小数型 decimal、numeric 也可以使用，但是不允许出现小数位数。

6. 在使用 SQL 语句创建数据表时，以下哪个数据类型是不需要指定长度的（　　　）。

   A. char　　　　　　　　B. nchar　　　　　　　　C. int　　　　　　　　D. varchar

7. 以下关于数据完整性描述不正确的是（　　　）。

   A. 数据完整性是为了保证外界输入数据的有效性和正确性。

   B. 实体完整性用于保证关系数据库表中的每条记录都是唯一的。

   C. 域完整性用来保证数据的有效性，它可以限制录入的数据与数据类型是否一致。

   D. 参照完整性用于用来保证数据的有效性，它可以限制录入的数据与数据类型是否一致。

8. SQL Server 表中的字段约束包括（　　　）。

   A. 主键约束（PRIMARY KEY）

   B. 检查约束（CHECK）、非空约束（NOT NULL）

   C. 唯一约束（UNIQUE）

   D. 外键约束（FOREIGN KEY）、默认值约束（DEFAULT）

9. 表中某一字段设为主键后，则该字段值（　　　）。

   A. 必须是有序的　　B. 可取值相同　　　　C. 不能取值相同　　D. 可为空

10. 在 SQL 语言中 FOREIGN KEY 的作用是（　　　）。

   A. 定义主键　　　　B. 定义外键　　　　　C. 定义唯一约束　　D. 确定主键类型

11. 检查约束的作用是（　　　）。

   A. 保证表中数据的参照完整性。　　　　　　B. 用来限制列数据的有效范围。

   C. 保证表中数据的完整性。　　　　　　　　D. 保证相关表之间的数据一致性。

12. 以下关于唯一约束描述错误的是（　　　）。

   A. 唯一约束应用于表中的非主键列。

   B. 唯一约束用于指定一个或者多个字段的组合的值具有唯一性。

   C. 唯一约束用于防止在字段中输入重复的值。

   D. 设置为唯一约束的字段值不允许有空值。

二、填空题

1. 普通字符编码是指不同国家或地区的编码长度不同，例如，英文字母的编码长度为_____，中文汉字的编码长度是_____。

2. SQL Server 中属于统一字符编码的数据类型有_____，_____，_____。

3. 在 T–SQL 语言中，若要创建某个数据表，应该使用的语句是_____。

4. 字段标识列可以使用_____语法定义。

5. 在 T–SQL 语言中 PRIMARY KEY 关键字的作用是_____。

6. _____的作用是关联两张二维表，使二维表所描述的实体建立联系。

7. 在 T–SQL 语言中 UNIQUE 关键字的作用是_____。

第四单元
数据查询与统计

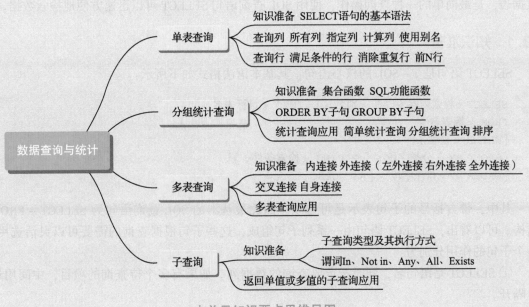

本单元知识要点思维导图

数据查询是数据库管理系统（Database Management System，DBMS）中一个最重要的功能。在数据库应用中，最常用的操作也是查询。数据查询是指数据库管理系统按照数据库用户指定的条件，从数据库的相关表中找到满足条件的数据的过程。因此，数据查询涉及两个方面：一是用户指定查询条件，二是系统进行处理并把查询结果以用户需要的格式反馈给用户。在 SQL Server 中，数据查询可以使用 SSMS 的图形化界面，也可以使用 T - SQL 查询语句来实现。其中，SELECT 语句功能强大、使用灵活，是实现数据库查询的主要手段。

学习目标

1. 掌握 SELECT 语句的基本语法。
2. 掌握使用单表查询检索数据的方法。
3. 掌握使用多表查询检索数据的方法。
4. 掌握使用子查询检索数据的方法。
5. 掌握在 SSMS 图形化界面中执行数据查询的方法。

任务 13　数据库的单表查询

单表查询是指在一张表中进行的查询，或者说用户要检索的数据来自数据库中的某一张数据表，是最简单的一种查询操作，使用 SQL 查询语句 SELECT 可以迅速方便地检索数据。

13.1　知识准备

SELECT 语句是 T–SQL 的核心语句，其基本语法格式如下所示：

```
SELECT <检索内容>[AS <别名>][INTO <目标表名>]
FROM <源表名>
[WHERE <检索条件>]
[GROUP BY <分类字段>[HAVING <检索条件>]]
[ORDER BY<排序字段>[ASC |DESC]]
```

其中，带方括号的子句表示是可选项，因此最基本的 SQL 查询语句为 SELECT – FROM 结构。可以看出，SELECT 语句由一系列子句组成，这些子句根据查询的需要可以灵活选用。各个子句的作用分别为：

① SELECT 是语句名，同时指定要查询的数据列。如果有多个待查询的项目，中间用逗号隔开。

② INTO 子句的作用是，创建新表并将查询的结果存到新表中。

③ FROM 子句指定查询的数据源，可以是表，也可以是视图。

④ WHERE 子句指定查询条件。查询条件可以是精确查询条件或模糊查询条件。

⑤ GROUP BY 子句对查询结果分组，HAVING 子句与 GROUP BY 组合使用，指定分组筛选条件。

⑥ ORDER BY 子句对查询结果进行排序，默认为升序（ASC），也可以降序（DESC）。

注意：每个 SELECT 语句必须要有一个 FROM 子句，至于其他子句的顺序也有要求，依次是 WHERE、GROUP BY、HAVING、ORDER BY。使用时可以省略可选子句，但若使用必须按顺序出现。除以上语法格式外，SELECT 语句在书写时没有严格要求，不区分大小写，可以随意分行，没有语句结束标志。

13.2　实战训练

1. 选择列

（1）所有列

查询表中的数据列时，最简单的是查询表中的所有数据，只需要 SELECT 和 FROM 两关键字即可。要把表中所有列和列数据显示出来，可以使用符号"＊"，它表示所有列。此时，

SELECT 语句的基本格式为：

SELECT ＊ FROM 表名

【实战训练13-1】在数据库"SCC"中，查询Student表中所有学生的详细信息。

任务实施：

该操作是要查询Student表中的所有列，所以也叫全表查询。代码如下：

```
USE SCC
SELECT * FROM Student
```

这里的USE语句将数据库"SCC"切换为当前可用数据库，语句执行后结果如图13-1所示。

提示：操作时，单击工具栏的"新建查询"按钮，在编辑框中输入代码，然后单击"执行"按钮，即可在结果集中看到检索的结果。

（2）指定列

查询指定的列时，将需要显示的列名在SELECT后依次列出来。此时，SELECT语句的基本格式为：

SELECT ＜字段列表＞ FROM 表名

	Sno	Sname	Sex	Birth	ClassNo
1	s011180106	陈骏	男	2000-07-05	0111801
2	s011180208	王强	男	2000-02-25	0111802
3	s012190118	陈天明	男	2000-07-18	0121901
4	s012190205	王兰	女	2001-12-01	0121902
5	s013180302	叶毅	男	1991-01-20	0131803
6	s013180403	陈小虹	女	1999-03-27	0131804
7	s014190301	江萍	女	1999-05-04	0141903
8	s014190412	张芬	女	1999-05-24	0141904
9	s021180119	林芳	女	2000-09-08	0211801
10	s021180211	赵凯	男	1999-04-20	0211802

图13-1 查询所有学生详细信息

字段列表中的列名之间用英文逗号隔开，而且列名的先后顺序决定了结果集显示的顺序。若将表中所有的列名都按原顺序放在这个列表中，将查询整个表的数据，与使用"＊"的效果相同。

【实战训练13-2】查询Student表中所有学生的学号、姓名和性别。

任务实施：

该操作是要查询学生的学号（Sno）、姓名（Sname）和性别（Sex），数据都来自Student表。代码如下：

```
SELECT Sno, Sname, Sex FROM Student
```

语句执行后，运行结果如图13-2所示。

（3）计算列

【实战训练13-3】查询Score表中所有学生的学号、课程编号和总成绩。说明，总成绩＝平时成绩＊40%＋期末成绩＊60%。

任务实施：

在Score表中存储有学生选修课程的平时成绩（Uscore）和期末成绩（Endscore），由此可以计算出总成绩。代码如下：

	Sno	Sname	Sex
1	s011180106	陈骏	男
2	s011180208	王强	男
3	s012190118	陈天明	男
4	s012190205	王兰	女
5	s013180302	叶毅	男
6	s013180403	陈小虹	女
7	s014190301	江萍	女
8	s014190412	张芬	女
9	s021180119	林芳	女
10	s021180211	赵凯	男

图13-2 查询指定列

```
SELECT  Sno, Cno, Uscore * 0.4 + Endscore * 0.6  FROM  Score
```

语句执行后，运行结果如图 13 – 3 所示。

提示：计算列不仅可以是算数表达式，还可以是字符串常量、函数等。

（4）使用别名

通过前面的执行结果，可以看到查询结果中默认输出列的列标题就是表的列名。如果用户觉得该列名不能表达清楚，可对列名设置别名，以代替原来的列名。

使用别名时有以下 3 种方法：

① 列名在前，别名在后，中间用空格隔开，即通过"列名 别名"的形式。

② 列名和别名之间用 AS 连接，即通过"列名 AS 别名"的形式。

③ 别名等于列名，即通过"别名 = 列名"的形式。

【实战训练 13 – 4】查询 Score 表中所有学生的学号、课程编号和总成绩，结果显示为学号、课程编号和总成绩的中文别名。

任务实施：

首先使用第一种格式书写代码，代码如下：

```
SELECT Sno 学号,Cno 课程编号,Uscore * 0.4 + Endscore * 0.6 总成绩 FROM Score
```

语句执行后，运行结果如图 13 – 4 所示。

本例也可以使用如下所示的语句：

```
SELECT Sno AS 学号,Cno AS 课程编号,Uscore * 0.4 + Endscore * 0.6 AS 总成绩 FROM Score
```

当然还可以使用下面语句：

```
SELECT 学号 = Sno,课程编号 = Cno,总成绩 = Uscore * 0.4 + Endscore * 0.6   FROM Score
```

3 种语句格式达到的是一样的执行效果。

提示：用户可以通过指定别名来改变查询结果的列标题，这在含有算数表达式、常量、函数名的列分隔目标表达式时非常有用。不过，设置别名只是设置显示查询结果时的列名，而表中的列名并未改变。

2. 选择行

（1）满足条件的行

要在表中查询满足某些条件的数据行时，需要使用 WHERE 子句指定查询条件。此时，SELECT 语句的格式为：

```
SELECT < 字段列表 > FROM 表名 WHERE 条件表达式
```

	Sno	Cno	（无列名）
1	s011180106	c001	93.20
2	s011180106	c003	53.80
3	s011180208	c001	58.90
4	s011180208	c002	NULL
5	s011180208	c004	89.60
6	s012190155	c024	90.00
7	s012190205	c005	56.40
8	s012190205	c006	77.60
9	s013180302	c001	75.40
10	s013180302	c003	91.50

图 13 – 3　查询计算列

	学号	课程编号	总成绩
1	s011180106	c001	93.20
2	s011180106	c003	53.80
3	s011180208	c001	58.90
4	s011180208.	c002	NULL
5	s011180208	c004	89.60
6	s012190155	c024	90.00
7	s012190205	c005	56.40
8	s012190205	c006	77.60
9	s013180302	c001	75.40
10	s013180302	c003	91.50

图 13 – 4　汉字别名标题

WHERE 子句后面的条件表达式中，常用的运算符如表 13 - 1 所示。

表 13 - 1　常用的运算符

查询条件	运算符	含义
比较运算	=、>、<、>=、<=、! =、! >、! <	比较大小
确定范围	between and、not between and	搜索值是否在范围内
确定集合	in、not in	是否属于列表值之一
字符匹配	like、not like	是否匹配
空值	is null、is not null	是否为空
多重条件	and、or、not	多重条件判断

1）简单条件查询

【实战训练 13 - 5】 查询 Student 表中所有男生的详细信息。

任务实施：

这里的查询条件是性别（Sex）为"男"，那么条件表达式应该表示为"Sex ='男'"，代码如下：

```
SELECT * FROM Student WHERE Sex ='男'
```

语句执行后，结果如图 13 - 5 所示。

2）复合条件查询

使用逻辑运算符 AND 和 OR 可将多个简单查询条件联结为一个复合条件。如果这两个运算符同时出现在一个 WHERE 子句中，则 AND 的优先级高于 OR，但用户可以用括号改变优先级。

	Sno	Sname	Sex	Birth	ClassNo
1	s011180106	陈骏	男	2000-07-05	0111801
2	s011180208	王强	男	2000-02-25	0111802
3	s012190118	陈天明	男	2000-07-18	0121901
4	s013180302	叶毅	男	1991-01-20	0131803
5	s021180211	赵凯	男	1999-04-20	0211802
6	s022190103	陈林	男	1999-08-29	0221901
7	s022190201	吴天昊	男	1999-02-04	0221902
8	s031180107	张军	男	2000-11-02	0311801
9	s032190228	王琪	男	1999-02-14	0321902
10	s041180126	赵江涛	男	2001-01-02	0411801

图 13 - 5 【实战训练 13 - 5】运行结果

【实战训练 13 - 6】 查询 Score 表中有不及格现象的学生信息。

任务实施：

在 Score 表中，不论 Uscore（平时成绩）或者是 Endscore（期末成绩）小于 60 都属于不及格现象，因此，这里的查询条件属于多重条件，所以条件表达式是 Uscore < 60 Or Endscore < 60。代码如下：

```
SELECT * FROM Score WHERE Uscore<60 Or Endscore<60
```

语句执行后，结果如图 13 - 6 所示。

【实战训练 13 - 7】 查询 Student 表中出生于 2000 年的所有男生的信息。

任务实施：

这里的查询条件是性别为"男"并且出生年份为"2000"复合而成，依据出生年月（Birth）获取出生年份的表达式为"Year(Birth)= 2000"。代码如下：

	Sno	Cno	Uscore	EndScore
1	s011180106	c003	67.0	45.0
2	s011180208	c001	70.0	51.5
3	s012190205	c005	60.0	54.0
4	s014190301	c008	55.0	56.0
5	s021180211	c017	52.0	50.0
6	s031180107	c019	55.0	56.0

图 13 - 6 【实战训练 13 - 6】运行结果

```
SELECT * FROM Student
WHERE Sex = '男' and Year(Birth) = 2000
```

语句执行后，结果如图 13 – 7 所示。

3）指定查询范围

【实战训练 13 – 8】查询学分在 1 ~ 2 之间的课程编号、课程名和学分。

任务实施：

指定查询范围时可用范围运算符 between，表示检索设定范围之内的数据。学分在 1 ~ 2 之间的条件表达式为"Credit between 1 and 2"。代码如下：

	Sno	Sname	Sex	Birth	ClassNo
1	s011180106	陈骏	男	2000-07-05	0111801
2	s011180208	王强	男	2000-02-25	0111802
3	s012190118	陈天明	男	2000-07-18	0121901
4	s031180107	张军	男	2000-11-02	0311801
5	s042190112	欧阳东	男	2000-03-19	0421901
6	s052190101	靳东	男	2000-08-19	0521901
7	s101180211	钱栋	男	2000-02-16	1011802

图 13 – 7　【实战训练 13 – 7】运行结果

```
SELECT Cno, Cname, Credit FROM Course
WHERE Credit between 1 and 2
```

语句执行后，结果如图 13 – 8 所示。

如果要查询学分不在 1 ~ 2 之间的课程信息，只需将查询条件修改为"Credit not between 1 and 2"即可。

提示：本例的查询条件也可以书写为 Credit > = 1 and Credit < = 2。

4）指定集合查询

【实战训练 13 – 9】查询选修了 c001、c002 和 c003 任一门课程的学生学号、课程编号和期末成绩。

	Cno	Cname	Credit
1	c004	数据库原理	1.5
2	c006	操作系统原理	1.5
3	c009	MYSQL数据库	2.0
4	c013	产品分析	1.5
5	c015	图像处理	1.5
6	c018	社交与礼仪	2.0
7	c020	中国现代史	2.0

图 13 – 8　【实战训练 13 – 8】运行结果

任务实施：

在 WHERE 子句中，检索属于指定集合的记录数据时，可使用关键字 In 来限定查询条件。代码如下：

```
SELECT Sno, Cno, Endscore FROM Score
WHERE Cno In('c001','c002','c003')
```

语句执行后，结果如图 13 – 9 所示。

此外，本例的查询条件也可以使用运算符 Or 实现，代码为：

```
WHERE Cno = 'C001' Or Cno = 'C002' Or Cno = 'C003'
```

提示：In 关键字用来判断是否在一个集合内，而集合中的值要用"（）"括起来。如果要判断不在某个集合内，可用 Not In 关键字。

5）模糊查询

【实战训练 13 – 10】查询所有姓"陈"学生的基本信息。

任务实施：

数据查询时，如果不需要或者不能给出精确的查询条件，可以使用模糊查询。这里需要查询姓"陈"的学生信息，但具体名字不要求，这种情况可用 Like 关键字和通配符"%"或"_"进行匹配。

%（百分号）：代表任意长度的字符串。比如，'a%' 代表以字符 a 开头的任意长度的字符串。

（下横线）：代表任意单个字符。比如，'a' 代表以字符 a 开头的长度为 2 的字符串。

```
SELECT * FROM Student
WHERE Sname Like '陈%'
```

语句执行后，结果如图 13 – 10 所示。

【实战训练 13 – 11】查询名字中只有两个汉字的学生的基本信息。

任务实施：

在模糊查询中，通配符"_"代表任意单个字符，那么要查询两个字的名字需要用到两个"_"字符，代码如下：

```
SELECT * FROM Student
WHERE Sname Like '__'
```

语句执行后，结果如图 13 – 11 所示。

6）空值查询

【实战训练 13 – 12】在 Score 表中查询期末有缺考现象的学生信息。

任务实施：

缺考是指暂时没有期末成绩，那么期末成绩 Endscore 的值为 NULL（空值），条件表达式为"Endscore IS NULL"，代码如下：

	Sno	Cno	Endscore
1	s011180106	c001	92.0
2	s011180106	c003	45.0
3	s011180208	c001	51.5
4	s011180208	c002	NULL
5	s013180302	c001	69.0
6	s013180302	c003	88.5
7	s013180403	c001	72.5

图 13 – 9　【实战训练 13 – 9】运行结果

	Sno	Sname	Sex	Birth	ClassNo
1	s011180106	陈骏	男	2000-07-05	0111801
2	s012190118	陈天明	男	2000-07-18	0121901
3	s013180403	陈小虹	女	1999-03-27	0131804
4	s022190103	陈栋	男	1999-08-29	0221901

图 13 – 10　【实战训练 13 – 10】运行结果

	Sno	Sname	Sex	Birth	ClassNo
1	s011180106	陈骏	男	2000-07-05	0111801
2	s011180208	王强	男	2000-02-25	0111802
3	s012190205	王兰	女	2001-12-01	0121902
4	s013180302	叶毅	男	1990-01-20	0131803
5	s014190301	江萍	女	1999-05-04	0141903
6	s014190412	张芬	女	1999-05-24	0141904
7	s021180119	林芳	女	2000-09-08	0211801
8	s021180211	赵凯	男	1999-04-20	0211802
9	s022190103	陈栋	男	1999-08-29	0221901
10	s031180107	张军	男	2000-11-02	0311801

图 13 – 11　【实战训练 13 – 11】运行结果

```
SELECT * FROM Score
WHERE Endscore IS NULL
```

语句执行后，结果如图 13 – 12 所示。

提示：

① NULL 值是抽象的空值，不是 0，也不是空格符。

	Sno	Cno	Uscore	EndScore
1	s011180208	c002	82.0	NULL

图 13 – 12 【实战训练 13 – 12】运行结果

② 这里的 "IS" 运算符不能用等号 " = " 代替，即不能写成 " = NULL"。

③ IS NULL 表示空，IS NOT NULL 表示非空。

（2）消除重复行

【实战训练 13 – 13】 查询有选课记录的学生的学号。如果一个学生选修了多门课程，只需要显示一次学号。

任务实施：

学生的选课情况可以在 Score 表中进行查询，代码如下：

```
SELECT Sno FROM Score
```

语句执行后，结果如图 13 – 13a 所示，可以看出该运行结果包含了重复的学号。如果想让学号只显示一次，需要用关键字 Distinct 指定，代码如下：

```
SELECT Distinct Sno FROM Score
```

语句执行后，结果如图 13 – 13b 所示。

（3）前 N 行

【实战训练 13 – 14】 查询 Course 表中前 5 门课程的详细信息。

	Sno			Sno
1	s011180106		1	s011180106
2	s011180106		2	s011180208
3	s011180208		3	s012190205
4	s011180208		4	s013180302
5	s011180208		5	s013180403
6	s012190205		6	s014190301
7	s012190205		7	s014190412
8	s013180302		8	s021180119
9	s013180302		9	s021180211
10	s013180403		10	s022190103
	a)			b)

图 13 – 13 【实战训练 13 – 13】运行结果

任务实施：

在 SELECT 子句中利用关键字 Top 限制返回到结果集中的行数，其基本语法如下：

```
Top n [ Percent ]
```

其中，n 指定返回的行数。如果未指定 Percent，n 就是返回的行数。如果指定了 Percent，n 就是返回的结果集行数的百分比。所以，本例的代码如下：

```
SELECT Top 5 * FROM Course
```

语句执行后，结果如图 13 – 14 所示。

	Cno	Cname	Teacher	Credit	LimitNum	CourseHour
1	c001	数据库应用	陈静	4.0	200	56
2	c002	软件工程	王博	4.0	100	56
3	c003	计算机应用基础	李娟	4.0	300	56
4	c004	数据库原理	张梅	1.5	200	30
5	c005	网页制作	王芳	4.0	200	60

图 13 –14 【实战训练 13 –14】运行结果

3. SELECT INTO 查询

使用 SELECT INTO 语句可以把任何查询结果集放置到一个新表中，其语法格式为：

```
SELECT 字段列表 INTO 新表名
FROM 源表名
WHERE 条件表达式
```

【实战训练 13 – 15】查询 Student 表中男生的详细信息，并将结果保存到临时表"Boys"中。

任务实施：

此处使用 SELECT INTO 语句把查询的结果存放到临时表中。代码如下：

```
SELECT * INTO Boys
FROM Student
WHERE Sex ='男'
```

语句执行后，结果显示有"19 行受影响"，为了更加直观地显示临时表数据，可以通过查询语句观察结果，代码如下：

```
SELECT * FROM Boys
```

语句执行后，结果如图 13 –15 所示。

4. 使用 SSMS 方式实现单表查询

在 SQL Server 中，数据查询除了使用 T – SQL 查询语句实现外，还可以通过 SSMS 图形化的查询方式来完成，数据库用户只需进行简单的选择就可以完成查询操作。

【实战训练 13 –16】使用 SSMS 图形化方式查询学生"王强"的详细信息。

	Sno	Sname	Sex	Birth	ClassNo
1	s011180106	陈骏	男	2000-07-05	0111801
2	s011180208	王强	男	2000-02-25	0111802
3	s012190118	陈天明	男	2000-07-18	0121901
4	s013180302	叶毅	男	1999-01-20	0131803
5	s021180211	赵凯	男	1999-04-20	0211802
6	s022190103	陈林	男	1999-08-29	0221901
7	s022190201	吴天昊	男	1999-02-04	0221902
8	s031180107	张军	男	2000-11-02	0311801
9	s032190228	王琪	男	1999-02-14	0321902

图 13 –15 【实战训练 13 –15】运行结果

任务实施：

① 启动 SQL Server Management Studio，在"对象资源管理器"中依次展开"数据库"节点、数据库"SCC"的"表"节点。

② 右键单击要执行查询的表"Student"，选择"编辑前 200 行"打开表，

在显示表的记录区域单击鼠标右键，在弹出的菜单中选择"窗格""条件"，如图 13 – 16 所示。

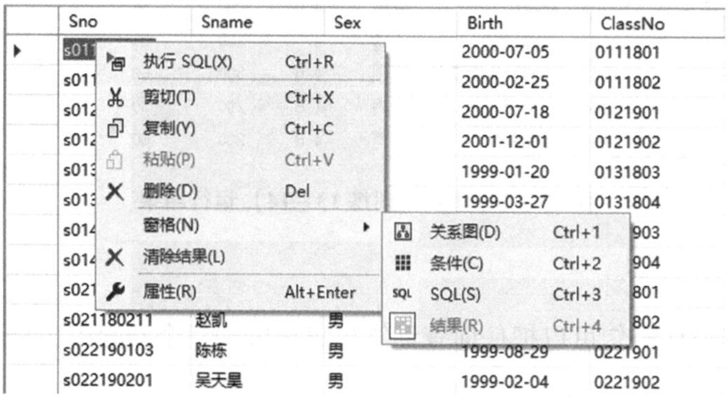

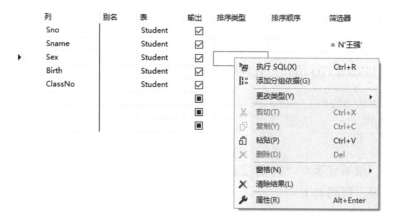

图 13 – 16 选择编辑"条件"

③ 在查询条件选择界面中，选择要输出的列，输入查询条件，然后单击鼠标右键，选择"执行 SQL"，如图 13 – 17 所示。

图 13 – 17 选择"执行 SQL"

④ 在结果窗格中显示执行查询后的结果，如图 13 – 18 所示。

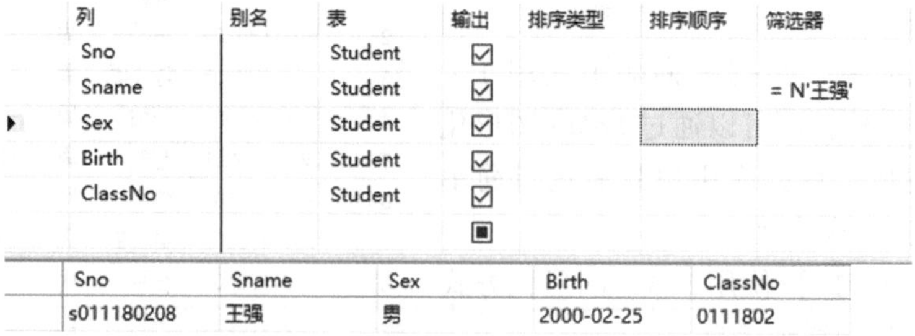

图 13 – 18 【实战训练 13 – 16】查询结果

13.3 拓展训练

【拓展训练】使用 T – SQL 语句实现商品销售管理数据库 Goods 中的相关查询，具体操作要求如下：

① 查询所有商品的基本信息。

② 查询大米的品牌、规格、单价和库存数量，并显示为汉字标题。

③ 查询每个商品的库存金额（库存金额 = 单价 * 库存数量），结果显示为商品编号、商品名称和库存金额。

④ 查询下单当天就发货的商品编号。

⑤ 查询所有女员工的姓名、账号和电话号码。

⑥ 查询所有姓张的员工的详细信息。

⑦ 查询收货地址为西安市的客户的详细信息。

⑧ 查询反馈信息为空的商品编号。

⑨ 查询每个商品的商品编号、商品名称和库存金额，并将查询结果存放到临时表"库存"中。

任务 14　数据库的分组统计查询

在数据查询时，经常需要对查询结果进行分类、汇总和计算，比如，计算学生的总分、平均分等，SQL 提供了许多集合函数，增强了基本查询能力。为了进一步统计数据，还经常需要按照某个类别分组后在组内进行操作。

14.1　知识准备

1. 常用的聚合函数

聚合函数用于计算表中的数据，返回单个计算结果。常用的聚合函数及其功能如表 14 - 1 所示。

表 14 - 1　常用的聚合函数及其功能

函数名	功能	说明
Count（）	按列统计元组个数	
Sum（）	计算一列值的总和	要求该列类型为数值型
Avg（）	计算一列值的平均值	要求该列类型为数值型
Max（）	求一列值中的最大值	
Min（）	求一列值中的最小值	

2. ORDER BY 子句

在利用 SELECT 语句完成查询时，没有指定查询结果的显示顺序，数据库管理系统将按照记录在表中的先后顺序输出查询结果，通常是无序的。为了使输出结果清晰、有序，可以使用 ORDER BY 子句对查询结果集排序。ORDER BY 子句可以将查询结果按一个或多个列的值的大小顺序输出。在 ORDER BY 子句中，用 ASC 关键字表示升序，DESC 关键字表示降序，默认情况为升序。

3. GROUP BY 子句

GROUP BY 子句可以将查询结果表的各行按某一列或多列取值相等的原则进行分组，然后使用聚合函数对记录组进行操作。对查询结果分组的目的是为了细化聚合函数的作用对象。如果没有对查询结果分组，聚合函数将作用于整个查询结果，即整个查询结果只有一个函数值。如果对查询结果实现了分组，聚合函数将作用于每一个组，即每一组都有一个函数值。分组后，组内的筛选条件要用 HAVING 子句来描述。

4. SQL 功能函数

除聚合函数外，SQL 还提供了许多功能函数用于查询统计，如表 14 – 2 所示。

表 14 – 2　SQL 功能函数

函数名	功能	说明
Upper（字符串表达式）	将字符串表达式中的小写字母变成大写	针对字符串型数据
Lower（字符串表达式）	将字符串表达式中的大写字母变成小写	针对字符串型数据
Left（字符串表达式，整数）	返回字符串表达式中左边指定个数的字符	针对字符串型数据
Right（字符串表达式，整数）	返回字符串表达式中右边指定个数的字符	针对字符串型数据
Len（字符串表达式）	返回字符串表达式的字符数	针对字符串型数据
Ltrim（字符串表达式）	除去字符串左边的空格	针对字符串型数据
Rtrim（字符串表达式）	除去字符串右边的空格	针对字符串型数据
Substring（字符串表达式，开始位置，长度）	返回字符串表达式中指定位置和长度的子串	针对字符串型数据
Round（数值表达式，长度）	返回一个指定长度小数位的数值	针对数值型数据
Power（数值表达式 1，数值表达式 2）	返回表达式 1 的数值表达式 2 的次幂	表达式 1 为数值型，表达式 2 为正整数
Sqrt（数值表达式）	返回数值表达式的平方根	针对数值型数据

14.2　实战训练

1. 简单统计查询

【实战训练 14 –1】查询 Student 表中学生的总人数。

任务实施：

统计人数需要使用聚合函数 Count（），函数的参数可以是列名 Sno，也可以是 *。* 表示统计范围是所有学生。代码如下：

```
SELECT Count(Sno) AS 学生人数 FROM Student
```

语句执行后，结果如图 14 – 1 所示。这里也可以使用如下代码，执行结果是相同的。

```
SELECT Count( * ) AS 学生人数 FROM Student
```

【实战训练 14 - 2】 查询学生 "s013180302" 的期末总成绩和平均成绩。

	学生人数
1	28

任务实施：

学生的期末成绩（Endscore）来自 Score 表，计算总成绩用 Sum()函数，平均成绩用 Avg() 函数，它们都是对 Endscore 这一列进行计算，所以参数都是列名 Endscore。查询的是 "s013180302" 这个学生的成绩，所以查询条件是 Sno = 's013180302'。代码如下：

```
SELECT Sum(Endscore) AS 总成绩 , Avg(Endscore) AS 平均成绩
FROM Score
WHERE Sno ='s013180302'
```

语句执行后，结果如图 14 - 2 所示。

【实战训练 14 - 3】 查询课程 "c001" 的期末最高成绩和最低成绩。

	总成绩	平均成绩
1	157.5	78.750000

图 14 - 2 【实战训练 14 - 2】运行结果

任务实施：

这里要使用 Max 和 Min 两个聚合函数，它们都是对期末成绩 Endscore 这一列进行计算，所以参数都是列名 Endscore。查询的是 "c001" 这门课程，那么查询条件应是 Cno = 'c001'。代码如下：

```
SELECT Max(Endscore) AS 最高成绩 , Min(Endscore) AS 最低成绩
FROM Score
WHERE Cno ='C001'
```

语句执行后，结果如图 14 - 3 所示。

【实战训练 14 - 4】 查询 Student 表中学生的学号从第 2 位开始的 7 个字符。

	最高成绩	最低成绩
1	92.0	51.5

图 14 - 3 【实战训练 14 - 3】运行结果

任务实施：

此处利用字符串函数 substring() 获得学号 Sno 的子串。代码如下：

```
SELECT Substring(Sno,2,7) FROM Student
```

语句执行后，结果如图 14 - 4 所示。

【实战训练 14 - 5】 查询每个学生的期末成绩，对成绩中的小数进行四舍五入。

	（无列名）
1	0111801
2	0111802
3	0121901
4	0121902
5	0131803
6	0131804
7	0141903
8	0141904
9	0211801

任务实施：

对期末成绩 Endscore 进行四舍五入，可利用函数 Round()。Round() 函数在保留指定位数的小数点时统一采用四舍五入的方法，如 Round（3. 547，2）的结果为 3. 550。代码如下：

图 14 - 4 【实战训练 14 - 4】
运行结果

```
SELECT Sno 学号,Cno 课程号,Round(Endscore,0) 期末成绩
FROM Score
```

语句执行后,结果如图 14 – 5 所示。

2. 查询结果排序

【实战训练 14 – 6】查询每个学生的期末总成绩,结果按照降序排序输出。

任务实施:

这里要使用 Sum() 函数计算总成绩,函数参数为列名 Endscore;用 ORDER BY 子句对查询结果按照总成绩从高到低降序排序,降序用关键字 DESC 表示。代码如下:

```
SELECT Sno 学号,Sum(Endscore) 总成绩 FROM Score
GROUP BY Sno
ORDER BY Sum(Endscore) DESC
```

语句执行后,结果如图 14 – 6 所示。

3. 分组统计查询

【实战训练 14 – 7】查询 Student 表中男、女生人数,要求使用中文别名。

任务实施:

这里需要按照性别分组,男、女生各为一组,每一组都有一个 Count() 函数值,分别为男生人数和女生人数。为了结果清晰,可以使用中文别名。代码如下:

```
SELECT   Sex 性别,Count(*) 学生人数
FROM Student
GROUP BY Sex
```

语句执行后,结果如图 14 – 7 所示。

【实战训练 14 – 8】查询 Student 表中男生的人数,要求使用中文别名。

任务实施:

这里仍然需要按照性别分组,男、女生各为一组,但是分组后需要进行筛选,最终只输出男生的人数。组内筛选条件要使用 HAVING 子句来描述。代码如下:

	学号	课程号	期末成绩
21	s022190103	c018	89.0
22	s022190201	c011	73.0
23	s022190201	c018	86.0
24	s031180107	c011	64.0
25	s031180107	c019	56.0
26	s031180205	c011	99.0
27	s031180205	c017	79.0
28	s032190124	c011	99.0
29	s032190124	c017	78.0
30	s032190228	c011	91.0
31	s032190228	c017	71.0

图 14 – 5 【实战训练 14 – 5】运行结果

	学号	总成绩
1	s022190103	179.0
2	s031180205	177.0
3	s014190412	177.0
4	s032190124	176.0
5	s032190228	161.0
6	s022190201	158.5
7	s013180403	158.5
8	s013180302	157.5
9	s021180119	148.5
10	s011180208	137.5

图 14 – 6 【实战训练 14 – 6】运行结果

	性别	学生人数
1	男	19
2	女	9

图 14 – 7 【实战训练 14 – 7】运行结果

```
SELECT Sex 性别,Count( * ) 学生人数
FROM Student
GROUP BY Sex HAVING Sex ='男'
```

语句执行后，结果如图 14 – 8 所示。

【实战训练 14 – 9】在 Score 表中，查询期末平均成绩在 80 分及以上的学生的学号和平均成绩，查询结果按照平均成绩降序排序。

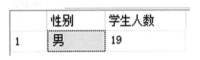

图 14 – 8 【实战训练 14 – 8】运行结果

任务实施：

这里按照学生的学号分组计算每位学生的期末平均成绩，然后用 HAVING 子句对结果集进行过滤，筛选出平均分在 80 分及以上的数据行，然后降序排序输出。代码如下：

```
SELECT Sno 学号,Avg( Endscore) 平均成绩
FROM Score
GROUP BY Sno HAVING Avg( Endscore) > =80
ORDER BY Avg( Endscore) DESC
```

语句执行后，结果如图 14 – 9 所示。

提示：

① 聚合函数不能用在 WHERE 子句中，也就是说 WHERE 子句后面的条件表达式不能出现聚合函数，而聚合函数可以用于 GROUP BY 子句中的 HAVING 子句中。

② WHERE 子句与 HAVING 子句的根本区别在于作用对象不同。WHERE 子句作用于基本表或者视图，从中选择满足条件的记录。HAVING 子句作用于组内，从中选择满足条件的记录。

	学号	平均成绩
1	s022190103	89.500000
2	s031180205	88.500000
3	s014190412	88.500000
4	s032190124	88.000000
5	s032190228	80.500000

图 14 – 9 【实战训练 14 – 9】运行结果

14.3 拓展训练

【拓展训练】使用 T – SQL 语句实现商品销售管理数据库 Goods 中的相关查询，具体操作要求如下：

① 查询所有商品的基本信息，结果按照单价从低到高排序。

② 查询单价最高的商品的编号、商品名称及品牌。

③ 统计男、女客户的人数。

④ 查询已发货的订单信息，结果按照发货日期先后排序输出。

⑤ 查询各类商品的库存金额，结果显示为商品类别编号和库存金额，并按照库存金额降序排序输出。

⑥ 查询各类商品中库存金额高于 5000 的商品信息，结果显示为商品类别编号和库存金额。

⑦ 统计查询 2020 年 8 月份每天的销售总量，结果显示为下单日期和销售总量。

⑧ 统计查询每种商品的销售总量，结果显示为商品编号和销售数量。

⑨ 统计查询发货地址为西安市和咸阳市的客户人数。

任务 15 数据库的多表查询

数据查询时,用户需要查询的数据有时并不都在一个数据表中,可能涉及一个以上的表,这时就要使用多表查询。多表查询是指将多个表连接在一起的查询,也叫连接查询。连接查询是关系数据库中最主要的查询,主要包括内连接、外连接和交叉连接等。通过连接运算符可以实现多个表的查询。

15.1 知识准备

1. 内连接

内连接是一种最常用的连接类型。使用内连接时,如果两个表的相关字段满足连接条件,就从这两个表中提取数据并组合成新的记录,也就是在内连接查询中,只有满足条件的元组才能出现在结果集中。图 15 – 1 为内连接关系示意图。

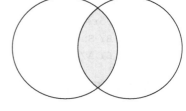

图 15 – 1 内连接关系示意图

实现内连接查询时,SELECT 语句有两种格式。

格式 1:

```
SELECT <字段列表>
FROM <表名 1>,<表名 2>
WHERE <表名 1.列名 = 表名 2.列名> [AND 条件表达式]
```

说明:

① FROM 子句指明进行连接的表名,若有多个表连接,则表名之间用逗号隔开。

② WHERE 子句指明连接的列名及其连接条件,连接条件通常是表间列的相等关系,因此也叫等值连接,其形式为"表名 1. 主键 = 表名 2. 外键"。

③ 列名若在表 1 和表 2 中都包含,则必须使用"表名. 列名"的形式以示区别。

④ 如果是有条件的连接查询,则将条件表达式放在连接条件的后面,使用 AND 关键字即可。

格式 2:

```
SELECT <字段列表>
FROM <表名 1>
INNER JOIN <表名 2>
ON <表名 1.列名 = 表名 2.列名> [WHERE 条件表达式]
```

说明:

格式 2 利用关键字 INNER JOIN 进行连接,此时需要关键字 ON 与之对应,以表明连接的条件。

2. 外连接

外连接通常用于相连接的表中至少有一个表需要显示所有数据行的情况，因此外连接的结果集中不但包含满足连接条件的记录，还包含相应表中的所有记录，即某些记录即使不满足连接条件，但仍需要输出。外连接分为左外连接、右外连接和全外连接 3 种。

（1）左外连接

实现左外连接查询时，SELECT 语句的语法格式为：

```
SELECT <字段列表>
FROM <表名1>
LEFT [OUTER] JOIN <表名2>
ON <表名1.列名 = 表名2.列名>
```

说明：

① 左外连接查询在 SELECT 语句中使用关键词 LEFT [OUTER] JOIN，其中 OUTER 可以省略。

② 左外连接的结果集中包括了左表的所有记录，而不仅仅是满足连接条件的记录，即将位于 LEFT JOIN 关键字左侧表的所有行都输出。如果左表的某条记录在右表中没有匹配的行，此时，右表的数据行显示为 NULL。图 15 -2 为左外连接关系示意图。

图 15 -2　左外连接关系示意图

（2）右外连接

实现右外连接查询时，SELECT 语句的语法格式为：

```
SELECT <字段列表>
FROM <表名1>
RIGHT [OUTER] JOIN <表名2>
ON <表名1.列名 = 表名2.列名>
```

说明：

① 右外连接的结果集中将位于 RIGHT JOIN 关键字右侧表的所有行都输出。

② 如果左表的某条记录在右表中没有匹配行，此时左表的数据行显示为 NULL。图 15 -3 为右外连接关系示意图。

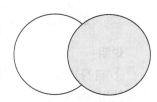

图 15 -3　右外连接关系示意图

（3）全外连接

实现全外连接查询时，SELECT 语句的语法格式为：

```
SELECT <字段列表>
FROM <表名1>
FULL JOIN <表名2>
ON <表名1.列名 = 表名2.列名>
```

图 15 -4　全外连接关系示意图

说明：

① 全外连接的结果集中包括了所有连接表的所有记录。

② 当某条记录在另一个表中没有匹配记录时，则该表相应的列值为 NULL。

图 15 -4 为全外连接关系示意图。

3. 交叉连接

连接查询中还有一种特殊情况，即笛卡儿积连接。两个表的笛卡儿积是两个表中记录的交叉乘积，即其中一个表中的每一个记录都要与另一个表中的每一个记录拼接，返回结果的行数等于两个表行数的乘积，因此结果表往往很大。

实现交叉连接查询时，SELECT 语句的语法格式为：

```
SELECT <字段列表>
FROM <表名1>
CROSS JOIN <表名2>
```

4. 自身连接

如果在一个连接查询中，涉及的两个表都是同一张表，这种查询称为自身连接查询。自身连接是指将一个表与它自身连接，将表如同分身一样分成两个，使用不同的别名，成为两个独立的表。自身连接是一种特殊的内连接，它是指相互连接的表在物理上为同一张表，但在逻辑上可以分为两张表。

实现自身连接查询时，SELECT 语句有两种格式。

格式 1：

```
SELECT <字段列表>
FROM <表名> AS <别名1>,<表名> as <别名2>
WHERE <别名1.列名=别名2.列名> and [筛选条件]
```

格式 2：

```
SELECT <字段列表>
FROM <表名> AS <别名1>
JOIN <表名>AS<别名2>
ON <别名1.列名=别名2.列名> and [筛选条件]
```

说明：

① 自身连接时，因为同一张表在 FROM 子句中多次出现，为了区别该表的每一次出现，需要使用 AS 关键字为表定义一个别名。AS 关键字可以省略，用空格隔开原名与别名也可。

② 若为表指定了别名，则只能用"别名.列名"来表示同名列，而不能用"表名.列名"表示。

15.2 实战训练

1. 内连接查询应用

【**实战训练 15 –1**】查询所有学生的学号、姓名、课程编号、平时成绩和期末成绩。

任务实施：

这里要查询的学号和姓名存放在 Student 表，课程编号、平时成绩和期末成绩存放在 Score 表，所以本查询同时涉及 Student 和 Score 两个表中的数据，两张表之间的关联是通过两个表都具有的字段 Sno 实现的，需要将两个表中 Sno 相同的记录连接起来。代码如下：

```
SELECT Student.Sno,Sname,Cno,Uscore,Endscore
FROM Student,Score
WHERE Student.Sno = Score.Sno
```

语句执行后，结果如图 15 – 5 所示。

说明：

由于字段 Sname、Cno、Uscore、Endscore 在 Student
和 Score 表中是唯一的，使用时不需要前缀，而 Sno 在两
个表都出现了，引用时必须加上表名前缀，否则语法不能
通过。

本查询也可以使用关键词 INNER JOIN 实现，代码
如下：

```
SELECT Student.Sno,Sname,Cno,Uscore,Endscore
FROM Student INNER JOIN Score
ON Student.Sno = Score.Sno
```

	Sno	Sname	Cno	Uscore	EndScore
1	s011180106	陈骏	c001	95.0	92.0
2	s011180106	陈骏	c003	67.0	45.0
3	s011180208	王强	c001	70.0	51.5
4	s011180208	王强	c002	82.0	NULL
5	s011180208	王强	c004	95.0	86.0
6	s012190205	王兰	c005	60.0	54.0
7	s012190205	王兰	c006	80.0	76.0
8	s013180302	叶毅	c001	85.0	69.0
9	s013180302	叶毅	c003	96.0	88.5
10	s013180403	陈小虹	c001	75.0	72.5
11	s013180403	陈小虹	c007	83.0	86.0
12	s014190301	江萍	c006	70.0	64.0

图 15 – 5 【实战训练 15 – 1】
运行结果

两种语句写法，执行后查询结果完全相同。

【实战训练 15 – 2】查询所有男生的学号、姓名、课程编号、平时成绩和期末成绩。

任务实施：

这个查询在实战训练 15 – 1 的基础上增加了性别为"男"这个筛选条件，所以 WHERE
子句除了关联条件 Student. Sno = Score. Sno，还要加上条件 Sex = '男'。代码如下：

```
SELECT Student.Sno,Sname,Cno,Uscore,Endscore
FROM Student,Score
WHERE Student.Sno = Score.Sno and Sex = '男'
```

语句执行后，结果如图 15 – 6 所示。

或者使用关键词 INNER JOIN 实现，代码如下：

```
SELECT Student.Sno,Sname,Cno,Uscore,Endscore
FROM Student INNER JOIN Score
ON Student.Sno = Score.Sno
WHERE Sex = '男'
```

【实战训练 15 – 3】查询所有学生的学号、姓名、课
程名称、平时成绩和期末成绩。

任务实施：

要查询的学号和姓名来自 Student 表，课程名称来自
Course 表，平时成绩和期末成绩来自 Score 表，所以查询

	Sno	Sname	Cno	Uscore	EndScore
1	s011180106	陈骏	c001	95.0	92.0
2	s011180106	陈骏	c003	67.0	45.0
3	s011180208	王强	c001	70.0	51.5
4	s011180208	王强	c002	82.0	NULL
5	s011180208	王强	c004	95.0	86.0
6	s013180302	叶毅	c001	85.0	69.0
7	s013180302	叶毅	c003	96.0	88.5
8	s021180211	赵凯	c010	88.0	80.0
9	s021180211	赵凯	c017	52.0	50.0
10	s022180103	陈栋	c010	95.0	90.5
11	s022180103	陈栋	c018	76.0	88.5
12	s022190201	吴天昊	c011	75.0	72.5
13	s022190201	吴天昊	c018	83.0	86.0

图 15 – 6 【实战训练 15 – 2】
运行结果

涉及 3 张表中的数据，其中 Student 表与 Score 表通过共有属性学号 Sno 连接，而 Score 表与
Course 表通过共有属性课程编号 Cno 连接。代码如下：

```
SELECT Student.Sno,Sname,Cname,Uscore,Endscore
FROM Student,Score,Course
WHERE Student.Sno = Score.Sno and Score.Cno = Course.Cno
```

语句执行后，结果如图 15 - 7 所示。

	Sno	Sname	Cname	Uscore	EndScore
1	s011180106	陈骏	数据库应用	95.0	92.0
2	s011180106	陈骏	计算机应用基础	67.0	45.0
3	s011180208	王强	数据库应用	70.0	51.5
4	s011180208	王强	软件工程	82.0	NULL
5	s011180208	王强	数据库原理	95.0	86.0
6	s012190205	王兰	网页制作	60.0	54.0
7	s012190205	王兰	操作系统原理	80.0	76.0
8	s013180302	叶毅	数据库应用	85.0	69.0
9	s013180302	叶毅	计算机应用基础	96.0	88.5
10	s013180403	陈小虹	数据库应用	75.0	72.5

图 15 - 7 【实战训练 15 - 3】运行结果

涉及 3 张表的查询时，使用关键词 INNER JOIN，代码如下：

```
SELECT Student.Sno,Sname,Cname,Uscore,Endscore
FROM Student
INNER JOIN Score
ON Student.Sno = Score.Sno
INNER JOIN Course
ON Score.Cno = Course.Cno
```

【实战训练 15 - 4】查询每门课程的课程编号、课程名称及其选课人数。

任务实施：

这个查询涉及 Course 和 Score 两张表，为了统计每门课的选课人数，需要按照 Score 表中的课程编号分组，用 Count() 函数统计每组中课程编号的个数，即为选课人数。代码如下：

```
SELECT Score.Cno 课程编号,Cname 课程名称,Count(*) 选课人数
FROM Score,Course
WHERE Score.Cno = Course.Cno
GROUP BY Score.Cno,Cname
```

语句执行后，结果如图 15 - 8 所示。

2. 外连接查询应用

【实战训练 15 - 5】查询 Student 表中每个学生的课程选修情况，结果显示为学号、姓名、课程编号、平时成绩和期末成绩。

任务实施：

本查询如果使用内连接查询，结果只会显示有选课记

	课程编号	课程名称	选课人数
1	c001	数据库应用	4
2	c002	软件工程	1
3	c003	计算机应用基础	2
4	c004	数据库原理	1
5	c005	网页制作	1
6	c006	操作系统原理	2
7	c007	Windows操作系统	1
8	c008	Linux操作系统	1
9	c009	MYSQL数据库	1
10	c010	机械设计	3

图 15 - 8 【实战训练 15 - 4】运行结果

录的学生数据，没有选课记录的学生记录不会显示。那么要查询每个学生的课程选修情况，这里使用左外连接查询比较合适，把 Student 表作为左表，Score 表作为右表，显示左表中所有学生的学号和姓名，对于没有出现在右表 Score 中的学生，即视为没有选课，其课程编号、平时成绩和期末成绩均显示为 NULL。代码如下：

```
SELECT Student.Sno,Sname,Cno,Uscore,Endscore
FROM Student
LEFT JOIN Score
ON Student.Sno = Score.Sno
```

语句执行后，结果如图 15 – 9 所示。

【实战训练 15 – 6】 查询每门课程的选修情况，结果显示为课程编号、课程名、平时成绩和期末成绩。

任务实施：

本查询如果使用内连接查询，结果只显示有学生选修的课程的记录。为了查询每门课程的选修情况，这里使用右外连接查询，将课程信息表 Course 作为右表，显示所有课程的记录；将成绩表 Score 作为左表，对没有学生选修的课程，其成绩两列显示为 NULL。代码如下：

```
SELECT Course.Cno,Cname,Uscore,Endscore
FROM Course
RIGHT JOIN Score
ON Course.Cno = Score.Cno
```

语句执行后，结果如图 15 – 10 所示。

	Sno	Sname	Cno	Uscore	EndScore
30	s032190124	李春梅	c017	83.0	77.5
31	s032190228	王琪	c011	92.0	90.5
32	s032190228	王琪	c017	85.0	70.5
33	s041180126	赵江涛	NULL	NULL	NULL
34	s041180210	行璐	NULL	NULL	NULL
35	s042190112	欧阳东	NULL	NULL	NULL
36	s042190214	叶飞	NULL	NULL	NULL
37	s051180104	于志伟	NULL	NULL	NULL
38	s051180208	张耀	NULL	NULL	NULL
39	s052190101	靳东	NULL	NULL	NULL
40	s052190209	刘楷	NULL	NULL	NULL
41	s101180107	康凯	NULL	NULL	NULL
42	s101180211	钱栋	NULL	NULL	NULL
43	s102190113	边强	NULL	NULL	NULL
44	s102190208	王玉	NULL	NULL	NULL

图 15 – 9 【实战训练 15 – 5】运行结果

	Cno	Cname	Uscore	EndScore
20	c011	数控加工	90.0	98.5
21	c011	数控加工	90.0	98.5
22	c011	数控加工	92.0	90.5
23	c012	工程造价	NULL	NULL
24	c013	产品分析	NULL	NULL
25	c014	汽车营销	NULL	NULL
26	c015	图像处理	86.0	78.5
27	c016	蒙元帝国史	85.0	86.0
28	c017	文学赏析	52.0	50.0
29	c017	文学赏析	86.0	78.5
30	c017	文学赏析	83.0	77.5
31	c017	文学赏析	85.0	70.5
32	c018	社交与礼仪	76.0	88.5
33	c018	社交与礼仪	83.0	86.0
34	c019	音乐欣赏	55.0	56.0

图 15 – 10 【实战训练 15 – 6】运行结果

【实战训练 15 – 7】 将学生信息表 Student 与成绩表 Score 进行全外连接，结果显示为学号、姓名、课程编号、平时成绩和期末成绩。

任务实施：

全外连接使用关键词 FULL JOIN，结果集中包括了所有连接表的所有行，不论它们是否匹配。当某条记录在另一个表中没有匹配记录时，则该表的相应列显示为 NULL。代码如下：

```
SELECT Student.Sno,Sname,Cno,Uscore,Endscore
FROM Student
FULL JOIN Score
ON Student.Sno = Score.Sno
```

语句执行后，结果如图 15 – 11 所示。

提示： 外连接查询只能对两个表进行。

【实战训练 15 – 8】 将学生信息表 Student 与成绩表 Score 进行交叉连接。

任务实施：

交叉连接使用关键词 CROSS JOIN，结果集中返回的行数等于两个表行数的乘积。Student 表有 28 条记录，Score 表中有 31 条记录，交叉连接后的记录总数为 28 乘以 31，即 868 条记录。代码如下：

```
SELECT *
FROM Student
CROSS JOIN Score
```

	Sno	Sname	Cno	Uscore	EndScore
25	s031180107	张军	c011	70.0	64.0
26	s031180107	张军	c019	55.0	56.0
27	s031180205	马丽	c011	90.0	98.5
28	s031180205	马丽	c017	86.0	78.5
29	s032190124	李春梅	c011	90.0	98.5
30	s032190124	李春梅	c017	83.0	77.5
31	s032190228	王琪	c011	92.0	90.5
32	s032190228	王琪	c017	85.0	70.5
33	s041180126	赵江涛	NULL	NULL	NULL
34	s041180210	行璐	NULL	NULL	NULL
35	s042190112	欧阳东	NULL	NULL	NULL
36	s042190214	叶飞	NULL	NULL	NULL
37	s051180104	于志伟	NULL	NULL	NULL

图 15 – 11 【实战训练 15 – 7】运行结果

语句执行后，结果如图 15 – 12 所示。

	Sno	Sname	Sex	Birth	ClassNo	Sno	Cno	Uscore	EndScore
858	s102190208	王玉	女	1999-10-15	1021902	s022190103	c018	76.0	88.5
859	s102190208	王玉	女	1999-10-15	1021902	s022190201	c011	75.0	72.5
860	s102190208	王玉	女	1999-10-15	1021902	s022190201	c018	83.0	86.0
861	s102190208	王玉	女	1999-10-15	1021902	s031180107	c011	70.0	64.0
862	s102190208	王玉	女	1999-10-15	1021902	s031180107	c019	55.0	56.0
863	s102190208	王玉	女	1999-10-15	1021902	s031180205	c011	90.0	98.5
864	s102190208	王玉	女	1999-10-15	1021902	s031180205	c017	86.0	78.5
865	s102190208	王玉	女	1999-10-15	1021902	s032190124	c011	90.0	98.5
866	s102190208	王玉	女	1999-10-15	1021902	s032190124	c017	83.0	77.5
867	s102190208	王玉	女	1999-10-15	1021902	s032190228	c011	92.0	90.5
868	s102190208	王玉	女	1999-10-15	1021902	s032190228	c017	85.0	70.5

图 15 – 12 【实战训练 15 – 8】运行结果

提示： 交叉连接不能有条件，而且不能带 WHERE 子句。

3. 自身连接查询应用

【实战训练 15 – 9】 查询比"陈天明"年龄小的学生信息，结果显示为学号、姓名、性别和生日，并按照生日升序排序。

任务实施：

若要在一个表中查找具有相同列值的行，则可以使用自身连接。使用自身连接时需为表指定两个别名，比如 a 和 b，且对所有列的引用均要用别名限定。代码如下：

```
SELECT b.Sno,b.Sname,b.Sex,b.Birth
FROM Student AS a
JOIN Student AS b
ON a.Sname ='陈天明' and a.Birth < b.Birth
ORDER BY b.Birth
```

语句执行后，结果如图 15 - 13 所示。

此处的自身连接也可以书写为如下格式，执行后仍可得到图 15 - 13 所示的结果。

```
SELECT b.Sno,b.Sname,b.Sex,b.Birth
FROM Student a,Student b
WHERE a.Sname ='陈天明' and a.Birth < b.Birth
ORDER BY b.Birth
```

如果将上述 SELECT 子句中的 b 换成 a，将会出现如图 15 - 14 所示的错误查询结果。

	Sno	Sname	Sex	Birth
1	s052190101	靳东	男	2000-08-19
2	s021180119	林芳	女	2000-09-08
3	s031180107	张军	男	2000-11-02
4	s041180126	赵江涛	男	2001-01-02
5	s051180104	于志伟	男	2001-02-02
6	s012190205	王兰	女	2001-12-01

图 15 - 13　自身连接

	Sno	Sname	Sex	Birth
1	s012190118	陈天明	男	2000-07-18
2	s012190118	陈天明	男	2000-07-18
3	s012190118	陈天明	男	2000-07-18
4	s012190118	陈天明	男	2000-07-18
5	s012190118	陈天明	男	2000-07-18
6	s012190118	陈天明	男	2000-07-18

图 15 - 14　自身连接错误查询结果

【实战训练 15 - 10】查询同时选修课程编号为 C001 和 C002 的学生的学号。

任务实施：

本查询涉及的数据均来自 Score 表，此处采用自身连接完成查询操作。代码如下：

```
SELECT b.Sno
FROM Score a
JOIN Score b
ON a.Sno = b.Sno and a.Cno ='C001' and b.Cno ='C002'
```

或者写成如下格式：

```
SELECT b.Sno
FROM Score a, Score b
WHERE a.Sno = b.Sno and a.Cno ='C001' and b.Cno ='C002'
```

语句执行后，结果如图 15 - 15 所示。

15.3　拓展训练

【拓展训练】使用 T - SQL 语句实现商品销售管理数据库

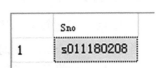

	Sno
1	s011180208

图 15 - 15　【实战训练 15 - 10】
运行结果

Goods 中的相关查询，具体操作要求如下：

① 查询所有商品的商品编号、商品名称、商品类别编号和商品类别名称。

② 查询所有已销售商品的情况，结果显示为商品编号、商品名称、订单日期和订单状态，并且按照商品编号升序排序。

③ 查询 Shop_goods 表中所有商品的销售情况，结果显示为商品编号、商品名称、订单日期和订单状态，没有销售记录的商品其订单日期和订单状态显示为 NULL。

④ 统计查询每个客户的消费金额，结果显示为客户编号、消费金额。

⑤ 查询不低于"鸡蛋"价格的商品编号、商品名称和商品单价，查询后的结果按照商品单价升序排序。（使用自身连接查询）

任务 16 数据库的子查询

在 SQL 查询中，一个 SELECT – FROM – WHERE 语句称为一个查询块，将一个查询块嵌套在另一个查询块中的查询称为嵌套查询。被包含的查询语句称为子查询或内查询，包含子查询的语句称为父查询或者外查询。SQL Server 允许多层嵌套查询，类似于程序设计中的循环嵌套，嵌套层次最多可达到 255 层。

16.1 知识准备

1. 子查询的类型及其执行方式

SQL 子查询分为两种类型：不相关子查询和相关子查询。

（1）不相关子查询

当外查询与内查询的条件不相关时，称为不相关子查询。不相关子查询的处理方法是由里向外进行处理，即先执行内查询，内查询的结果传递给外查询，作为外查询的查询条件，然后执行外查询，并显示查询结果。不相关子查询一般可以分为返回单值的子查询和返回一组值的子查询。

（2）相关子查询

当外查询与内查询的条件相关时，称为相关子查询。在相关子查询中，其执行顺序是先执行外层，再执行内层，其执行过程为：

① 从外查询中取出一个元组，将元组相关列的值传给内查询。

② 执行内查询，得到内查询操作的值。

③ 外查询根据内查询返回的结果或结果集获得满足条件的记录。

④ 外查询取出下一个元组，重复做步骤 1—3，直到外层的元组全部处理完毕。

2. 使用比较运算符的子查询

当能够确切地知道子查询的返回值只有一个时，可以直接使用比较运算符（ = 、 > 、 > = 、 < 、 < = 、! = ）将父查询和子查询连接起来。此时，SELECT 语句的一般格式为：

```
SELECT <字段列表> FROM <表名>
WHERE <列名>比较运算符(子查询)
```

注意：

为了区分父查询和子查询，子查询语句应加小括号。

3. 使用 In 或 Not in 的子查询

在嵌套查询中，子查询的结果往往不是一个单值而是一组值，即子查询的结果是一个集合，这种情况可以使用谓词 In（包含于）、Not in（不包含于）将父查询和子查询连接起来，以判断父查询的某个字段值是否在子查询的结果集中。此时，SELECT 语句的一般格式为：

```
SELECT <字段列表>
FROM <表名>
WHERE <列名>[In |Not in](子查询)
```

4. 使用 Any 或 All 的子查询

当子查询的结果为单一值时，可以用比较运算符；但如果返回的是多值，需要用到谓词 Any（某个值）或者 All（所有值）。Any 或 All 谓词一般与比较运算符配合使用，这种情况下，SELECT 语句的一般格式为：

```
SELECT <字段列表>
FROM <表名>
WHERE <列名>比较运算符 [Any |All ](子查询)
```

Any 和 All 谓词的含义如表 16 – 1 所示。

表 16 – 1   Any 和 All 谓词的含义

逻辑运算符	含义
> Any	大于子查询结果中的某个值
> All	大于子查询结果中的所有值
< Any	小于子查询结果中的某个值
< All	小于子查询结果中的所有值
> = Any	大于或等于子查询结果中的某个值
> = All	大于或等于子查询结果中的所有值
< = Any	小于或等于子查询结果中的某个值
< = All	小于或等于子查询结果中的所有值
= Any	等于子查询结果中的某个值
= All	等于子查询结果中的所有值
! = （或 < > ）Any	不等于子查询结果中的某个值
! = （或 < > ）All	不等于子查询结果中的所有值

5. 使用 Exists 的子查询

谓词 Exists 表示存在的意思，使用 Exists 的子查询返回"真"或者"假"两种结果。当查询结果非空时，返回真值，外层 WHERE 子句结果为真；当查询结果为空时，返回假值，外层 WHERE 子句结果为假。这种情况下，SELECT 语句的一般格式为：

```
SELECT <字段列表>
FROM <表名>
WHERE Exists(子查询)
```

带谓词 Exists 的子查询通常属于相关子查询。Exists 作为 WHERE 子句的条件时，是先对 WHERE 子句前的外查询进行查询，然后用外查询的结果一个一个地代入内查询，如果是真则输出当前这一条外查询的结果，否则不输出。

Not Exists 表示不存在，与 Exists 则相反。当内查询结果为空时，外查询的 WHERE 子句返回真值，否则返回假值。

16.2 实战训练

【实战训练 16 – 1】查询与"王强"同年出生的所有学生的基本信息。

任务实施：

内查询先检索出王强的出生年份，出生年份的表达式为 year（Birth），然后以该年份作为外查询的筛选条件，即可查询到同年出生的学生信息。因为内查询的条件是姓名，外查询的条件是出生年份，所以是一个典型的不相关子查询。此处，内查询返回值为单值，因此外查询和内查询用比较运算符"＝"连接。

```
SELECT *
FROM Student
WHERE year(Birth) =
(SELECT year(Birth) FROM Student WHERE Sname = '王强')
```

语句执行后，结果如图 16 – 1 所示。

【实战训练 16 – 2】查询选修了 2 门及以上课程的学生的姓名。

任务实施：

如果是要查询选修了 2 门及以上课程的学生的学号，可在 Score 表中对 Sno 进行分组，然后统计 Sno 的个数即可。现在要查询的是学生的姓名，那就通过内查询检索到 Sno，然后通过外查询到 Student 表中去找学生的姓名。此处，内查询检索的结果显然是多个值，因此外查询和内查询应该用谓词 In 连接。

```
SELECT Sname
FROM Student
WHERE Sno In
(SELECT Sno FROM Score GROUP BY Sno HAVING Count( * ) >=2)
```

语句执行后，结果如图 16 – 2 所示。

	Sno	Sname	Sex	Birth	ClassNo
1	s011180106	陈骏	男	2000-07-05	0111801
2	s011180208	王强	男	2000-02-25	0111802
3	s012190118	陈天明	男	2000-07-18	0121901
4	s021180119	林芳	女	2000-09-08	0211801
5	s031180107	张军	男	2000-11-02	0311801
6	s042190112	欧阳东	男	2000-03-19	0421901
7	s052190101	靳东	男	2000-08-19	0521901
8	s101180211	钱栋	男	2000-02-16	1011802

图 16 – 1 【实战训练 16 – 1】运行结果

	Sname
1	陈骏
2	王强
3	王兰
4	叶毅
5	陈小虹
6	江萍
7	张芬
8	林芳
9	赵凯
10	陈栋
11	吴天昊
12	张军
13	马丽
14	李春梅
15	王琪

图 16 – 2 【实战训练 16 – 2】运行结果

【实战训练 16 – 3】查询选修了“数据库应用”课程的学生姓名。

任务实施：

查询需要先从 Course 中找出符合课程名为“数据库应用”的课程编号，然后根据课程编号从 Score 表中找到对应的学号，最后根据学号从 Student 表中找到学生的姓名。由此可以看出，本查询包含最外层、次外层和内层等 3 层，内层的查询条件是 Cname，结果返回的是单值；次外层的查询条件是 Cno，结果返回的是多值；最外层的查询条件是 Sno。执行顺序是先内层，然后次外层，最后是最外层。

```
SELECT Sname
FROM Student
WHERE Sno In
(SELECT Sno FROM Score WHERE Cno =
(SELECT Cno FROM Course WHERE Cname ='数据库应用'))
```

语句执行后，结果如图 16 – 3 所示。

本查询可以使用逻辑运算符“ = any”代替谓词“In”，意思是等于子查询结果中的某个值。

```
SELECT Sname
FROM Student
WHERE Sno  = any
(SELECT Sno FROM Score WHERE Cno =
(SELECT Cno FROM Course WHERE Cname ='数据库应用'))
```

语句执行后，结果与图 16 – 3 所示相同。

此外，本查询也可以借助内连接查询实现。

```
SELECT Sname
FROM Student,Score,Course
WHERE Student.Sno = Score.Sno and Score.Cno = Course.Cno and Cname ='数据库应用'
```

语句执行后，结果仍然与图 16 – 3 所示相同。

提示：

① 同一查询可以采用多种方法来实现，当然不同的方法其执行效率可能会有差别，甚至会差别很大，数据库用户可以根据自己的需要进行合理的选择。

② 子查询经常（但不总是）可以表示为连接查询。连接查询的效率高于子查询，使用连接会产生更好的性能，所以应尽量使用连接查询。

图 16 – 3 【实战训练 16 – 3】运行结果

思考：如果需要查询没有选修"数据库应用"课程的学生姓名，那么内、外查询应该使用什么逻辑运算符连接？

【实战训练 16 – 4】查询比任一女生年龄都大的男生的学号、姓名和生日。

任务实施：

内查询先找出所有女生的出生日期，小于所有女生的出生日期即为比任一女生的年龄都大，因此这里使用逻辑运算符" < all"连接外查询和内查询。

```
SELECT Sno,Sname,Birth
FROM Student
WHERE Sex = '男' and Birth < all
(SELECT Birth FROM Student WHERE Sex = '女')
```

语句执行后，结果如图 16 – 4 所示。

用聚合函数实现，完成语句如下所示。

```
SELECT Sno,Sname,Birth
FROM Student
WHERE Sex = '男' and Birth <
(SELECT Min(Birth) FROM Student WHERE Sex = '女')
```

语句执行后，结果与图 16 – 4 所示相同。

提示：

① 请读者自行分析生日和年龄的关系以及比较的方法。

② 用聚合函数实现子查询通常比直接用 ALL 或 ANY 查询效率要高，因此同等情况下优先使用聚合函数。

	Sno	Sname	Birth
1	s013180302	叶毅	1999-01-20
2	s022190201	吴天昊	1999-02-04
3	s032190228	王琪	1999-02-14
4	s052190209	刘楷	1999-01-18
5	s101180107	康凯	1999-03-22

图 16 – 4 【实战训练 16 – 4】运行结果

【实战训练 16 – 5】查询至少选修了一门课程的学生姓名。

任务实施：

本例为典型的相关子查询，因为内查询的 WHERE 子句中引用了外查询中的 Student 表，其具体执行过程如下。

① 先从 Student 表中找到第一个元组，将其学号列的值传给内查询。

② 判断学号是否与内查询的 Score 表中的第一条元组中的学号相等。如果条件满足则谓

词 Exists 结果为真，也就是外查询的 WHERE 子句为真，则将外查询 Student 表中的第一个元组的学号放入结果集；反之，如果条件不满足，则继续取 Score 表中的下一条元组，直到满足条件或者 Score 表中所有元组处理完。

③ 取 Student 表中的下一个元组，重复步骤①和②，直到把 Student 表中的所有元组处理完毕。

```
SELECT Sno,Sname
FROM Student
WHERE Exists
(SELECT * FROM Score WHERE Sno = Student.Sno)
```

语句执行后，结果如图 16 – 5 所示。

说明：

由 Exists 引出的子查询，其目标列表达式通常为 "∗"，因为带 Exists 的子查询只返回真值或者假值，给出列名无实际意义。

【实战训练 16 – 6】查询一门课也没有选修的学生姓名。

任务实施：

在 Score 表中，不存在的学生即为没有选修课程的学生，此处使用谓词 Not Exists。与 Exists 相反，Not Exists 是当内查询结果为空时，外查询的 WHERE 子句返回真值，否则返回假值。

	Sno	Sname
7	s014190412	张芬
8	s021180119	林芳
9	s021180211	赵凯
10	s022190103	陈林
11	s022190201	吴天昊
12	s031180107	张军
13	s031180205	马丽
14	s032190124	李春梅
15	s032190228	王琪

图 16 – 5　【实战训练 16 – 5】运行结果

```
SELECT Sno,Sname
FROM Student
WHERE Not Exists
(SELECT * FROM Score WHERE Sno = Student.Sno)
```

语句执行后，结果如图 16 – 6 所示。

提示：

由于带 Exists 和 Not Exists 的相关子查询只关心内查询是否有返回值，而不需要找到具体的值，所以其查询效率并不一定低于不相关子查询，有时候是一种非常高效的查询方法。

	Sno	Sname
5	s042190214	叶飞
6	s051180104	于志伟
7	s051180208	张耀
8	s052190101	靳东
9	s052190209	刘楷
10	s101180107	康凯
11	s101180211	钱林
12	s102190113	边强
13	s102190208	王玉

图 16 – 6　【实战训练 16 – 6】运行结果

16.3　拓展训练

【拓展训练】使用 SQL 子查询实现商品销售管理数据库 Goods 中的相关查询，具体操作要求如下：

① 查询反馈评价为 "好评" 的商品编号和商品名称。

② 查询反馈评价为 "中评" 的客户编号、客户姓名和电话。

③ 查询与客户 "C0002" 购买相同商品的客户信息，结果显示为客户编号、客户姓名和电话。

④ 查询粮油类用品的库存情况，结果显示为商品编号、商品名称和库存金额。

⑤ 查询购买过任一商品的客户信息，结果显示为客户编号、客户姓名和电话。（使用谓词 Any）

⑥ 查询已销售商品的详细信息。（使用谓词 Exists）

⑦ 查询还没有销售的商品的详细信息。（使用谓词 Not Exists）

单元测试

一、单选题

1. SELECT 语句最少包括 SELECT 子句和（   ）子句。

    A. INTO   B. FROM   C. WHERE   D. WITH

2. （   ）子句是指定查询返回的行的搜索条件。

    A. INTO   B. FROM   C. WHERE   D. WITH

3. 在查询语句中改变列标题（定义别名）的一种方法是在属性名的后面加上关键字（   ）。

    A. WHERE   B. GROUP   C. AS   D. BY

4. 姓名 name 是"李四"的查询语句，其查询条件是（   ）。

    A. name is '李四'   B. name like '李四*'   C. name ='李四'   D. name = = '李四'

5. 姓名 name 中姓"李"的查询语句，其查询条件是（   ）。

    A. name is '李_'   B. name = '李%'   C. name like '李_ *'   D. name like '李%'

6. 查询 Student 表中不姓"王"的学生的记录信息，正确的 SQL 语句为（   ）。

    A. SELECT * FROM Student WHERE name is not '王%'

    B. SELECT * FROM Student WHERE name not like '王_'

    C. SELECT * FROM Student WHERE name is not '王'

    D. SELECT * FROM Student WHERE name not like '王%'

7. 下面聚合函数中，用于统计个数的函数是（   ）。

    A. COUNT（）   B. MAX（）   C. MIN（）   D. SUM（）

8. 下面聚合函数中，只能用于计算数值类型数据的是（   ）。

    A. COUNT（）   B. MAX（）   C. MIN（）   D. SUM（）

9. （   ）子句是对数据按照某个或者多个字段进行分组。

    A. WHERE   B. WITH   C. GROUP BY   D. ORDER BY

10. 在 SELECT 查询中，要把结果中的行按照某列的值进行排序，所用到的子句是（   ）。

    A. WHERE   B. HAVING   C. GROUP BY   D. ORDER BY

11. 在 SELECT 语句中，下列（   ）子句用于对分组统计进一步设置条件。

    A. WHERE   B. HAVING   C. GROUP BY   D. ORDER BY

12. SQL 语句中，下列涉及空值的操作，不正确的是（　　）。

    A．age is NULL　　　　B．age is NOT NULL　　　　C．age = NULL　　　　D．not（age is NULL）

13. 用于测试跟随的子查询中的行是否存在的关键字是（　　）。

    A．MOVE　　　　　　B．EXISTS　　　　　　C．UNION　　　　　　D．HAVING

二、填空题

1. 在 SELECT 语句中选择满足条件的记录使用关键字_____，分组之后进行选择使用关键字_____。

2. 使用关键字_____可以把查询结果中的重复行屏蔽。

3. 用来返回特定字段中所有值的总和的聚合函数是_____。

4. 编写查询语句时，使用通配符_____可以匹配多个字符，而使用通配符_____只能匹配单个字符

5. 有两个表的记录数分别是 7 和 9，现对两个表执行交叉连接查询，查询结果中最多可以得到_____条记录。

第五单元
创建、管理视图与索引

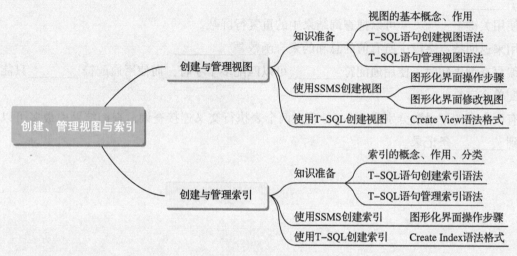

```
                                          视图的基本概念、作用
                                知识准备    T-SQL语句创建视图语法
                                          T-SQL语句管理视图语法
                    创建与管理视图
                                使用SSMS创建视图    图形化界面操作步骤
                                                 图形化界面修改视图
创建、管理视图与索引
                                使用T-SQL创建视图    Create View语法格式

                                          索引的概念、作用、分类
                                知识准备    T-SQL语句创建索引语法
                                          T-SQL语句管理索引语法
                    创建与管理索引
                                使用SSMS创建索引    图形化界面操作步骤
                                使用T-SQL创建索引    Create Index语法格式
```

本单元知识要点思维导图

完成了数据库查询与统计数据的学习之后，接下来的任务是创建、管理视图与索引。视图可以方便用户的数据查询和处理，大大简化数据查询操作；索引则可以加快数据的查询与处理速度，提供快速访问数据的途径。本单元主要介绍视图与索引的创建和管理。在 SQL Server 2016 中，创建、管理视图与索引可以使用 SSMS 的图形化界面，也可以通过编写执行 T‒SQL语句实现。

学习目标

1. 了解视图的作用。
2. 掌握创建、修改、删除视图的方法。
3. 了解索引的作用。
4. 掌握创建索引的方法。
5. 熟悉修改索引和删除索引的方法。

任务 17 创建与管理视图

在数据库应用中,查询是一项主要操作。为了增强查询的灵活性,需要在表上创建视图,满足用户复杂的查询需要。比如,一个学生一学期要上多门课程,学生、课程及成绩信息存储在多张表中,要想随时了解学生的学习情况,就需要重复创建多表查询进行查看,非常不方便。视图能将存储在多张表中的数据汇总到一张"虚拟表"中,而"虚拟表"中的数据可以直接查看和使用。

17.1 知识准备

1. 视图概述

视图作为一种数据库对象,为用户提供了一种检索数据表数据的方式。视图是从一个或几个基本表导出的表,用户通过它来浏览数据表中感兴趣的部分或全部数据,而数据的物理存放位置仍在表中。

视图是一张虚拟的表,虚拟表的含义包含两方面。一方面,这个虚拟表没有表结构,不实际存储在数据库中,数据库中只存放视图的定义,而不存储视图对应的数据;另一方面,视图中的数据来自基本表,是在视图被引用时动态生成的,打开视图时看到的记录实际仍存储在基本表中。

视图一旦定义好,就可以和基本表一样进行查询、删除与修改等操作。正因为视图中的数据仍存放在基本表中,所以视图中的数据与基本表中的数据必定同步,即对视图的数据进行操作时,系统根据视图的定义去操作与视图相关联的基本表。视图的作用包括以下 3 个方面:

① 方便用户使用。为复杂的查询建立一个视图,用户不必键入复杂的查询语句,只需要针对此视图做简单的查询即可。

② 提供一定程度的数据安全性。对不同的用户定义不同的视图,使用户只能看到与自己有关的数据。

③ 保证数据的逻辑独立性。对于视图的操作,如查询,只依赖于视图的定义。当构成视图的基本表要修改时,只需修改视图定义中的子查询部分,而基于视图的查询不用改变。

2. 创建视图的基本语法

在 T – SQL 语句中,创建视图使用 CREATE VIEW 语句,基本语法结构如下:

```
CREATE VIEW[ < owner >.] view_name [ (column_name [,…] ) ]
AS select_statement
[with check option]
```

（1）参数说明

① view_name 是需要创建的视图的名称，视图名称应符合 T－SQL 标识符的命名规则，并且不能与其他的数据对象同名。

② column_name 是视图中的列名，它是视图中包含的列名。当视图中使用与源表（或视图）相同的列名时，可以省略。但在以下情况中必须指定列名：当列是从算术表达式、函数或常量派生时；当两个或更多的列具有相同的名称时；视图中的某列被赋予了不同派生来源列的名称时，列名也可以在 select 语句中通过别名指派。

③ select_statement 是定义视图的 select 语句，可在 select 语句中查询多个表或视图，以表明新创建的视图所参照的表或视图。

④ with check option 是对视图进行更新操作时，强制要求满足子查询中的条件。

（2）注意事项

① 创建视图的用户必须对所参照的表或视图有查询权限，即可以执行 SELECT 语句。

② 创建视图时，不能使用 COMPUTE、COMPUTE BY、INTO 子句，也不能使用 ORDER BY 子句，除非在 select 语句的选择列表中包含一个 top 子句。

③ 不能在临时表或表变量上创建视图。

④ 不能为视图定义全文索引。

⑤ 可以在其他视图的基础上创建视图。SQL Server 2016 允许嵌套视图，但嵌套层次不得超过 32 层。

3. 管理视图的基本语法

（1）修改视图

视图作为数据库的一个对象，它的修改包含两个方面的内容，其一是修改视图的名称，其二是修改视图的定义。视图的名称可以通过系统存储过程 SP_RENAME 来修改。在本任务中，主要讲解视图定义的修改，基本语法结构如下：

```
ALTER VIEW[ < owner > .] view_name [ (column_name [ ,…] ) ]
AS select_statement
```

① view_name 是需要修改视图的名称，它必须是一个已存在于数据库中的视图名称，此名称在修改视图操作中是不能改变的。

② column_name 是需要修改视图中的列名，这部分内容可以根据需要修改。

③ select_statement 是定义视图的 SELECT 语句，这是修改视图定义的主要内容。修改视图的绝大部分操作就在于修改定义视图的 SELECT 语句。

（2）删除视图

当一个视图基于的基本表或视图不存在时，这个视图不再可用，但这个视图的数据库还存在着。删除视图是指将视图从数据库中去除，数据库中不再存储这个对象，基本语法结构如下，其中，view_name 是需要删除视图的名称，当一次删除多个视图时，视图名之间用逗号隔开。

```
DROP VIEW view_name [ ,…n]
```

（3）查询视图

视图的重要作用就是简化查询。为复杂的查询建立一个视图，用户不必键入复杂的查询语句，只需针对视图做简单的查询即可。查询视图的操作与查询基本表一样，基本语法结构如下：

```
SELECT 目标列表达式 [ ,目标列表达式…]
FROM   view_name
[WHERE 条件]
```

（4）操作视图

基本表的操作包括查询、插入、修改与删除，视图同样可以进行这些操作，并且所使用的插入、修改、删除命令的语法格式与表的操作完全一样。其语法格式如下所示。

① 添加视图中的数据：

```
INSERT[into] view_name [ (column_name [,…] ) ]
VALUES(column_values1,column_values2,…)
```

② 修改视图中的数据：

```
UPDATE view_name
SET column_name 1 = 变量 |表达式 [ ,column_name 2 = 变量 |表达式…]
[WHERE 条件]
```

③ 删除视图中的数据：

```
DELETE [from] view_name
[WHERE 条件]
```

17.2　实战训练

【实战训练 17 – 1】使用 SSMS 创建视图 view1_student_info，要求能够显示学生学号、姓名、课程编号和期末成绩。

任务实施：

视图 view1_student_info 需要从两个表中提取数据，分别为成绩表 Score 和学生信息表 Student。

① 启动对象资源管理器，选中学生选课管理数据库"SCC"中的"视图"节点，单击鼠标右键，在弹出的快捷菜单中选择"新建视图"命令，如图 17 – 1 所示。

② 在弹出的"添加表"对话框中选择成绩表"Score"及学生表"Student"选项，单击"添加"按钮，如图 17 – 2 所示。

图 17 - 1　选择"新建视图"命令

图 17 - 2　添加表

③ 选择两张表中要提取的列，分别为 Student 中的学号、姓名，以及 Score 中的课程编号、期末成绩。学生表 Student 和成绩表 Score 通过 Sno 学号列关联，所以使用该字段作为连接条件，即"Score. Sno = Student. Sno"，如图 17 - 3 所示。

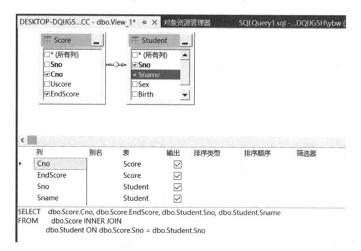

图 17 - 3　选择列并设置连接条件

④ 单击工具栏中的"查询设计器"按钮，在下拉菜单中选择"执行 SQL"命令，或按 Ctrl + R 组合键执行查询，查询结果如图 17 - 4 所示。

⑤ 单击工具栏中的"保存"按钮，在弹出的对话框中输入视图名称，单击"确定"按钮即可，如图 17 - 5 所示。

Cno	EndScore	Sno	Sname
c001	72.5	s013180403	陈小虹
c007	86.0	s013180403	陈小虹
c006	64.0	s014190301	江萍
c008	56.0	s014190301	江萍
c009	98.5	s014190412	张芬

图 17 - 4　查询结果

图 17 - 5　输入视图名称

⑥ 查看视图，启动对象资源管理器，逐层展开到数据库学生选课管理"SCC"中的"视图"节点，单击"视图"前的"+"，使其展开，在 dbo. view1_student_info 位置单击鼠标右键，在弹出的快捷菜单中选择"属性"命令，如图 17-6 所示，打开"视图属性-view1_student_info"界面即可。

图 17-6　查看视图属性

【实战训练 17-2】使用 SSMS 修改所创建的视图 view1_student_info，要求能够显示学生学号、姓名、性别，并按学号升序排列。

任务实施：

① 启动对象资源管理器，逐层展开到学生选课管理"SCC"数据库中的"视图"节点，在 dbo. view1_student_info 位置单击鼠标右键，在弹出的快捷菜单中选择"设计"命令，打开修改视图界面。在分数表"Score"处单击鼠标右键，在弹出的快捷菜单中选择"删除"命令，如图 17-7 所示。

图 17-7　选择删除命令

② 选中学生信息表"Student"中的"性别"列的复选框，在"网格"窗格中设置"Sno"列的"排序类型"为"升序"。单击工具栏中的"查询设计器"按钮，在下拉菜单中选择"执行 SQL"命令，结果如图 17-8 所示。

图 17 – 8   修改视图对话框及执行结果

③ 单击工具栏中的"保存"按钮，保存修改后的视图。

【实战训练 17 – 3】使用 SQL 语句创建的视图 view2_student_woman，要求筛选出性别为女生的学生信息。

任务实施：

① 在 SSMS 新建查询界面中，录入创建视图的 SQL 语句如下：

```
CREATE VIEW view2_student_woman
AS
SELECT *
FROM Student
WHERE Sex ='女'
Go
```

② 使用 SELECT 语句查看新建视图中的数据，如图 17 – 9 所示。

```
SELECT *
FROM view2_student_woman
```

	Sno	Sname	Sex	Birth	ClassNo
1	s012190205	王兰	女	2001-12-01 00:00:00.000	0121902
2	s013180403	陈小虹	女	1999-03-27 00:00:00.000	0131804
3	s014190301	江萍	女	1999-05-04 00:00:00.000	0141903
4	s014190412	张芬	女	1999-05-24 00:00:00.000	0141904
5	s021180119	林芳	女	2000-09-08 00:00:00.000	0211801
6	s031180205	马丽	女	1999-04-10 00:00:00.000	0311802
7	s032190124	李春梅	女	1999-05-09 00:00:00.000	0321901
8	s041180210	行璐	女	1999-10-12 00:00:00.000	0411802
9	s102190208	王玉	女	1999-10-15 00:00:00.000	1021902

图 17 – 9   创建女生信息视图

【**实战训练 17 – 4**】使用 SQL 语句创建的视图 view2_student_info，要求能够显示学生学号、姓名、课程编号、课程名称、期末成绩，并使用视图输出上述信息。

任务实施：

① 在 SSMS 新建查询界面中，录入创建视图的 SQL 语句如下：

```
CREATE VIEW view2_student_info
AS
SELECT Student.Sno, Sname, Course.Cno, Cname, EndScore
FROM   Course INNER JOIN Score ON Course.Cno = Score.Cno
       INNER JOIN Student ON Score.Sno = Student.Sno
Go
```

② 使用 SELECT 语句查看新建视图中的数据，结果如图 17 – 10 所示。

```
SELECT *
FROM view2_student_info
```

	Sno	Sname	Cno	Cname	Endscore
1	s011180106	陈骏	c001	数据库应用	92.0
2	s011180106	陈骏	c003	计算机应用基础	45.0
3	s011180208	王强	c001	数据库应用	51.5
4	s011180208	王强	c002	软件工程	NULL
5	s011180208	王强	c004	数据库原理	86.0
6	s012190205	王兰	c005	网页制作	54.0

图 17 – 10　创建学生选课视图结果

说明：

• 视图 view2_student_info 的属性列中包含了 Student 表和 Score 表中的同名列 Sno，以及 Score 表和 Course 表中的同名列 Cno，通常选择主表中的列。

• 在查询中，多张表中出现同名列，必须在该列前添加表名前缀，如 Student. Sno。

【**实战训练 17 – 5**】使用 SQL 语句查询学生成绩视图 view2_student_info 中成绩不及格的学生信息。

任务实施：

在 SSMS 新建查询界面中，录入 SQL 语句，查询结果如图 17 – 11 所示。

```
SELECT *
FROM view2_student_info
WHERE endscore < 60
Go
```

图 17 – 11　查询视图结果

【**实战训练 17 – 6**】使用 SQL 语句，在视图 view2_student_woman 中插入一条学生信息，学号：s011180199，姓名：严晓燕，性别：女，出生日期：2001 – 11 – 11，班级编号：0121902。

任务实施：

① 在 SSMS 新建查询界面中，录入 SQL 语句如下：

```
INSERT INTO view2_student_woman
VALUES('s011180199','严晓燕','女','2001 -11 -11','0121902')
GO
```

② 使用 SELECT 语句查看视图中的数据，如图 17 – 12 所示。

```
SELECT *
FROM view2_student_woman
```

图 17 – 12　在视图中插入数据显示结果

说明：

● 使用 INSERT 语句进行插入操作的视图必须能够在其基表中插入数据，否则插入操作会发生失败。由于视图是不实际存储数据的虚表，因此对视图的更新最终要转换为对表的更新。

● 如果视图中没有包括基表中所有属性为 NOT NULL 的列，那么插入操作会由于那些列的 NULL 值而失败。

● 如果视图中包含统计函数的结果，或者包含多个基表列值的组合，则插入操作会失败。

【**实战训练 17 – 7**】使用 SQL 语句，通过视图 view2_student_woman 修改学生"严晓燕"

的信息，将其学号修改为"s01111111"。

任务实施：

① 在 SSMS 新建查询界面中，录入 SQL 语句如下：

```
UPDATE view2_student_woman
SET Sno = 's01111111'
WHERE Sname = '严晓燕'
Go
```

② 使用 SELECT 语句查看视图中的数据，如图 17 – 13 所示。

```
SELECT *
FROM view2_student_woman
```

说明：

● 为了验证对视图的修改是否影响基本表的数据，可以在"对象资源管理器"中展开"表"，选择 Student 表，右击选择"编辑前 200 行"，查看 Student 表的数据即可。

● 通过对比图 17 – 13 和 Student 表的数据可以发现，对视图的修改转化为了基本表数据的更新。

	Sno	Sname	Sex	Birth	ClassNo
1	s01111111	严晓燕	女	2001-11-11 00:00:00.000	0121902
2	s012190205	王兰	女	2001-12-01 00:00:00.000	0121902
3	s013180403	陈小虹	女	1999-03-27 00:00:00.000	0131804
4	s014190301	江萍	女	1999-05-04 00:00:00.000	0141903
5	s014190412	张芬	女	1999-05-24 00:00:00.000	0141904
6	s021180119	林芳	女	2000-09-08 00:00:00.000	0211801

图 17 – 13　查看 Student 表中的数据

17.3　拓展训练

【拓展训练 17 – 1】使用 SQL 语句创建的视图 Goods_con_woman，要求筛选出性别为"女"的客户信息。

【拓展训练 17 – 2】使用 SSMS 创建视图 Goods_view1，显示客户编号、姓名、收货地址、订单编号、销售数量。

【拓展训练 17 – 3】使用 SQL 语句创建视图 Goods_view2，显示顾客反馈为好评的商品信息，即显示商品编号、商品名称、品牌、商品表述、反馈评论。

【拓展训练 17 – 4】使用 SQL 语句修改视图 Goods_con_woman 中陈梅的信息，将地址修改为"西安市鄠邑区国防学院"。

【拓展训练 17 – 5】使用 SSMS 查看 Goods_view2 的属性，并删除此视图。

任务 18　创建与管理索引

大家都有过网购、订票、信息查询的经历，通常这些需要检索的数据全都存放在数据库里。随着大数据时代的到来，数据量增多，数据库大型化，如何能快速查询到所需的信息，成为用户最为关心的问题。如果在双 11 购物或春节回家购票时，需要等待很长时间才能出结果，相信多数人对此都不满意。因此，高效的查询是数据库设计的关键性问题，而索引能够优化查询响应，大大提高数据库查询速度以及数据处理速度。

18.1　知识准备

1. 索引概述

在关系数据库中，索引是一种可以加快数据检索速度的数据结构，主要用于提高数据库查询数据的性能。表的索引类似于图书的目录。在图书中，目录能帮助读者无需阅读全书就可以快速地查找到所需的信息。目录就是书中内容和相应页码的清单。在数据库中，索引允许数据库程序迅速地找到表中的数据，而不必扫描整个表。索引就是表中数据和相应存储位置的列表，可以大大减少数据库管理系统查找数据的时间。

要提高查询数据的速度，必须对表中的记录按照查询字段的大小进行排序。对表中的记录按照一个（或多个）字段的值的大小建立逻辑顺序的方法就是创建索引。一般在基本表上建立一个或多个索引，能够提供多种存取路径，快速定位数据的存储位置。

在 SQL Server 数据库中，一个表的存储是由数据页和索引页两部分组成。数据页用来存放表中各列数据；索引页则从索引码开始，包含组成特定索引的列中的数据。索引就在索引页面上，是一个单独的、物理的数据库结构，它是某个表中一列或若干列的值的集合和相应指向表中物理标识这些值的数据页的逻辑指针清单，如表 18 – 1 所示。通常，索引页面的数据量相对于数据页面来说小得多。当进行数据检索时，系统先搜索索引页面，从索引项中找到所需数据的指针，再直接通过指针从数据页面中读取数据。

表 18 –1　索引项的构成

	学生信息表					学号索引表	
	学号	姓名	性别	出生日期	班级编号	索引码	指针
1	s011180106	陈骏	男	2000 – 07 – 05	0111801	1001	3
2	s011180208	王强	男	2000 – 02 – 25	0111802	1002	5
3	s012190118	陈天明	男	2000 – 07 – 18	0121901	1003	1
4	s012190205	王兰	女	2001 – 12 – 01	0121902	1004	2
5	s013180302	叶毅	男	1991 – 01 – 20	0131803	1005	6
6	s013180403	陈小虹	女	1999 – 03 – 27	0131804	1006	4
	数据页					索引页	

索引一旦创建，将由数据库自动管理和维护。例如，在向表中插入、更新或者删除一条记录时，数据库会自动在索引中做出相应的修改。在编写 SQL 查询语句时，具有索引的表与不具有索引的表没有任何区别。索引可提供一种快速访问指定记录的方法。

（1）索引的优缺点

使用索引进行数据检索具有以下优点：

① 加快数据检索速度。表中创建了索引的列可以立即响应查询，因为在查询时数据库会首先搜索索引项，找到要查询的值，然后按照索引中的位置确定表中的行，从而缩短查询时间；而未创建索引的列在查询时就需要等待很长时间，因为数据库会按照表的顺序进行搜索。

② 加快表与表之间的连接速度。如果从多个表中检索数据，而每个表中都有索引列，则数据库可以通过直接搜索各表的索引列找到需要的数据。这样不但加快了表间的连接速度，也加快了表间的查询速度。

③ 保证数据记录的唯一性。唯一性索引的创建可以保证表中的数据记录不重复。

④ 在使用 ORDER BY 和 GROUP BY 子句检索数据时，可以显著减少查询中分组和排序的时间。如果对表中的列创建索引，在使用 ORDER BY 和 GROUP BY 子句对数据进行检索时，其执行速度将大大提高。

虽然索引具有诸多优点，但是应避免在一个表上创建大量的索引，因为索引同时具有许多不利因素，主要体现在以下几点：

① 创建索引和维护索引需要耗费时间，这种时间随着数据量的增加而增加。

② 除了数据表占用数据空间之外，每一个索引还要占一定的物理空间。如果需要建立聚集索引，那么需要的空间就会更大。

③ 对表中数据进行插入、删除、修改操作时，索引也要动态地维护，而调整索引会降低系统的维护速度。

（2）索引的分类

SQL Server 中的索引按组织方式可以分为聚集索引和非聚集索引。

① 聚集索引能够对表中的数据行进行物理排序，数据记录按聚集索引键的次序存储，因此聚集索引对查找记录很有效，非常适合范围搜索。当建立主键约束时，如果表中没有聚集索引，SQL Server 会将主键列作为聚集索引（也是唯一索引）。一个表只能有一个聚集索引。

② 非聚集索引不改变表中数据行的物理存储顺序，数据与索引分开存储。在非聚集索引中，仅包含索引值和指向数据行的指针。非聚集索引通过索引带有的指针与表中的数据发生联系。非聚集索引只是记录指向表中行位置的指针，这些指针本身有序。通过这些指针可以在表中快速地定位数据。为一个表建立索引，默认都是非聚集索引。一个表最多可以建立249 个非聚集索引。

聚集索引和非聚集索引都可以创建唯一索引和复合索引。创建唯一索引，SQL Server 可确保被索引的列不存在重复值（包含 NULL 值）；复合索引是根据表中两列或者多列的组合建立的索引。

2. 创建索引的基本语法

使用 T - SQL 语句的 CREATE INDEX 语句可以创建索引，语法格式如下：

```
CREATE[unique] [ clustered |nonclustered ] INDEX index_name
ON {table |view} (column [asc |desc] [,…n])
[on filegroup]
```

（1）参数说明

① Unique：表示创建一个唯一索引，即索引项对应的值无重复值。在列包含重复值时不能创建唯一索引。如果使用此项，就应确定索引包含的列不允许为 Null 值。

② Clustered |Nonclustered：指明是创建聚集索引还是非聚集索引，前者表示创建聚集索引，后者表示创建非聚集索引。如果此选项缺省，则系统默认创建非聚集索引。

③ Index_name：指明索引名。索引名在一个表中必须唯一，但在数据库中不必唯一。

④ Table |View：指定创建索引的表或视图的名称。

⑤ Column [,…n]：指定建立索引的字段，参数 n 表示可以为索引指定多个字段。如果使用两个或两个以上的列组成一个索引，就称为复合索引。

⑥ Asc |Desc：指定索引列的排序方式是升序还是降序，默认值为升序（Asc）。

⑦ On Filegroup：指定保存索引文件的数据库文件组名称。

（2）索引使用原则

在 SQL Server 中，使用索引应注意以下原则：

① 索引是非显示的，查询时自动调用。

② 创建主键时，自动创建聚集索引。

③ 创建唯一约束时，自动创建唯一性非聚集索引。

④ 可以创建多列索引，以提高基于多列数据查询数据的速度。

⑤ 如果创建索引时未指定索引类型，默认为非聚集索引。

⑥ 多记录行数据表适合创建索引，几乎无数据的表不适合创建索引。

⑦ 常用查询字段（如姓名）应创建索引，域小字段（如性别）不应创建索引。

⑧ 用于聚合函数的列、GROUP BY 分组字段的列、ORDER BY 排序字段的列，适合创建索引。

3. 管理索引的基本语法

（1）分析索引

① 指明引用索引。

```
SELECT 字段列表
FROM 表名
WITH (INDEX(索引名))
WHERE 查询条件
```

如果不用 WITH 子句指明引用索引，就使用唯一的聚集索引查询。

② 使用 SHOWPLAN_ ALL 分析索引。

建立索引的目的就是希望提高 SQL Server 查询数据的速度。SQL Server 提供了多种分析索引和查询性能的方法。显示查询计划就是 SQL Server 将显示在查询的过程中连接表时执行的每个步骤，以及是否选择及选择了哪个索引，从而帮助我们分析有哪些索引被系统采用。

在查询语句中设置 Showplan_all 选项，可以选择是否让 SQL Server 显示查询计划。设置是否显示查询计划的命令如下。

```
SET SHOWPLAN_ALL ON | OFFF
```

或

```
SET SHOWPLAN_TEXT ON | OFF
```

（2）维护索引

如果对索引所基于的表 INSERT、UPDATE 和 DELETE 频繁操作，那么随着时间的推移，索引的效率可能会变得越来越低，此时就需要重建索引，其格式如下：

```
ALTER INDEX 用户名.索引名 rebuild
ALTER INDEX 索引名 monitoring usage //如何标识索引的使用情况
```

维护索引的常用方法包括以下 4 种：第一，在重建索引时能修改索引的一些存储参数；第二，在大规模装入数据之前，为了避免索引段的自动扩展，可以使用命令手工地分配磁盘空间；第三，当索引段中的磁盘空间没有时，可以使用命令来回收这些空间；第四，可以使用命令来合并碎片。

（3）修改索引

当索引不满足需求时，可以修改索引，其语法格式如下，此处 object_type 取值为 index。

```
SP_RENAME [@objname = ] 'object_type', [@newname = ] 'new_name',[,[@objtype = ] 'object_type']
```

（4）重命名索引

使用 T – SQL 语句的 SP_RENAME 命令重命名索引，其格式如下：
EXEC SP_RENAME 'table_name. old_index_name', 'new_index_name'

（5）查看索引

使用 T – SQL 语句的 SP_HELPINDEX 命令重命名索引，其格式如下：

```
SP_HELPINDEX [@objname = ] 'name'
```

（6）删除索引

当一个索引不再需要时，可以将其从数据库中删除，以回收它当前使用的存储空间，便于数据库中的其他对象使用此空间。使用 T – SQL 语句的 DROP INDEX 命令删除索引，其格式如下：

```
DROP INDEX 'table.index | view_index'[,…n]
```

18.2 实战训练

【实战训练 18 – 1】使用 SSMS 在 Student 表上为"学号"字段添加唯一的聚集索引，将该索引命名为 ix_student，升序排列。

任务实施：

① 启动 SSMS 图形化界面，在"对象资源管理器"中依次展开各节点到数据库"SCC"下的"表"节点。

② 展开 Student 表节点，在"索引"节点上单击鼠标右键，在快捷菜单选择"新建索引"中的"聚集索引"命令，如图 18 - 1 所示。

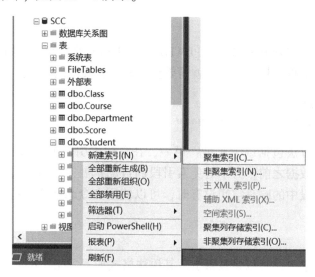

图 18 - 1　新建索引

③ 在打开的"新建索引"对话框中输入索引名称 index_student_sno，在"索引类型"选项区勾选"唯一"复选框，如图 18 - 2 所示。

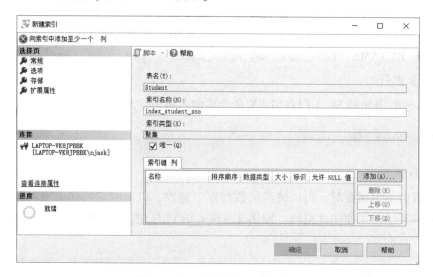

图 18 - 2　"新建索引"对话框

④ 单击"添加"按钮，在弹出的"从"dbo. Student"中选择列"对话框中选择"Sno"列，如图 18 - 3 所示，单击"确定"按钮。

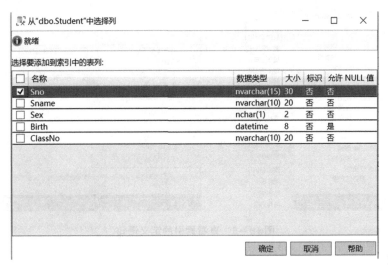

图 18 - 3   添加索引列

⑤ 返回到"新建索引"对话框，其中"排序顺序"列用于设置索引的排列顺序，默认为升序，如图 18 - 4 所示。

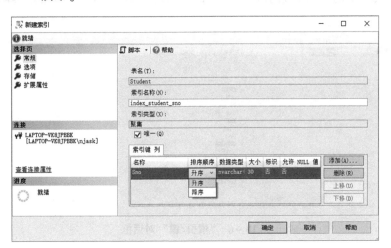

图 18 - 4   设置索引排序顺序

⑥ 单击"确定"按钮，完成索引的创建过程。

提示：在 SSMS "对象资源管理器"中，展开"数据库"→"表"→dbo. Student→"索引"项，用鼠标右键单击某个索引名称，选择"编写索引脚本为"→"CREATE 到"→"新查询编辑器窗口"命令，就可以查看到索引的定义语句，如图 18 -5 所示。

【实战训练 18 -2】 使用 SSMS 在 Student 表上为"Birth"字段添加索引，将该索引命名为 ix_birth。

任务分析：

由于 Student 表中的"出生日期"字段值可能会相同，因此应该建立非唯一索引。通常将主键列作为聚集索引列，而"出生日期"列并非主键，所以建议将其创建为非聚集索引，索引名定义为 ix_birth。

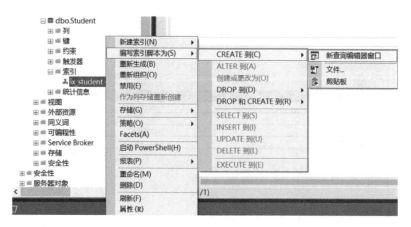

图 18 - 5　查看索引的定义语句

任务实施：

① 在 SSMS "对象资源管理器" 中，展开数据库 "SCC" 中的 "表" 节点。

② 用鼠标右键单击 Student 表，在弹出的快捷菜单中选择 "设计" 命令。

③ 单击工具栏上的 "管理索引和键" 按钮，出现 "索引/键" 对话框，如图 18 - 6 所示。

图 18 - 6　"索引/键" 对话框

④ 单击 "添加" 按钮，在 "名称" 编辑框中为索引命名，这里输入 ix_birth，如图 18 - 7 所示。

图 18 - 7　索引命名

⑤ 单击"列名"编辑框右边的 ∨ 按钮，出现图 18 – 8 所示的对话框。

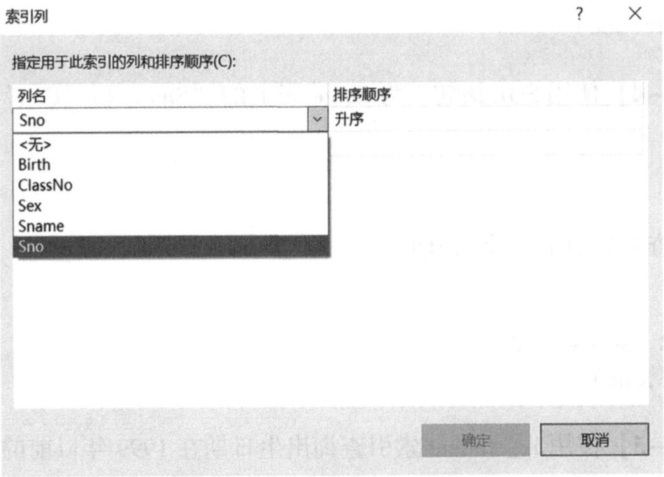

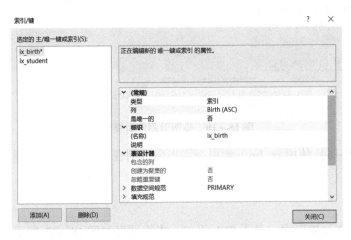

图 18 – 8 "索引列"对话框

⑥ 在"列名"中选择"Birth"；在"排列顺序"中选择索引排序规则，可以是升序或降序，这里选择升序，单击"确认"按钮。其中"是唯一的"项用于设置是否创建唯一索引，因为这里是创建非唯一索引，所以保持默认值"否"，设置完成后的效果如图 18 – 9 所示。

图 18 – 9 设置完成后的索引

⑦ 单击"关闭"按钮，并单击 SSMS 工具栏中的"保存"按钮。

提示： "索引列"对话框中的"列名"可以选择一列或者多列，如果只选择一列，为单一索引；如果选择了多列，为复合索引。

【实战训练 18 – 3】使用 SQL 语句，为 Department 表上的"Dno"列创建唯一聚集索引，命名为 ix_Dno。

任务实施：

在 SSMS 新建查询界面中，录入 SQL 语句。

```
USE SCC
CREATE unique  clustered  INDEX ix_Dno
ON Department(Dno)
```

【实战训练 18 – 4】使用 SQL 语句，为 Score 表上的"Sno"和"Cno"列创建复合索引，命名为 Score_ind。

任务实施：

在 SSMS 新建查询界面中，录入 SQL 语句。

```
USE SCC
CREATE INDEX  Score_ind
ON Score(Sno,Cno)
```

【实战训练 18 – 5】使用 ix_student 索引查询出生日期在 1999 年以前的学生。

任务实施：

在 SSMS 新建查询界面中，录入 SQL 语句，查询结果如图 18 – 10 所示。

```
SELECT *
FROM Student
WITH (INDEX(ix_student))
WHERE Birth <'1999 –1 –1'
```

	Sno	Sname	Sex	Birth	ClassNo
1	s013180302	叶毅	男	1991-01-20 00:00:00.000	0131803

图 18 – 10　指明引用索引查询

【实战训练 18 – 6】使用 ix_brith 索引查询出生日期在 1999 年以前的学生，并分析哪些索引被系统采用。

任务实施：

在 SSMS 新建查询界面中，录入 SQL 语句，查询结果如图 18 – 11 所示。

```
SET SHOWPLAN_ALL ON
GO
SELECT *
FROM Student
WITH (INDEX(ix_birth))
WHERE Birth <'1999 –1 –1'
GO
SET SHOWPLAN_ALL OFF
GO
```

结果　消息

	StmtText	StmtId	NodeId	Parent	PhysicalOp	LogicalOp	Argument
1	select * from student with (index(ix_brith...	1	1	0	NULL	NULL	1
2	|--Nested Loops(Inner Join, OUTER REFERENC...	1	2	1	Nested Loops	Inner Join	OUTER REFERENCES:([SCC].[dbo].[Student].[Sno])
3	|--Index Seek(OBJECT:([SCC].[dbo].[St...	1	3	2	Index Seek	Index Seek	OBJECT:([SCC].[dbo].[Student].[IX_brith]), SEE...
4	|--Clustered Index Seek(OBJECT:([SCC]...	1	5	2	Clustered Index Seek	Clustered Index Seek	OBJECT:([SCC].[dbo].[Student].[ix_student]), S...

图 18－11　显示查询分析索引

18.3　拓展训练

【拓展训练 18－1】 在订单表的“商品 ID”列上创建一个非聚集索引，索引名为 ix_goods。

【拓展训练 18－2】 在客户表的“账号”和“姓名”列上创建一个复合索引，索引名为 acc_name。

【拓展训练 18－3】 把客户表的索引 acc_name 重命名为 ix_acc_name。

【拓展训练 18－4】 使用 ix_acc_name 查询“李丽”的客户信息，并分析索引。

单元测试

一、选择题

1. 数据库中只存放视图的（　　）。

   A. 操作　　B. 对应数据　　C. 定义　　D. 限制

2. 下面关于视图的表述中，不正确的是（　　）。

   A. 视图是外模式　　B. 视图是虚表

   C. 使用视图可以加快查询语句的执行速度　　D. 使用视图可以简化查询语句的编写

3. 视图是从一个表或者多个表导出的（　　）。

   A. 基表　　B. 虚表　　C. 索引　　D. 记录

4. 对于视图的数据源，描述不正确的是（　　）。

   A. 视图中的数据允许来源于一个或多个表。

   B. 如果视图中的列直接来源于表的某列，可以直接使用数据源表的列名或数据类型。

   C. 如果视图的列来源于表的列表达式，则有必要对表达式定义别名，数据类型就是表达式结果的数据类型。

   D. 视图中的数据允许来源于其他数据库的表。

5. 下列关于视图的说法中错误的是（　　）。

   A. 视图是从一个或多个基本表导出的表，它是虚表。

   B. 视图不能被用来对无权用户屏蔽数据。

   C. 视图一经定义就可以和基本表一样被查询和更新。

   D. 视图可以用来定义新的视图。

6. 如果数据表中记录的物理存储顺序与索引的顺序一致，则称此索引为（　　）。

   A. 唯一索引　　B. 聚集索引　　C. 非唯一索引　　D. 非聚集索引

7. 表的主键也是表的（　　）。

   A. 非唯一索引　　B. 聚集索引　　C. 非聚集索引　　D. 唯一索引

8. 下列对于索引的描述，正确的是（　　　）。

   A. 索引用 CREATE VIEW 语句创建。　　　B. 索引用 DROP VIEW 语句创建。

   C. 索引是描述表中记录存储位置的指针。　　D. 一个表只允许有一个索引。

9. 下面对索引的相关描述正确的是（　　　）。

   A. 经常被查询的列不适合建立索引。　　　B. 值域很小的字段不适合建立索引。

   C. 有很多重复的列适合建立索引。　　　　D. 是外键或主键的列不适合建立索引。

10. 为了使索引键的值在基本表中唯一，在建立索引的语句中应使用保留字（　　　）。

   A. unique　　　　　B. index　　　　　C. union　　　　　D. distinct

二、填空题

1. 在 SQL Server 中，_____可以大大简化数据查询操作；_____则可以加快数据的查询与处理速度。

2. 使用_____语句进行插入操作的视图必须能够在其基本表中插入数据，否则插入操作会发生失败。

3. SQL Server 中的索引按组织方式可以分为_____和_____。

4. _____指明创建的索引为聚集索引。使用_____命令可以删除表中指定的索引。

第六单元
数据库编程

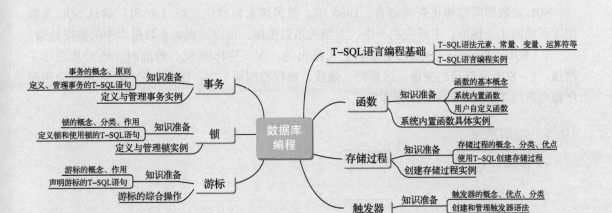

本单元知识要点思维导图

本单元将利用 T－SQL 与流程控制语句进行数据库的编程。与其他程序设计语言类似，数据库编程主要讨论的内容为 T－SQL 语言编程基础、函数、存储过程、触发器、游标、锁和事务。T－SQL 语言编程基础还将介绍标识符、变量、运算符与表达式、批处理、流程控制语句等内容。

学习目标

1. 了解 T－SQL 编程基础。
2. 熟悉系统内置函数与用户自定义函数。
3. 掌握创建、执行、修改与删除存储过程。
4. 掌握定义、修改与删除触发器。
5. 掌握创建和使用游标。
6. 掌握锁和事务的用途。

任务 19 T-SQL 语言编程基础

SQL 是数据库结构化查询语言。1986 年，美国国家标准化组织（ANSI）确认 SQL 为数据库系统的工业标准，主要应用于中、大型关系数据库，可以实现关系数据库中的数据检索。

T-SQL（Transact-SQL）是微软公司提出的，在支持标准 SQL 的同时，还对其进行了增强。T-SQL 有自己的变量、运算符、函数、流程控制语句等，使用数据库的客户或应用程序都是通过 T-SQL 来操作数据库的。

19.1 知识准备

1. 标识符与注释

（1）标识符

标识符用来标识服务器、数据库和数据库对象（例如，表、视图、索引、触发器、过程、约束、规则等）。SQL Server 的标识符有两种：常规标识符和分隔标识符。

① 常规标识符。第一个字符必须是下列字符之一：26 个大小写英文字母（a-z、A-Z），以及其他语言字母字符，还可以是下划线（_）、@ 或#。常规标识符中不允许嵌入空格或其他特殊字符。

② 分隔标识符。用双引号""或者方括号［］分隔标识符。对不符合常规标识符定义的标识符，如 A B，因为 A 和 B 之间有空格，所以不能作为标识符，必须用双引号""或方括号［］分隔标识符，即［A B]，才可以作为标识符。

（2）注释

注释中包含对 SQL 代码解释说明性文字，这些文字可以插入单独行中，嵌套在 SQL 命令行的结尾或嵌套在 SQL 命令中。服务器不会执行注释，仅可增强代码的可读性和清晰度，增强编程人员之间的沟通，提高工作效率。T-SQL 语句支持以下两种类型的注释。

① 多行注释。作用于某一代码块，使用斜杠星号"/*…*/"将注释括起来，编译器将忽略从"/*"开始后面的所有内容，直到遇到"*/"为止。例如，/*陕西国防工业职业技术学院，SQL Server 2016 数据库应用课程*/。

② 单行注释。以两个减号字符"--"开始，作用范围是从注释符号开始到一行结束。例如，-- 解释该语句内容。

2. 常量与变量

（1）常量

常量也被称为字面值或标量值，是标识一个特定值的符号，在程序运行过程中保持不变的量。根据常量值的不同类型，常量分为字符串常量、整型常量、货币型常量、日期时间常量、全局唯一标识常量等。常量的格式取决于它所表示的值的数据类型。如表 19-1 所示。

表 19 – 1 SQL 常量类型表

数据类型	说明	例如
整型常量	没有小数点和指数 E	15、– 25、365
实型常量	带小数点的常数； 带指数 E 的常数	11.5、– 15.5 + 174E – 2、– 27E3
字符串常量	单引号引起来	'数据库' 'database'
日期时间常量	单引号将表示日期时间的字符串引起来	'20201010' '20 – 10 – 10'
双字节字符串	前缀 N 必须是大写，单引号引起来	N '学生'
货币型常量	精确数值型数据，以 $ 作为前缀	$ 50、$ 47.5
全局唯一标识常量	可以使用字符（用单引号引起来）或十六进制格式（前缀 0x）指定	0x5F5617FF8B68D011B42D00C1 3FC953FF

（2）变量

变量是对应于内存中的一段内存区域，变量必须具有名称和数据类型两个重要属性，变量的值在程序执行过程中可以发生变化。在 SQL Server 2016 中，每个列、局部变量、表达式和参数都具有一个相关的数据类型。变量可分为局部变量和全局变量。

1）局部变量

用户自己定义的变量称为局部变量，局部变量是用于保存特定类型的单个数据值的变量。一般用于批处理、存储过程或触发器。

① 局部变量的定义：局部变量必须先定义后使用。使用 DECLARE 语句定义局部变量，内容包括局部变量名、数据类型和长度，声明后的局部变量初值为 NULL（空），其语法格式如下：

```
DECLARE @ variable_name  data_type [,variable_name data_type]…
```

说明：

- variable_name：变量名称，且名称的第一个字符必须是 @ 。
- data_type：数据类型，用于定义局部变量的类型，可为系统类型或自定义类型。
- 可以在一个 DECLARE 语句中声明多个变量，多个变量之间使用逗号分隔开。

② 局部变量的赋值：局部变量声明后，系统将其初始值设为 NULL，可用 SET 或 SELECT 语句给其赋值。

用 SET 语句赋值，其语法格式如下：

```
SET @ variable_name = expression
```

说明：

- variable_name：可以是系统提供的数据类型，也可以是用户定义的数据类型，但不能把局部变量指定为 text、ntext、image 类型。
- expression：是任何有效的 SQL Server 表达式。
- SET 语句一次只能给一个局部变量赋值。

- 用 SELECT 语句赋值，其语法格式如下：

```
SELECT {@ variable_name = expression } [,…n]
```

说明：

- variable_name：可以是系统提供的数据类型，也可以是用户定义的数据类型，但不能把局部变量指定为 text、ntext、image 类型。
- expression：是任何有效的 SQL Server 表达式。
- n：可以同时给多个局部变量赋值。
- 局部变量必须在同一个批处理或过程中被声明或使用。

2）全局变量

全局变量是由系统声明和维护的变量，是用于记录服务器活动状态的数据。全局变量名由@@符号开始。用户不能建立全局变量，也不可能使用 SET 语句去修改全局变量的值，其语法格式如下：

```
@ @ variable_name
```

全局变量分为两种类型：一类是与 SQL Server 连接有关的全局变量，另一类是与系统内部信息有关的全局变量。SQL Server 提供了 30 多个全局变量，表 19 – 2 介绍了几种常用的全局变量。

表 19 – 2　SQL 常用的全局变量

名称	说明
@ @ servername	返回运行 SQL Server 本地服务器的名称
@ @ rowcount	返回受上一语句影响的行数，任何不返回行的语句将这一变量设置为 0
@ @ error	返回最后执行 T – SQL 语句的错误代码，没有错误则为 0
@ @ version	显示 SQL Server 服务器的版本
@ @ connections	记录最近一次服务器启动以来，针对服务器进行的连接数目
@ @ trancount	显示 SQL Server 服务器的版本
@ @ cursor_rows	返回在本次服务器连接中，打开游标取出数据行的数目
@ @ fetch_status	返回上一次游标 fetch 操作所返回的状态值，若成功，则该变量值为 0
@ @ identity	返回最近一次 SQL 语句所影响的数据行数
@ @ language	返回当前 SQL Server 服务器的语言

3. 运算符与表达式

SQL Server 2016 提供的常用运算符有：算术运算符、赋值运算符、位运算符、比较运算符、逻辑运算符、字符串连接运算符和复合运算符等，通过运算符连接运算值构成表达式。

（1）算术运算符

算术运算符用来对两个数字数据类型的表达式执行数学运算，具体包括 + （加）、 – （减）、 * （乘）、/（除）和% （取模）5 类运算。加、减运算符也可用于对日期型数据进行运算，还可对数字字符数据与数值类型数据进行运算。

（2）赋值运算符

赋值运算符即为"＝"，能够将数据值指派给特定对象。

（3）位运算符

位运算符在两个表达式之间执行位操作，这两个表达式的类型可为整型或与整型兼容的数据类型，如表 19 - 3 所示。

表 19 - 3　位运算符表

运算符	运算规则
~（按位求反）	将右侧的位值取反，即将 0 转 1，将 1 转 0
&（按位与）	当左右两个位值均为 1 时，结果才为 1，否则为 0
｜（按位或）	左右两个位值只要有一个为 1，结果就为 1，否则为 0
^（按位异或）	左右两个位值不同时，结果为 1；左右两个位值相同时，结果为 0

（4）比较运算符

比较运算符（又称为关系运算符）用于对两个相同类型表达式的顺序、大小相同与否进行比较，如表 19 - 4 所示。出现比较运算符连接的表达式称为"关系表达式"，关系表达式的结果只能为"true（真）"或"false（假）"。在比较运算符两端，可以是数值表达式，也可以是字符串表达式，但类型必须一致，否则将提示错误信息。原则上，数值表达式可以参与任何一种比较运算，字符串表达式只能参与"等于"和"不等于"的运算。

比较表达式主要用于 IF 语句和 WHILE 语句的条件、WHERE 子句和 HAVING 子句的条件。

表 19 - 4　比较运算符表

运算符	说明
＝（等于）	数值（字符串）表达式 ＝ 数值（字符串）表达式
＞（大于）	数值表达式 ＞ 数值表达式
＜（小于）	数值表达式 ＜ 数值表达式
＞ ＝（大于等于）	数值表达式 ＞ ＝ 数值表达式
＜ ＝（小于等于）	数值表达式 ＜ ＝ 数值表达式
＜ ＞、！ ＝（不等于）	数值（字符串）表达式 ＜ ＞/！ ＝ 数值（字符串）表达式
！ ＜（不小于）	数值表达式！ ＜数值表达式
！ ＞（不大于）	数值表达式！ ＞数值表达式

比较运算符的使用如下：

```
-- 比较数值大小
IF 50 > 10
  PRINT '50 > 10 正确！'
ELSE
PRINT '50 > 10 错误！'
```

```
-- 比较字符串顺序
IF 'asd' > 'abd'
   PRINT 'asd > abd 正确!'
ELSE
PRINT 'asd > abd 错误!'

-- 比较日期顺序
IF getdate() > '2010 -10 -10'
   PRINT 'yes!'
ELSE
PRINT 'no!'
```

（5）逻辑运算符

逻辑运算符用于对某个条件进行测试，以获得其真实情况。逻辑运算符和比较运算符一样，返回带有 true（真）、false（假）或 unknown（未知）的布尔数据类型，如表 19 – 5 所示。逻辑表达式常用于 IF 语句和 WHILE 语句的条件、WHERE 子句和 HAVING 子句的条件。

表 19 – 5　逻辑运算符表

运算符	运算规则
all	如果一组的比较都为 true，那么结果就为 true
and	如果两个布尔表达式都为 true，那么结果就为 true
any	如果一组的比较中任何一个为 true，那么结果就为 true
or	如果布尔表达式中有一个为 true，那么结果就为 true
not	对任何其他布尔运算符的值取反
between	如果操作数在某个范围内，那么结果就为 true
exists	如果子查询包含一些行，那么结果就为 true
in	如果操作数等于表达式列表中的一个，那么结果就为 true
like	如果操作数与一种模式相匹配，那么结果就为 true
some	如果在一组比较中有些为 true，那么结果就为 true

（6）字符串连接运算符

"＋"不仅可以作为两个算术表达式相加的算术运算符，而且可以将两个或更多的字符串表达式按顺序组合为一个字符串。由"＋"连接的字符串称为"字符串串联表达式"。一个字符串串联表达式可以嵌套在另一个字符串串联表达式中参与运算，其运算结果也是字符数据类型。

例如，'人事部主任：' ＋ '张三' 的结果就是 '人事部主任：张三'。

（7）复合运算符

复合运算符执行一些运算并将原始值设置为运算的结果，如表 19 – 6 所示。

表 19 – 6　复合运算符表

运算符	运算规则
+ = （加等于）	将原始值加上某个数，并将这个新值设为结果
– = （减等于）	将原始值减去某个数，并将这个新值设为结果
* = （乘等于）	将原始值乘以某个数，并将这个新值设为结果
/ = （除等于）	将原始值除以某个数，并将这个新值设为结果
% = （取模等于）	将原始值除以某个数，并将这个新值的余数设为结果
& = （位与等于）	将原始值执行位与运算，并将这个新值设为结果
^ = （位异或等于）	将原始值执行位异或运算，并将这个新值设为结果
｜ = （位或等于）	将原始值执行位或运算，并将这个新值设为结果

（8）运算符的优先级

当一个复杂的表达式有多个运算符时，运算符优先级决定执行运算的先后次序。如果一个表达式中的两个运算符有相同的运算符优先级，则按从左向右的顺序进行求值。运算符优先级从高到低，如表 19 – 7 所示。

表 19 – 7　运算符优先级表

优先级	运算符
1 （一元运算）	+ （正）、– （负）、~ （按位 not）
2 （乘除模）	* （乘）、/ （除）、% （取模）
3 （加减串联）	+ （加法）、+ （串连接符）、– （减法）
4 （比较运算）	=、>、<、> =、< =、! =、< >
5 （位运算）	^ （位异或）、& （位与）、｜ （位或）
6 （逻辑非）	not
7 （逻辑与）	and
8 （逻辑或等）	or 、all、any、between、in、like、some
9 （赋值）	=

4. 批处理与流程控制语句

（1）批处理

批处理简称批（Batch），是脚本文件中的一段 SQL 语句集，这些语句一起提交并作为一个组来执行。批结束的符号是 GO 命令。由于批中的多个语句是一起提交给 SQL Server 的，所以可以节省系统开销。

如果一个批处理中的某条 SQL 语句存在语法错误，则整个批处理都无法通过编译。如果一个批处理中的某条 SQL 语句在运行时发生错误，则在默认情况下，已经运行的 SQL 语句已经生效，而其后的语句通常不会被执行。

除了 CREATE DATABASE （创建数据库）、CREATE TABLE （创建表）和 CREATE INDEX （创建索引）之外的其他大多数的 CREATE 语句要单独作为一个批，具体包括以下几种情况：

① CREATE DEFAULT（创建默认值）、CREATE PROCEDURE（创建存储过程）、CREATE RULE（创建规则）、CREATE TRIGGER（创建触发器）、CREATE FUNCTION（创建函数）、CREATE SCHEMA（创建架构）和 CREATE VIEW（创建视图）语句不能在批处理中与其他语句组合使用。

② 不能在同一个批处理中更改表结构，然后引用新的表结构。

（2）流程控制语句

通过使用流程控制语句，用户可以完成功能较为复杂的操作，并且使程序获得更好的逻辑性和结构性，可以实现程序的 3 种基本结构：顺序结构、条件结构和循环结构。SQL Server 中提供的主要流程控制语句如下：

① BEGIN…END 语句：用于将一系列的 SQL 语句合并为一组语句，当需要同时执行两条以上的语句时，可以使用 BEGIN…END 语句将这些语句包含在内形成一个语句块，作为一个整体来执行。通常该语句可以嵌套在其他语句中，如条件分支语句、循环语句中，其语法格式如下：

```
BEGIN
{
  sql_statement1  --SQL 语句
  sql_statement2
...
}
END
```

说明：

语句块中的语句可以是单个的 SQL 语句，也可以是用 BEGIN…END 定义的语句块。

② IF…ELSE 语句：该语句用于设计条件分支流程。其功能是如果条件表达式成立（为真），则执行语句 1 或语句块 1，否则执行语句 2 或语句块 2。语句块由多个 SQL 语句构成，要用 BEGIN…END 将 SQL 语句括起来。在省略 ELSE 部分的情况下，当逻辑表达式不成立（为假）时，执行语句 1 或语句块 1 下面的 SQL 语句。其语法格式如下：

```
IF expression   --条件表达式
  {sql_statement1 |statement_block1}
[ELSE
  {sql_statement2 |statement_block 2}]
```

③ PRINT 语句：PRINT 语句用于显示字符类数据类型的内容，其他数据类型则必须进行数据类型转换后再在 PRINT 语句中使用。PRINT 语句通常用于测试运行结果，其语法格式如下：

```
PRINT string_expression
```

④ WHILE、BREAK 和 CONTINUE 语句：while 语句可以在满足条件的情况下重复执行循环体内的语句，在循环体内部可以使用 CONTINUE、BREAK 语句对循环进行控制，其语法格式

式如下：

```
WHILE expression    --条件表达式
BEGIN
  statement_block1
  [BREAK]
  statement_block2
  [CONTINUE]
  statement_block3
END
```

说明：

● WHILE 语句，当条件表达式为真时，执行循环体，直到条件表达式为假。

● BREAK 语句，一般用在循环语句中，当程序中有多层循环嵌套时，使用 break 语句只能退出其所在的这一层循环。

● CONTINUE 语句，一般用在循环语句中，结束本次循环，重新转到下一次循环条件的判断。

● BREAK、CONTINUE 语句位于复合语句内，为可选项。

⑤ CASE 语句：CASE 语句用于计算多个条件并为每个条件返回单个值，以简化 SQL 语句格式。CASE 语句不同于其他 SQL 语句，不能作为独立的语句来执行，而需要作为其他语句的一部分来执行。

```
CASE input_expression
WHEN expression1 THEN result_expression1 --条件表达式与结果表达式
WHEN expression2 THEN result_expression2
...
ELSE result_expression_n
END
```

将表达式与每个条件依次进行比较，如果遇到表达式与条件相匹配时，停止比较，并且返回满足条件的 WHEN 子句所对应的结果表达式。如果表达式与所有的条件都不匹配时，则返回 ELSE 子句中的结果表达式。如果不存在 ELSE 子句，则返回 NULL 值。

⑥ RETURN 语句：RETURN 语句实现无条件退出执行批处理命令、存储过程或触发器。RETURN 语句可以返回一个整数给调用它的过程或应用程序，其语法格式如下。其中 integer_expression 是将整数型表达式的值返回，存储过程可以给调用过程或应用程序返回整数型值。

```
RETURN [integer_expression]
```

⑦ GOTO 语句：GOTO 语句是无条件转移语句，是可以将程序无条件转去执行标号所在行的语句。标号必须符合标示符的定义，通常放在一个语句的前面。标号由标识符与冒号组成。其语法格式如下：

```
GOTO  label
```

⑧ WAITFOR 语句：WAITFOR 语句指定触发语句块、存储过程或事务执行的时间、时间间隔或事件。其语法格式如下：

```
WAITFOR
{
  delay 'time_to_pass'
  |time 'time_to_execute'
}
```

说明：

- delay 表示继续执行批处理、存储过程或事务之前需等待。
- 'time_to_pass' 表示等待的时段。
- time 'time_to_execute' 表示指定运行批处理、存储过程或事务的时间。

19.2 实战训练

【实战训练 19 – 1】 位运算符使用示例。

任务实施：

在 SSMS 新建查询界面中，录入 SQL 语句，执行结果如图 19 – 1 所示。

```
SELECT  8 & 15
SELECT  8 | 15
SELECT  8 ^15
```

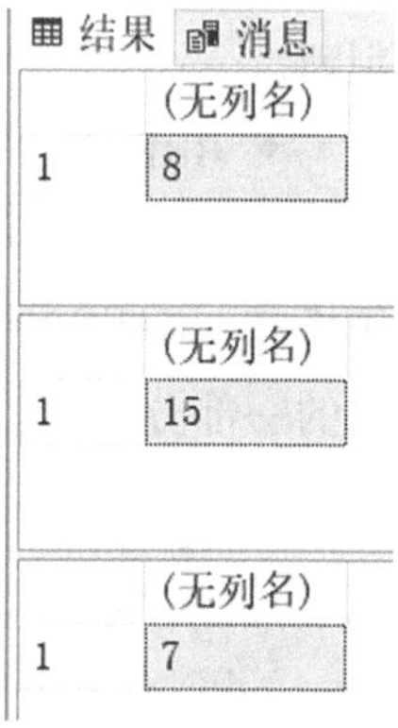

图 19 – 1 位运算符执行结果

【实战训练 19 – 2】 num1 和 num2 为两个整数型，其值分别为 60 和 95，编程显示两个数中较小的那个数。

任务实施：

在 SSMS 新建查询界面中，录入 SQL 语句，执行结果如图 19 – 2 所示。

图 19 – 2 显示两个数中较小的一个

```
DECLARE @ num1 int, @ num2 int
SET @ num1 = 60
SET @ num2 = 95
IF(@ num1 < @ num2)
  PRINT @ num1
ELSE
  PRINT @ num2
```

【实战训练 19 – 3】 查询比网络 3181 班所有学生的年龄都要小的学生学号、姓名、出生日期。

任务分析:

可以用子查询先查找到网络3181班所有学生的出生日期,然后再查找大于网络3181班所有学生的出生日期的最小日期。

任务实施:

在SSMS新建查询界面中,录入SQL语句,执行结果如图19-3所示。

```
SELECT Sno, Sname, Birth
FROM Student
WHERE Birth > all
(
SELECT Birth
FROM Student
WHERE Cno = '0111801'
)
```

	Sno	Sname	Birth
1	s01111111	严晓燕	2001-11-11 00:00:00.000
2	s0121901 sname陈天明		2000-07-18 00:00:00.000
3	s012190205	王兰	2001-12-01 00:00:00.000
4	s021180119	林芳	2000-09-08 00:00:00.000
5	s031180107	张军	2000-11-02 00:00:00.000
6	s041180126	赵江涛	2001-01-02 00:00:00.000
7	s051180104	于志伟	2001-02-02 00:00:00.000
8	s052190101	靳东	2000-08-19 00:00:00.000

图19-3 执行结果

【实战训练19-4】计算 $1+2+3+4+\cdots+500$ 的和,并显示计算结果。

任务分析:

首先定义2个局部变量@i和@sum,两者均为整型数。其中@i为计数单元,@sum用来存放运算结果。需要给局部变量赋值,@i初值为1,@sum初值为0。该题需要使用循环,循环终止条件为@i>500。

	题目最终结果为
1	125250

任务实施:

在SSMS新建查询界面中,录入SQL语句,执行结果如图19-4所示。

图19-4 求和的执行结果

```
DECLARE @ i int, @ sum int
 SET @ i = 1
 SET @ sum = 0
 WHILE @ i < =500
   BEGIN
     SET @ sum = @ sum + @ i
     SET @ i = @ i +1
   END
 SELECT '题目最终结果为' = @ sum
```

【实战训练 19 - 5】查询成绩高于"林芳"的最低成绩的学生姓名、课程编号、期末成绩。

任务实施：

在 SSMS 新建查询界面中，录入 SQL 语句，执行结果如图 19 - 5 所示。

```
SELECT DISTINCT Sname, Cno, Endscore
FROM Student
JOIN Score ON Student.Sno = Score.Sno
WHERE Endscore > any
(
    SELECT Endscore
    FROM Student, Score
    WHERE Student.Sno = Score.Sno and Sname ='林芳'
) and Sname < >'林芳'
```

	Sname	Cno	Endscore
1	陈栋	c010	90.5
2	陈栋	c018	88.5
3	陈骏	c001	92.0
4	陈小虹	c001	72.5
5	陈小虹	c007	86.0
6	江萍	c006	64.0
7	李春梅	c011	98.5
8	李春梅	c017	77.5
9	马丽	c011	98.5
10	马丽	c017	78.5

图 19 - 5　执行结果

【实战训练 19 - 6】在 SCC 数据库中，显示 Course 表中有多少种课程。

任务分析：

统计 Course 表中有多少种课程，就是对 Cname 列消除重复值后进行统计。统计需要使用函数 Count( )，括号内为要统计的列名 Cname，使用 DISTINCT 函数消除重复值，表示为 Count (DISTINCT Cname)。如果使用 Print 语句显示结果，则需先将统计结果转为字符型数据。

任务实施：

在 SSMS 新建查询界面中，录入 SQL 语句，执行结果如图 19 - 6 所示。

消息
在 Course 表中有 20 种课程

图 19 - 6　显示统计课程种类

```
DECLARE @ kind int
SELECT @ kind =(SELECT Count(DISTINCT Cname)
FROM Course)
PRINT'在 Course 表中有 '+Convert(Char(5),@ kind) + '种课程'
```

【实战训练 19 - 7】如果"林芳"的期末成绩高于 90 分，显示"成绩优秀"，否则显示"成绩良好"。

任务实施：

在 SSMS 新建查询界面中，录入 SQL 语句，执行结果如图 19 - 7所示。

	(无列名)
1	成绩良好

图 19 - 7　执行结果

```
DECLARE @ text Char(20)
SET @ text = '成绩良好'
IF
(   SELECT Avg(Endscore)
    FROM Score, Student
    WHERE Score.Sno = Student.Sno and Sname = '林芳'
```

```
) > =90
BEGIN
   SET @ text = '成绩优秀'
   SELECT @ text
END
ELSE
SELECT @ text
```

说明：

如果条件表达式中含有 SELECT 语句，必须用小括号将 SELECT 语句括起来。

【实战训练 19 -8】 显示 1 ~100 之间能被 8 整除的数以及它们的和。

任务实施：

在 SSMS 新建查询界面中，录入 SQL 语句，执行结果如图 19 -8 所示。

```
DECLARE @ i int, @ sum int
SET @ i =1
SET @ sum =0
WHILE @ i < =100
  BEGIN
IF @ i% 8 =0
  BEGIN
SET @ sum =@ sum + @ i
PRINT @ i
      END
SET @ i =@ i +1
  END
PRINT'1 ~100 之间能被 8 整除的数之和为:' + Str(@ sum) --使用 Str()函数转换数据类型
```

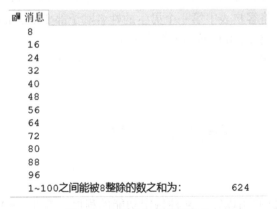

```
消息
8
16
24
32
40
48
56
64
72
80
88
96
1~100之间能被8整除的数之和为:          624
```

图 19 -8　显示相应的数及和

【实战训练 19 -9】 使用 GOTO 计算 8 的阶乘。

任务实施：

在 SSMS 新建查询界面中，录入 SQL 语句，执行
结果如图 19 -9 所示。

```
消息
8的阶乘为:          40320
```

图 19 -9　显示 8 的阶乘

```
DECLARE @ t int, @ i int
SET @ t = 1
SET @ i = 8
SQL_LABEL:
  SET @ t = @ t * @ i
  SET @ i = @ i - 1
  IF @ i > 1
    GOTO SQL_LABEL
  ELSE
    BEGIN
      PRINT '8 的阶乘为:' + Str(@ t)
    END
```

【实战训练 19 – 10】 在时间为 11:30:00 时执行查询命令。

任务实施:

在 SSMS 新建查询界面中, 录入 SQL 语句。

```
WAITFOR time '11:30:00'
USE SCC
GO
SELECT *
FROM Student
```

19.3 拓展训练

【拓展训练 19 – 1】 查询比商品类别 b001 都要贵的商品名称、品牌及价格。

【拓展训练 19 – 2】 查看商品表的所有记录, 并利用@ @ rowcount 统计记录数。

【拓展训练 19 – 3】 将客户表中第一个男生的姓名赋予部变量 name3。

【拓展训练 19 – 4】 用 WHILE 循环语句求 10!。

【拓展训练 19 – 5】 用循环语句编写 s = 2 + 4 + 6 + 8 程序。

任务 20 函数

　　函数是 T – SQL 提供的用以完成某种特定功能的程序。在 T – SQL 编程语言中, 函数可分为系统内置函数和用户定义函数。系统内置函数是 SQL Server 自带的, 可以直接使用, 包括常用的聚合函数、数学函数、字符串函数、日期时间函数等。用户定义函数是用户根据需要在数据库中自己定义的函数, 是由一个或多个 T – SQL 语句组成的子程序, 可以反复调用。

20.1 知识准备

1. 系统内置函数

（1）聚合函数

聚合函数对一组数据执行计算并返回单一的值。除 COUNT 函数之外，聚合函数忽略空值。聚合函数经常与 SELECT 语句的 GROUP BY 子句一同使用，常用的聚合函数如表 20 – 1 所示。聚合函数只能在 SELECT 语句的选择列表（子查询或外查询）、HAVING 子句中作为表达式使用。

表 20 – 1　常用的聚合函数

函数	功能描述
Avg	计算一组数据的平均值
Count	返回组中项目的数量
Max	返回表达式的最大值
Min	返回表达式的最小值
Sum	返回表达式中所有值的和，只能用于数字列，空值将被忽略
Checksum	返回按照表的某一行或一组表达式计算出来的校验和值
Stdev	返回给定表达式中所有值的统计标准偏差

（2）数学函数

数学函数用于对数值表达式进行数学运算并返回运算结果，组成数值表达式的数据类型有 decimal、integer、float、real 、money 、smallint 和 tinyint。下面介绍几个常用的数学函数，如表 20 – 2 所示。

表 20 – 2　常用的数学函数

函数	功能描述
Abs（数值表达式）	返回给定数值表达式的绝对值
Round（数值表达式，长度）	返回数值表达式并四舍五入为指定的长度或精度，其中长度必须是 tinyint、smallint 或 int 类型。当长度为正数时，四舍五入为长度指定的小数位数；当长度为负数时，则按长度指定的在小数点的左侧四舍五入
Rand（整型表达式）	返回 0—1 的随机 float 值，整数型表达式需要给出种子值或起始值，数据类型为 tinyint、smallint 或 int
Sqrt（表达式）	返回给定表达式的平方根
Ceiling（数值表达式）	返回大于或等于给定数值表达式的最小整数值
Floor（数值表达式）	返回小于或等于给定数值表达式的最大整数值
Sign（数值表达式）	判断相应数值表达式的正负属性

（3）日期和时间函数

日期和时间函数可对日期和时间输入值执行操作，返回一个字符串、数字或日期和时间值，表20 – 3 中列出了常用日期函数，表20 – 4 给出了日期元素缩写与取值范围。

表 20 – 3　常用日期函数

函数	功能描述
Dateadd（日期元素、数值、日期）	在向指定日期上加上一段时间的基础上，返回新的日期值
Datediff（日期元素、起始日期、终止）	返回跨两个指定日期的日期和时间边界数
Datename（日期元素、日期）	返回代表指定日期的部分字符串
Datepart（日期元素、日期）	返回代表指定日期的部分整数
Getdate（　　）	返回当前系统日期和时间
Year（日期）	返回表示指定日期年份的整数
Month（日期）	返回表示指定日期月份的整数
Day（日期）	返回表示指定日期天的整数
Getutcdate（　　）	返回表示当前 UTC 时间的 datetime 值

表 20 – 4　日期元素缩写与取值范围

日期元素	缩写	取值	日期元素	缩写	取值
year	yy	1753—9999	hour	hh	0—23
month	mm	1—12	minute	mi	0—59
day	dd	1—31	quarter	qq	1—4
dayofyear	dy	1—366	second	ss	0—59
week	wk	0—52	millisecond	ms	0—99

（4）字符串函数

字符串函数用于对字符串进行连接、截取等操作，表20 – 5 列出了常用的字符串函数及其功能。

表 20 – 5　常用的字符串函数及其功能

函数	功能描述
Ascii（字符表达式）	返回字符表达式最左边字符的 ASCII 码
Char（整型表达式）	将 int ASCII 代码转换为字符的字符串函数
Space（整形表达式）	返回由重复的空格组成的字符串
Len（字符表达式）	返回给定字符表达式的字符个数，不包含尾随空格
Right（字符串，整数）	返回从字符串右边开始指定个数的字符
Left（字符串，整数）	返回从字符串左边开始指定个数的字符
Substring（字符表达式，起始点，n）	返回字符串表达式从"起始点"开始的 n 个字符
Str（浮点表达式 [，总长度 [，小数点右边的位数]]）	返回由数字数据转换来的字符数据
Ltrim（字符串）	删除字符串左边的空格
Rtrim（字符串）	删除字符串右边的空格

（续）

函数	功能描述
Lower（字符表达式）	将大写字符数据转换为小写字符数据后，返回字符表达式
Upper（字符表达式）	将小写字符数据转换为大写字符数据后，返回字符表达式
Reverse（字符表达式）	返回字符表达式的逆序
Stuff（字符表达式 1，start，length，字符表达式 2）	删除指定长度的字符，并在指定的起始点插入另一组字符

2. 用户自定义函数

根据用户自定义函数的返回值，可以把用户自定义函数分为标量函数及表值函数。根据函数主体的定义方式，表值函数可分为内嵌表值函数及多语句表值函数。

如果 RETURNS 子句指定了一种标量数据类型，则函数为标量函数。可以使用多条 T - SQL语句定义标量值函数。如果 RETURNS 子句指定 table，则函数为表值函数。

（1）标量函数

如果用户定义函数的返回值为标量值，那么该函数称为标量函数。

① 定义标量函数的语法格式如下：

```
CREATEFUNCTION [owner_name.] function_name   --函数名部分
([{@ parameter_name [as]  scalar_parameter_data_type [ =default]} [,‥n]])
                                             --形参定义部分
RETURNS scalar_return_data_type   --返回值类型
[as]
BEGIN
  function_body          --函数体部分
  return scalar_expression    --返回语句
END
```

说明：

● owner_name：数据库所有者名。

● function_name：用户定义函数名。函数名必须符合标识符的规则，对其所有者来说，该名在数据库中必须是唯一的。

● @ parameter_name：用户定义函数的形参名。可以声明一个或多个参数，用@ 符号作为第一个字符来指定形参名，每个函数的参数局部于该函数。

● scalar_parameter_data_type：参数的数据类型。可为系统支持的基本标量类型，不能为 timestamp 类型、用户定义数据类型、非标量类型（如 cursor 和 table）。

● scalar_return_data_type：返回值类型，可以是 SQL Server 支持的基本标量类型，但 text、ntext、image 和 timestamp 除外。函数返回 scalar_expression 表达式的值。

● function_body：由 T - SQL 语句序列构成的函数体。

② 调用标量函数。当调用用户定义的标量函数时，必须提供至少由两部分组成的名称（所有者名．函数名）。可用以下两种方式调用标量函数。

- 利用 SELECT 语句调用，其语法格式如下，实参可为已赋值的局部变量或表达式。

  所有者.函数名(实参1, …, 实参n)

- 利用 EXECUTE 语句调用，其语法格式如下，前者实参顺序应与函数定义的形参顺序一致，后者参数顺序可以与函数定义的形参顺序不一致。

  所有者.函数名　实参1, …, 实参n

  或

  所有者.函数名　形参名1＝实参1,…;形参名n＝实参n

（2）表值函数

1）定义内嵌表值函数

语法格式如下：

```
CREATE FUNCTION  [owner_name.] function_name            --定义函数名部分
(parameter_name   scalar_parameter_data_type  [, … n]])   --形参定义部分
RETURNS TABLE                                          --返回值为表类型
AS RETURN
SELECT 语句                                    --通过 SELECT 语句返回内嵌表
```

RETURN 子句仅包含关键字 TABLE，表示此函数返回一个表。内嵌表值函数的函数体仅有一个 RETURN 语句，并通过 SELECT 语句返回内嵌表值。语法格式中的其他参数项同标量函数的定义。

2）定义多语句表值函数

语法格式如下：

```
CREATE FUNCTION [owner_name.] function_name
(@parameter_name scalar_parameter_data_type [,…n])
RETURNS @局部变量 TABLE <返回表的定义>
AS
BEGIN
    函数体
    RETURN
END
```

3）调用表值函数

表值函数只能通过 SELECT 语句调用。表值函数调用时，可以仅使用函数名。

（3）删除用户定义函数

其语法格式如下：

```
DROP FUNCTION {[owner_name.] function_name}  [, … n]
```

说明:

- owner_name:指所有者名。
- function_name:指要删除的用户定义的函数名称。
- n:表示可以指定多个用户定义的函数予以删除。

20.2 实战训练

【实战训练 20 – 1】查询 Score 成绩表中的选课人次、期末成绩最高分和最低分。

任务实施:

在 SSMS 新建查询界面中,录入 SQL 语句,聚合函数运行结果如图 20 – 1 所示。

```
USE SCC
SELECT Count(Sno) 选课人次,Max(ENDSCORE) 期末成绩最高分,Min(ENDSCORE)期末成绩最
    低分
FROM Score
```

图 20 – 1 聚合函数运行结果

【实战训练 20 – 2】字符串函数的应用实例。

任务实施:

在 SSMS 新建查询界面中,录入 SQL 语句,运行结果如图 20 – 2 所示。

```
SELECT * FROM Student WHERE Left(Sname,1) ='李'    --显示学生表中所有姓"李"的学生
SELECT Charindex('应用','计算机应用基础')            --指出"应用"2 字在"计算机应用
                                                    基础"中的位置
SELECT Len('SHAANXI INSTITUTE OF TECHNOLOGY')      --计算"SHAANXI INSTITUTE OF
                                                    TECHNOLOGY"的长度
SELECT Stuff('例题',2,1,Space(4))                   --把字符串"例题"中间的一个空格
                                                    转换为 4 个空格
SELECT Replicate('数据库应用',2)                     --将字符串"数据库应用"重复两遍
```

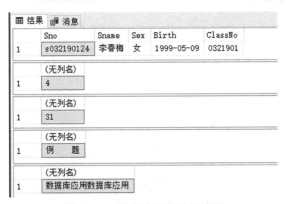

图 20 – 2 字符串函数运行结果

【实战训练 20 - 3】日期和时间函数的应用实例。

任务实施：

在 SSMS 新建查询界面中，录入 SQL 语句，运行结果如图 20 - 3 所示。

```
SELECT Getdate()                                 --显示当前系统日期和时间
SELECT Datepart(year,Getdate())                  --显示系统当前的年份
SELECT Datename(day,Getdate())                    --返回代表指定日期的指定日期部分的
                                                    字符串
SELECT Datediff(yy,'2011 -11 -11',Getdate())    --使用日期函数计算 2011 - 11 - 11
                                                    至现在有多少年
```

▦ 结果	📄 消息

	(无列名)
1	2020-11-11 09:26:30.413

	(无列名)
1	2020

	(无列名)
1	11

	(无列名)
1	9

图 20 - 3   日期函数运行结果

【实战训练 20 - 4】返回 1.00 ~ 4.00 之间的数字的平方根。

任务实施：

在 SSMS 新建查询界面中，录入 SQL 语句，运行结果如图 20 - 4 所示。

```
DECLARE @ sv float
SET @ sv = 1.00
WHILE @ sv < 4.00
BEGIN
  SELECT Sqrt(@ sv)
  SELECT @ sv = @ sv +1
END
```

▦ 结果	📄 消息

	(无列名)
1	1

	(无列名)
1	1.4142135623731

	(无列名)
1	1.73205080756888

图 20 - 4   数字平方根运行结果

【实战训练 20 - 5】在数据库中创建名为 CalNum_5 的用户定义函数，使新学分在原有基础上减 1，并绑定在 Course 表上。

任务实施：

① 创建名为 CalNum_5 的用户定义函数。

② 在 Course 表中新增名为 renum_5 的列，并与用户函数进行绑定。

③ 进行测试，在查询窗口执行查询语句检查结果，如图 20 - 5 所示。

```
CREATE FUNCTION CalNum_5                     --名称
    (@ X decimal(6,0))                       --参数
RETURNS decimal(6,0)
AS
BEGIN
RETURN (@ X -1)                              --变量名
END
GO
ALTER TABLE Course
ADD renum_5 AS dbo.CalNum_5(credit)
GO
SELECT  renum_5,credit
FROM Course
```

	renum_5	credit
1	3	4.0
2	3	4.0
3	3	4.0
4	1	1.5
5	3	4.0
6	1	1.5
7	3	4.0
8	3	4.0
9	1	2.0
10	3	4.0

图 20 - 5　标量函数
运行结果

【实战训练 20 - 6】在数据库中创建用户自定义函数 SearchXueFen3，并利用该函数查询学分大于 2 分的课程信息。

任务实施：

① 创建名为 SearchXueFen3 的用户定义函数。

② 创建@ xuefen 为使用函数时输入的参数，创建@ xuefeninfo 为局部变量，存放该函数返回的表，并进行该表的定义。

③ 进行函数执行的部分，即生成表的部分，定义返回大于参数值的课程信息。

④ 进行测试，用该函数查询学分大于 2 分的课程信息，如图 20 - 6 所示。

```
CREATE FUNCTION SearchXueFen3(@ xuefen numeric(5,2))
RETURNS @ xuefeninfo table
(
Cno nvarchar(50),
Cname nvarchar(50),
Teacher nvarchar(50),
Credit numeric(5,2)
)
AS
BEGIN
  INSERT @ xuefeninfo
  SELECT Cno,Cname,Teacher,Credit
  FROM Course
```

```
WHERE Credit > @ xuefen
   RETURN
END
GO
SELECT * FROM SearchXueFen3(2)
```

	Cno	Cname	Teacher	Credit
4	c005	网页制作	王芳	4.00
5	c007	Windows操作...	肖童	4.00
6	c008	Linux操作系统	林凯	4.00
7	c010	机械设计	李磊	4.00
8	c011	数控加工	王乐	4.00
9	c012	工程造价	刘武	4.00
10	c014	汽车营销	李彩梅	4.00
11	c016	蒙元帝国史	张锦涛	4.00
12	c017	文学赏析	刘丽	4.00
13	c019	音乐欣赏	常宏	4.00

图 20 - 6 表值函数运行结果

【实战训练 20 - 7】 使用 SSMS 修改函数 SearchXueFen3，将查询大于某学分的课程信息改为查询小于某学分的课程信息。

① 启动对象资源管理器，依次展开 "数据库" → "SCC" → "可编程性" → "函数" → "表值函数" 节点，右击 "dbo. SearchXueFen3"，选择 "修改" 命令，如图 20 - 7 所示。

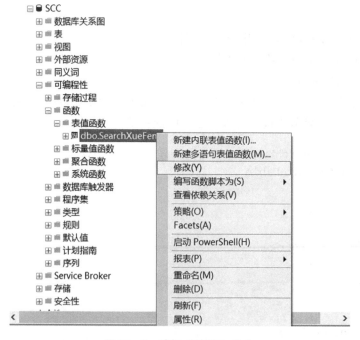

图 20 - 7 选择 "修改" 命令

② 在打开的 SQL 代码窗口中修改函数，如图 20 – 8 所示。

```
USE [SCC]
GO
/****** Object:  UserDefinedFunction [dbo].[SearchXueFen3]
SET ANSI_NULLS ON
GO
SET QUOTED_IDENTIFIER ON
GO
ALTER FUNCTION [dbo].[SearchXueFen3](@xuefen numeric(5,2))
RETURNS @xuefeninfo table
(
Cno nvarchar(50),
Cname nvarchar(50),
Teacher nvarchar(50),
Credit numeric(5,2)
)
AS
BEGIN
 INSERT @xuefeninfo
 SELECT Cno, Cname, Teacher, Credit
 FROM Course
 WHERE Credit @xuefen
 RETURN
END
```

图 20 – 8　修改函数

20.3　拓展训练

【拓展训练 20 – 1】 使用系统函数查询商品表中商品的数量、最高单价与最低单价。

【拓展训练 20 – 2】 使用系统函数查询客户表中"陈梅"的账户密码的长度。

【拓展训练 20 – 3】 使用系统函数输出系统当前月份。

【拓展训练 20 – 4】 自定义函数 Search_price，并利用该函数查询商品单价大于 10 元的商品信息，只需包含商品 ID、名称、品牌、单价和描述。

【拓展训练 20 – 5】 自定义函数 Employee_com，根据输入的客户编号查询客户编号、账户、姓名、性别、商品编号及评价结果。

任务 21　存储过程

存储过程是利用 SQL 语句和流程控制语句编写的预编译程序，存储在数据库内，可以被客户端应用程序调用，并允许数据以参数形式在存储过程和应用程序间传递。使用存储过程可以提高工作效率，减少数据在网络上的传输量。在 SQL Server 中可以自定义存储过程，也可以使用系统内置的存储过程。

21.1　知识准备

1. 存储过程的概念、分类、优点

（1）存储过程的概念

存储过程是数据库中的一个重要对象，是 SQL Server 为了实现特定任务，将一些需要多

次调用的固定操作语句编写成的程序段。这些程序段存储在数据库服务器上，由子程序来调用，可以接受输入参数、输出参数，返回单个或多个结果集。存储过程存储在数据库中，一次编译可以多次执行。在存储过程中可以声明变量、执行条件判断语句等其他程序内容。

（2）存储过程的分类

存储过程分为系统存储过程、扩展存储过程和用户自定义存储过程。

1）系统存储过程

系统存储过程是由 SQL Server 提供的存储过程，在 master 数据库中创建并存储，可以作为命令执行各种操作，主要用来从系统表中获取信息，为系统管理员管理 SQL Server 提供帮助，为用户查看数据库对象提供方便。用户可从任何数据库中执行系统存储过程，而无需使用 master 数据库来限定该存储过程的名称。系统存储过程以"sp_"或"xp_"开头。

SQL Server 2016 服务器中，许多的管理工作都是通过执行系统存储过程来完成的。一些系统存储过程只能由系统管理员使用，而有些系统存储过程则通过授权可以被其他用户所使用。例如，系统存储过程 SP_RENAME 可以用来更改当前数据库中用户创建对象的名称。

2）扩展存储过程

扩展存储过程是指在 SQL Server 2016 环境之外，使用编程语言创建的动态链接库（Dynamic Link Libraries，DLL）。扩展存储过程可以加载到 SQL Server 2016 实例运行的地址空间中执行。对用户而言，扩展存储过程和普通存储过程一样，可以用相同的方式来执行。

3）用户自定义存储过程

自定义存储过程由用户编写，是指为了实现某一特定业务需求创建的可重用代码段模块。用户自定义存储过程可以接受输入参数、向客户端返回结果和信息、返回输出参数等。

（3）存储过程的优点

① 存储过程只在创建时编译，以后每次执行时不需要重新编译，可以加快系统运行速度。

② 使用存储过程可以完成所有的数据库操作，可以封装复杂的数据库操作，简化操作流程。例如，对多个表的更新、删除等。

③ 存储过程可以增强代码的安全性，对于用户不能直接操作存储过程中引用的对象，SQL Server 2016 可以设定用户对指定存储过程的执行权限，确保数据库安全；并且存储过程的定义文本可以被加密，使用户不能查看其内容。

④ 存储过程的代码直接存放于数据库服务器中，通过存储过程名直接调用，并在服务器端运行，执行速度快，且在客户端与服务器的通信过程中，不会产生大量的 T–SQL 代码流量。

⑤ 存储过程可以在 SQL Server 启动时自动执行，而不必在系统启动后再进行手工操作。可以自动完成一些需要预先执行的任务。

2. 创建不带参数存储过程

在 SQL Server 2016 中，可以使用 T–SQL 语句或 SSMS 创建存储过程。

（1）使用 CREATE PROCEDURE 语句创建不带参数存储过程

语法格式如下：

```
CREATE PROC[EDURE]
存储过程名 [;number]
AS T-SQL 语句
```

说明：

① 存储过程名称前添加"#"或"##"前缀表示创建临时存储过程。其中"#"为前缀，表示本地临时存储过程；"##"为前缀，表示全局临时存储过程。SQL Server 关闭后，这些临时存储过程将消失。

② number：用于对同名的存储过程分组。

③ T-SQL 语句：存储过程中要包含的一个或多个 T-SQL 语句。

提示：在实际应用程序中，存储过程可能会包含较为复杂的业务逻辑语句。例如，多表查询，指定条件的查询更新，数据插入、更新或删除后再次执行查询等。当语句逻辑较为复杂时，可以把 SQL 语句放入 BEGIN END 代码块内。

(2) 使用图形工具创建存储过程

使用 Microsoft SQL Server Management Studio（SSMS）创建存储过程的操作步骤如下：

步骤 1：启动 SSMS，展开"数据库"→"SCC"→"可编程性"节点，右键单击"存储过程"，在弹出的菜单中选择"新建""存储过程"命令，打开存储过程创建模板，如图 21-1 所示。

步骤 2：在打开的 sql 模板文件中，修改要创建的存储过程名称、参数等，并在 BEGIN END 代码块中添加需要的 SQL 语句，然后保存，即可完成存储过程的创建。

提示：使用 SSMS 工具可对存储过程进行删除、执行、重命名等操作。具体步骤是在打开数据库"SCC"后，展开"可编程性"→"存储过程"节点，在需要管理的存储过程上右键单击，在右键弹出菜单中可以看到"执行存储过程""重命名""删除"等命令，选择不同命令可对存储过程进行管理操作。

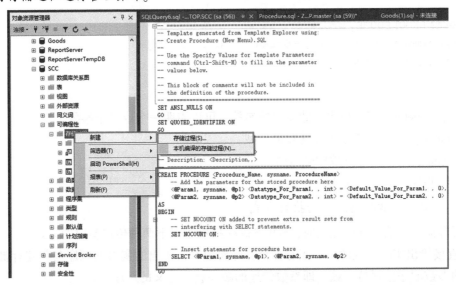

图 21-1 使用 SSMS 创建存储过程

3. 调用存储过程

存储过程需要调用才能执行，不论是用户自定义存储过程还是系统存储过程，都需要调用执行。SQL Server 中使用 EXECUTE 语句执行存储过程，EXECUTE 可以直接简写为 EXEC。语法格式如下：

```
EXEC |EXECUTE 存储过程名
[[@ 参数名 =]{参数值 |@ 参数变量名 [OUTPUT] |[DEFAULT]}]
[, … n]
```

说明：

① @参数名和参数值：存储过程中使用的参数名和参数值（实参）。如果省略@参数名，则后面的实参顺序要与定义时的参数顺序一致。在使用"@参数名=参数值"格式时，参数名称和实参不必按照存储过程中定义的顺序提供。但是，如果对任何参数使用"@参数名=参数值"格式，则后续的所有参数都必须使用该格式。

② @参数变量名：用来存储参数或返回参数的变量。

③ OUTPUT：紧跟在变量之后，说明该变量用于保存输出参数返回的值。

④ DEFAULT：表示不提供实参，使用定义时提供的参数默认值。

4. 创建带参数存储过程

在实际应用中，查询、更新、删除等各种数据库操作是根据不同的条件来执行的，因此需要把用户输入的信息作为参数传递给存储过程，同时存储过程执行的结果也需要返回，对于这种情况必须创建带参数的存储过程。存储过程的参数分为输入参数和输出参数两种。

（1）使用 T-SQL 语句创建带参数存储过程

语法格式如下：

```
CREATE PROC[EDURE] procedure_name
{@ parameter data_type} [ =default] [OUT |OUTPUT]
AS <sql_statement >
```

说明：

① @parameter：用于指定存储过程的参数，可以声明一个或多个参数。

② data_type：用于指定参数的数据类型。

③ default：用于指定参数的默认值。

④ OUTPUT：指定参数是输出参数。

（2）带输入参数存储过程的执行方式

执行带输入参数的存储过程时，SQL Server 提供了以下两种传递参数的方式。

① 直接给出实际参数的值。当有多个实际参数时，给出的实参的顺序与创建存储过程的语句中的参数顺序应保持一致。即参数传递的顺序就是定义的顺序。

② 使用"@参数名=参数值"的形式传递参数值，参数可以按照任意顺序传递值。

（3）带输出参数的存储过程的执行方式

执行带输出参数的存储过程时，为了接收存储过程执行的返回值，需要使用对应数量的变量来存放返回参数的值；同时在调用存储过程时，接收返回值的变量需要加上 OUTPUT 关键字声明。

5. 管理存储过程

存储过程与表、视图这些数据库对象一样，在创建之后可以根据需要对它进行查看、修改和删除等管理操作。

（1）查看存储过程

对于已经创建好的存储过程，可以查看其属性及详细信息。查看存储过程可以使用 SSMS，也可以使用 T－SQL 语句。

① 使用 SSMS 查看存储过程属性信息。具体步骤：在 SSMS 中链接数据库服务器后，在对象资源管理器中选择"用户数据库"→"可编程性"→"存储过程"，在要查看的存储过程上单击鼠标右键，在弹出菜单中选择"属性"命令，则可以查看存储过程的属性相关信息。

② 使用 T－SQL 语句查看存储过程。可以使用系统存储过程 SP_ HELP、SP_ HELPTEXT 查看，也可以使用函数 OBJECT_DEFINITION（）查看。

（2）修改存储过程

使用 ALTER 语句可以修改存储过程，具体语法格式如下：

```
ALTER PROCEDURE
存储过程名[;number]
AS T－SQL 语句
```

除了使用 T－SQL 语句直接修改存储过程外，也可以在 SSMS 对象资源管理器中右键单击要修改的存储过程，在弹出菜单中选择"修改"命令，则可以在打开的查询中修改存储过程，然后保存并执行修改语句，如图 21－2 所示。

图 21－2　修改存储过程

（3）重命名存储过程

重命名存储过程可以使用系统存储过程 SP_RENAME 来实现，语法格式如下：

SP_RENAME 原存储过程名新存储过程名

（4）删除存储过程

使用 T - SQL 语句删除存储过程的语法如下：

DROP PROCEDURE 存储过程名

21.2 实战训练

1. 创建存储过程

【实战训练 21 - 1】创建查看数据库 "SCC" 中 Course 表数据的存储过程 SelectProc。

任务实施：

具体操作如下：

① 从开始菜单中启动 SQL Server Management Studio（SSMS），在界面左侧的对象资源管理器中，找到 "数据库" 节点，展开 "数据库" → "SCC" → "表" → "dbo. Course" 节点，查看 Course 表的列信息，了解表的字段名称。

② 在工具栏中单击 "新建查询"，打开 "查询编辑器" 界面，输入以下语句：

```
USE SCC
GO
CREATE PROCEDURE SelectProc
AS
SELECT * FROM Course
GO
```

③ 输入完成后，在 SSMS 的工具栏中单击 "执行"，会在结果消息中显示 "命令已成功完成"。展开数据库 "SCC" → "可编程性" → "存储过程" 节点，右键单击 "存储过程"，在弹出菜单中单击 "刷新" 命令，会发现新增了一个存储过程 SelectProc。

④ 此时，如果再次执行上述代码，则会报告数据中已存在名为 "SelectProc" 的对象。因此在创建存储过程时，应先判断存储过程是否存在，如果存在则删除。在第②步的创建存储过程代码前加上如下判断语句：

```
IF EXISTS(SELECT * FROM sys.objects WHERE name = 'SelectProc')
    DROP PROC SelectProc
GO
```

⑤ 测试存储过程的执行情况，在第②步的语句后继续输入如下语句：

```
EXEC SelectProc
GO
```

⑥ 输入完成后，在 SSMS 的工具栏中单击"执行"，在结果中会显示表 Course 的相关记录信息。

【实战训练 21 – 2】创建统计选课人次的存储过程 CountProc。

任务实施：

① 在 SSMS 的工具栏中单击"新建查询"，打开"查询编辑器"界面，输入以下语句：

```
USE SCC
GO
IF EXISTS(SELECT * FROM sys.objects WHERE name='CountProc')
    DROP PROC CountProc          --判断存储过程是否存在,如果存在进行删除
GO
CREATE PROCEDURE CountProc
WITH ENCRYPTION                  --进行加密
AS
SELECT Count( * )AS 选课总人次 FROM Score
GO
```

② 输入完成后，在对象资源管理器中，右键单击存储过程 "dbo. CountProc"，在弹出菜单中单击"刷新"命令，会发现新增的存储过程 CountProc，如图 21 – 3 所示。该存储过程的图标上带有一个锁标记，说明该存储过程是一个加密存储过程。

③ 使用系统存储过程 SP_HELPTEXT 查看存储过程文本，在第①步的语句后面输入以下语句，并单击"执行"。

```
EXEC SP_HELPTEXT CountProc
GO
```

执行结果提示："对象 'CountProc' 的文本已加密"。

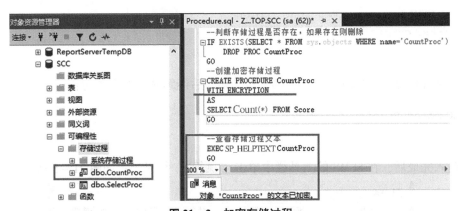

图 21 – 3　加密存储过程

④ 测试存储过程的执行情况，在第③步语句后输入如下语句，显示执行结果如图 21 – 4 所示。

图 21 – 4　存储过程 CountProc 的执行结果

```
EXEC CountProc
GO
```

【实战训练 21 - 3】 创建存储过程 SelectStudentCourseProc，用于查询计算机网络技术专业学生选修课的成绩情况，获取学生的专业、班级、学号、姓名、所修课程名、期末成绩。

任务分析：

存储过程的查询结果需要涉及 4 张表的数据，分别是 Class 表中的专业 Specialty、班级名称 ClassName，Student 表中的学号 Sno、姓名 Sname，Course 表中的课程名 Cname，Score 表中的期末成绩 Endscore，因此是对 4 张表进行查询，需要通过主键、外键连接表，要用到关键字 JOIN…ON。

任务实施：

① 在"查询编辑器"界面中，输入以下语句：

```
USE SCC
GO
--判断存储过程是否存在,如果存在则删除
IF EXISTS(SELECT * FROM sys.objects WHERE name ='SelectStudentCourseProc')
    DROP PROC SelectStudentCourseProc
GO
--创建存储过程
CREATE PROCEDURE SelectStudentCourseProc
AS
SELECT c.Specialty AS 专业,c.ClassName AS 班级,s.Sno AS 学号,s.Sname AS 姓名,
    co.Cname AS 所修课程名,sc.Endscore AS 期末成绩
    FROM Class c JOIN Student s ON c.ClassNo = s.ClassNo
      JOIN Score sc ON s.Sno = sc.Sno
      JOIN Course co ON sc.Cno = co.Cno
    WHERE c.Specialty ='计算机网络技术'
GO
```

② 测试存储过程的执行情况，在第①步的语句后继续输入如下语句：

```
EXEC SelectStudentCourseProc
GO
```

③ 输入完成后，在 SSMS 的工具栏中单击"执行"，结果显示如图 21 - 5 所示。

	专业	班级	学号	姓名	所修课程名	期末成绩
1	计算机网络技术	网络3181	s011180106	陈骏	数据库应用	92.0
2	计算机网络技术	网络3181	s011180106	陈骏	计算机应用基础	45.0
3	计算机网络技术	网络3182	s011180208	王强	数据库应用	51.5
4	计算机网络技术	网络3182	s011180208	王强	软件工程	NULL
5	计算机网络技术	网络3182	s011180208	王强	数据库原理	86.0

图 21 - 5 执行存储过程结果

【**实战训练 21 – 4**】创建临时存储过程#AddTestTableProc，用于在数据库"SCC"中创建一个表 Test，表的字段要求如表 21 – 1 所示：

表 21 – 1　Test 表字段要求

字段名	数据类型	为空性	含义	约束
TestNo	nvarchar（20）	NOT NULL	考试编号	主键
TestName	nvarchar（30）	NULL	考试名称	
TestTime	date	NULL	考试时间	
TestNumber	int	NUL	考试人数	

任务实施：

① 在"查询编辑器"界面中，输入以下语句：

```
USE SCC
GO
--创建临时存储过程
CREATE PROCEDURE #AddTestTableProc
WITH ENCRYPTION
AS
    CREATE TABLE Test(
    TestNo nvarchar(20) not NULL PRIMARY KEY,
    TestName nvarchar(30),
    TestTime date,
    TestNumber int)
GO
```

② 测试存储过程的执行情况，在第①步的语句后继续输入如下语句：

```
EXEC #AddTestTableProc
GO
```

③ 输入完成后，在 SSMS 的工具栏中单击"执行"，消息结果显示"命令已成功完成"。这时会发现在数据库"SCC"中新增了一个表 Test。

2. 调用存储过程

【**实战训练 21 – 5**】调用系统存储过程返回数据库"SCC"的信息。

任务分析：

通过任务要求可以发现，需要调用执行系统存储过程 SP_HELPDB，其作用为返回指定数据库的信息，其语法格式为：SP_HELPDB[[@ dbname =]'name']，其中参数[@ dbname =]'name'是要为其提供信息的数据库名称。

任务实施：

① 从开始菜单中启动 SQL Server Management Studio（SSMS）。

② 在 SSMS 的工具栏中单击"新建查询"，打开"查询编辑器"界面，输入以下语句：

```
EXEC SP_HELPDB SCC    或 EXEC SP_HELPDB @ dbname = 'SCC'
```

③ 输入完成后, 在 SSMS 的工具栏中单击 "执行", 显示结果如图 21 – 6 所示。

图 21 – 6   返回数据库 "SCC" 信息执行结果截图

【实战训练 21 – 6】 使用系统存储过程 sp_help 查看存储过程 SelectProc 基本信息。

任务实施：

① 在 "查询编辑器" 界面中, 输入以下语句:

```
USE SCC
GO
EXEC SP_HELP SelectProc;
EXEC SP_HELP@ objname = SelectProc
GO
```

② 单击 "执行" 按钮, 显示结果如图 21 – 7 所示:

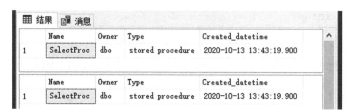

图 21 – 7   查看存储过程基本信息

【实战训练 21 –7】 使用系统存储过程 SP_HELPTEXT 查看存储过程 SelectProc 文本信息。

任务分析：

通过任务要求可以发现, 需要调用执行系统存储过程 SP_HELPTEXT, 其作用是返回指定对象的文本信息, 其语法格式为: SP_HELPTEXT [[@ objname =]' name']。

任务实施：

① 在 "查询编辑器" 界面中, 输入以下语句:

```
USE SCC
GO
EXEC SP_ HELPTEXT SelectProc;
EXEC SP_ HELPTEXT @ objname = SelectProc
GO
```

② 单击“执行”按钮，显示结果如图 21 – 8 所示：

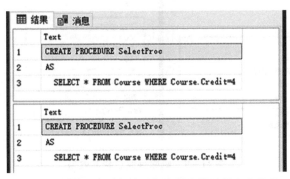

图 21 – 8 使用系统存储过程查看存储过程文本信息

3. 修改存储过程

【实战训练 21 – 8】修改数据库“SCC”中的存储过程 SelectProc，查询课程中学分为 4 的课程资料。

任务实施：

① 在“查询编辑器”界面中，输入以下语句：

```
USE SCC
GO
ALTER PROCEDURE SelectProc
AS
  SELECT *
FROM Course
WHERE Course.Credit = 4
GO
```

② 输入完成后，在 SSMS 的工具栏中单击“执行”，在结果中将会发现结果只显示学分为 4 的课程资料。

4. 删除存储过程

【实战训练 21 – 9】删除数据库“SCC”中所创建的存储过程 CountProc。

任务实施：

① 在“查询编辑器”界面中，输入以下语句：

```
USE SCC
GO
DROP PROC CountProc
GO
```

② 单击“执行”按钮，存储过程 CountProc 被删除，如下图 21 – 9 所示：

图 21 - 9   删除存储过程的效果

5. 创建带参数的存储过程

【实战训练 21 - 10】使用 T - SQL 在数据库 "SCC" 中创建存储过程 SelectCourseProc，用于查询指定学分数的课程信息。

任务分析：

存储过程中使用 Select 查询语句，对单表 Course 进行查询。查询条件是课程的学分数，学分数是执行存储过程时传递的实际值，因此需要把学分数设置为输入参数。

任务实施：

① 启动 SSMS，在界面左侧的对象资源管理器中，找到 "数据库" 节点，展开 "数据库" → "数据库 SCC" → "表" → "dbo. Course"，查看表 Course 的列信息，了解表的字段名称。

② 在 SSMS 的工具栏中单击 "新建查询"，打开 "查询编辑器" 界面，输入以下语句：

```
USE SCC
GO
CREATE PROCEDURE SelectCourseProc
@ credit FLOAT
AS
SELECT * FROM Course WHERE Credit = @ credit
GO
```

③ 单击 "执行" 按钮，在结果消息中显示 "命令已成功完成"。

④ 测试存储过程的执行情况，在第②步的语句后继续输入如下语句：

```
USE SCC
GO
EXEC SelectCourseProc 2;
EXEC SelectCourseProc @ credit = 2;
GO
```

⑤ 输入完成后，在 SSMS 的工具栏中单击 "执行"，结果显示如图 21 - 10 所示。

图 21 -10 存储过程 SelectCourseProc 执行结果（1）

提示：

从上图可以看出，执行结果查询了学分数为 2 的课程信息。可以尝试传递不同的学分数，测试查询结果是否根据传递的参数值不同而发生变化。

【实战训练 21 -11】创建一个存储过程 SelectStuCourseProc，用于查询指定专业或指定班级的学生选课情况，查询结果要求显示学生的专业、班级、学号、姓名、所修课程名、期末成绩。要求查询条件中的专业和班级在未指定具体值的情况下，默认值分别是"计算机网络技术"专业和"物联 3182"班级。

任务分析：

① 存储过程需要使用 Select 查询语句，查询结果需要的数据涉及 4 张表的数据，分别是：Class 表中的专业 Specialty、班级 ClassName，Student 表中的学号 Sno、姓名 Sname，Course 表中的课程名 Cname，Score 表中的期末成绩 Endscore，因此是对多表进行查询，需要通过主键、外键连接表，要用到关键字 JOIN…ON。

② 查询条件指定的专业或指定的班级，两者间是或者关系，需要用到关键字 OR。

③ 查询条件是两个，所以需要声明两个参数，均是字符类型，一个用于传递专业名称，另一个用于传递班级名称。

④ 查询条件的两个参数默认值分别是"计算机网络技术"和"物联 3182"。

任务实施：

① 在"查询编辑器"界面中，输入以下语句：

```
USE SCC;
GO
--判断存储过程是否存在,如果存在则删除
IF EXISTS( SELECT * FROM sys.objects WHERE name ='SelectStuCourseProc')
    DROP PROC SelectStuCourseProc
GO
--创建存储过程,带两个参数
CREATE PROCEDURE SelectStuCourseProc
```

```
@ specialty nvarchar(30) ='计算机网络技术',
@ className nvarchar(30) ='物联3182'
AS
SELECT c.Specialty as 专业,c.ClassName as 班级,s.Sno as 学号,s.Sname as 姓名,
    co.Cname as 所修课程名,sc.Endscore as 期末成绩
    FROM Class c JOIN Student s ON c.ClassNo = s.ClassNo
      JOIN Score sc ON s.Sno = sc.Sno
      JOIN Course co ON sc.Cno = co.Cno
  WHERE c.Specialty = @ specialty OR c.ClassName = @ className
GO
```

② 单击"执行"按钮，在结果消息中显示"命令已成功完成"。

③ 测试存储过程的执行情况，在第①步的语句后继续输入如下语句：

```
USE SCC
GO
EXEC SelectStuCourseProc;
EXEC SelectStuCourseProc '软件技术','物联3181';
EXEC SelectStuCourseProc '软件技术';
EXEC SelectStuCourseProc  @ className ='网络3182',@ specialty ='物联网应用技术';
GO
```

④ 输入完成后，在 SSMS 的工具栏中单击"执行"，在结果消息中显示结果如图 21 –11 所示。

图 21 –11 存储过程 SelectStuCourseProc 执行结果 （2）

提示：

从上图可以看出，存储过程调用时，有默认值的参数在不传递实参的情况下使用的是默认值。实参传递时的方式有两种：一种是直接给出参数的值，按照定义的顺序即可；另一种是使用"@参数名＝参数值"的形式传递，顺序任意。

【实战训练 21－12】 创建一个带输出参数的存储过程 SelectStuCountProc，用于查询指定的课程名称选修的学生总数，并把查询结果返回给用户。

任务分析：

① 存储过程需要使用 Select 查询语句，查询需要的数据涉及 2 张表的数据，分别是 Course 表中的课程名 Cname、Score 表中的学号 Sno 的统计，因此是对多表进行查询，需要通过主键和外键连接表，要用到关键字 JOIN…ON。

② 查询条件是指定的课程名，需要定义一个输入参数，类型为 nvarchar（30）。

③ 查询结果需要返回，需要定义一个输出参数，类型为 int，加上 OUTPUT 标识。

任务实施：

① 在"查询编辑器"界面中，输入以下语句：

```
USE SCC;
GO
--判断存储过程是否存在,如果存在则删除
IF EXISTS(SELECT * FROM sys.objects WHERE name ='SelectStuCountProc')
    DROP PROC SelectStuCountProc
GO
--创建存储过程,带两个参数:1 个输入参数,1 个输出参数。
CREATE PROCEDURE SelectStuCountProc
@ Cname nvarchar(30),
@ stuCount INT OUTPUT
AS
SELECT @ stuCount = Count( * )
    FROM Score sc JOIN Course co ON sc.Cno = co.Cno
    WHERE co.Cname = @ Cname
GO
```

② 单击"执行"按钮，在结果消息中显示"命令已成功完成"。

③ 测试存储过程的执行情况，在第 1 步的语句后继续输入如下语句：

```
USE SCC
GO
DECLARE @ stuCount INT;
DECLARE @ Cname nvarchar(30) ='数据库应用';
EXEC SelectStuCountProc @ Cname,@ stuCount OUTPUT;
SELECT '选修课程《' + @ Cname + '》的有 ' + Ltrim(Str(@ stuCount)) + '人'
GO
```

提示：

这里执行带输出参数的存储过程时，需要先定义接收返回值的变量，类型和存储过程输

出参数类型一致。同时，由于执行结果直接返回到变量中，所以需要最后使用 SELECT 语句显示出变量的值。

④ 输入完成后，在 SSMS 的工具栏中单击"执行"，结果显示如图 21 - 12 所示。

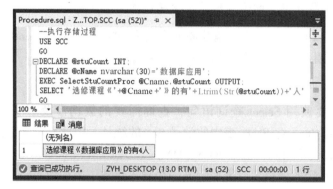

图 21 - 12   存储过程 SelectStuCountProc 执行结果显示（3）

提示：

从上图可以看出，存储过程调用时，带输出参数的存储过程，当执行结果返回给变量时，执行存储过程默认是看不到返回的结果的，返回结果是执行语句中 SELECT 语句的结果。

21.3   拓展训练

【**拓展训练 21 - 1**】创建查看 Goods 数据库中 Shop_goods 商品表数据的存储过程 Shop_goodsProc。

【**拓展训练 21 - 2**】创建存储过程 SelectGoodsCountProc，用于查询西瓜的库存数量。

【**拓展训练 21 - 3**】创建存储过程 QuantityProc，统计每种产品的销售数量。

【**拓展训练 21 - 4**】创建存储过程 ConsumerProc，查询购买了指定商品的客户信息。

【**拓展训练 21 - 5**】创建存储过程 InsertProc，用于新增客户记录。

【**拓展训练 21 - 6**】创建带参数的存储过程 SelectGoodsStockProc，用于查询指定的商品的库存量，并返回查询结果。

任务 22   触发器

触发器由 T - SQL 命令组成，是一种特殊类型的存储过程。但是触发器不能通过名称来调用，触发器必须通过数据库发生某些操作（如 INSERT、UPDATE、DELETE 等操作）时触发。

22.1   知识准备

1. 触发器的概念、优点、分类

触发器是一种特殊的存储过程，基于表、视图、服务器、数据库创建，满足一定条件时自动执行，不由用户直接调用，以保证数据库的完整性、正确性和安全性。

当触发器所保护的数据发生变化（INSERT、UPDATE、DELETE）或当服务器、数据库中发生数据定义（CREATE、ALTER、DROP）后，其自动运行以保证数据的完整性和正确性。通俗地说，用户对数据库或表进行了诸如 INSERT、UPDATE、DELETE、CREATE、ALTER、DROP 等操作时，SQL Server 就会自动执行触发器所事先定义好的语句。在 SQL Server 2016 中，拥有 DML 触发器和 DDL 触发器。

（1）DML 触发器

DML 触发器是当数据库服务器对表或视图发出了 INSERT、UPDAE 和 DELETE 语句等数据操作语言（DML）事件时要执行的操作。DML 触发器包含了复杂的逻辑处理，并能够实现复杂的数据完整性约束。与其他约束相比较，其优点有：

● 触发器自动执行。因此利用此机制可以监测用户在数据库中进行的操作。

● DML 触发器可以由表触发，并操作多张表，因此可以进行相关表的级联操作。

● 触发器的功能强大，可以实现比 CHECK 约束更复杂的数据完整性约束。例如，CHECK 约束不能够引用其他表的属性来完成完整性检查工作，但是触发器可以完成。

● 触发器可以有数据修改前以及修改后的触发功能，用户可以根据不同的触发时点采用不同的触发语句。

● 可以同时对 INSERT、UPDATE、DELETE 3 种操作进行触发，并可以编写 T–SQL 语句实现同一个触发语句的多种分支执行。

DML 触发器从不同角度可以划分为多种类型。DML 触发器可以根据其触发的操作分为 3 种类型：INSERT 触发器，由 INSERT 操作触发；UPDATE 触发器，由 UPDATE 操作触发；DELETE 触发器，由 DELETE 操作触发。

DML 触发器根据触发时机，可以分为 2 种类型。

① AFTER 触发器，此类触发器只能定义在表上，不能在视图上创建。当执行操作成功后，才自动执行该触发器；假设操作执行失败，则不会激活触发器。若有多个 AFTER 触发器被定义在同一张表上，可以使用 SP_SETTRIGGERORDER 定义触发器触发的先后顺序。

② INSTEAD OF 触发器，又称替代触发器，该类触发器会替代触发的操作并执行。即在执行 INSERT、UPDATE、DELETE 前，由 INSTEAD OF 触发器去替代此语句并执行。可在视图与表中定义，但每一个操作只能够定义一个 INSTEAD OF 触发器。

（2）DDL 触发器

DDL 触发器激活后的功能与 DML 相似，都是执行一段存储过程中的 T–SQL 语句，不相同的是激活事件。DDL 触发器并不会由表与视图的 UPDATE、INSERT、DELETE 等操作激活，它是由数据定义语言的语句触发激活，这些语句主要是由 CREATE、ALTER、DROP 开头的语句。其优点有：

● 可以记录用户对数据库架构的更改或进行操作的事件。

● 可以用于权限控制，防止普通用户修改数据库架构等操作。

● 当用户对数据库架构进行更改时，可以通过 DDL 触发器对其作出响应。

2. 创建触发器语法

（1）使用 T – SQL 语句创建 DML 触发器

语法格式如下：

```
CREATE TRIGGER 触发器名
ON 表名 |视图名
FOR |AFTER |INSTEAD OF [INSERT , DELETE ,UPDATE]
AS T – SQL 语句
```

说明：

① 触发器名必须符合命名标识的规则，在当前的数据库中不能有重复名称。

② 表名|视图名，定义触发器的目标对象是表或者是视图。

③ FOR | AFTER | INSTEAD OF，如果单指定关键字 FOR，则默认为 AFTER 关键字。AFTER 关键字表示指定的 SQL 语句全部都执行后才触发，且视图不能定义 AFTER 触发器。INSTEAD OF 关键字表示在指定的 SQL 语句执行前，将其替换为触发器的 T – SQL 语句进行执行。

④ [INSERT，DELETE，UPDATE]，表示触发器指定触发的 SQL 语句类型。

⑤ T – SQL 语句，是触发器被触发后执行的 T – SQL 语句。

（2）使用 T – SQL 语句创建 DDL 触发器

语法格式如下：

```
CREATE TRIGGER 触发器名
ON  ALL SERVER |DATABASE
FOR |AFTER event_type |event_group
AS T – SQL 语句
```

① ALL SERVER，表示 DLL 触发器的作用域是整个当前的服务器上。

② DATABASE，表示 DDL 触发器的作用域是当前数据库。

③ FOR |AFTER，表示 DDL 触发器只能指定 FOR 或 AFTER 触发器，和 DML 触发器有相同的功能。但是 DDL 没有 INSTEAD OF 类型触发器。

④ event_type，执行之后将导致激发 DDL 触发器的 T – SQL 语言事件的名称。DDL 事件中列出了 DDL 触发器的有效事件。表 22 – 1 为常用的 DDL 触发器触发事件。

表 22 – 1　常用的 DDL 触发器触发事件

事件名称	描述
CREATE_TABLE	创建表
ALTER_TABLE	修改表
DROP_TABLE	删除表
CREATE_PROCEDURE	创建存储过程
ALTER_PROCEDURE	修改存储过程
DROP_PROCEDURE	删除存储过程

⑤ event_group，表示触发事件组。

3. 修改触发器、删除触发器、重命名触发器

（1）DML 触发器

1）修改触发器

修改触发器有 2 种方法，分别为通过 T – SQL 语句修改和通过 SQL Server Management Studio 图形化工具修改。

① 通过 T – SQL 语句修改触发器的语法格式如下：

```
ALTER TRIGGER 触发器名
ON 表名 |视图名
FOR |AFTER |INSTEAD OF [ INSERT , DELETE ,UPDATE]
AS T – SQL 语句
```

其中各个参数与创建触发器时的参数相同，因此可以参考创建触发器语法这一小节中的参数的详细介绍。

② 通过 SQL Server Management Studio 修改触发器。操作步骤为：启动 SSMS，在 "对象资源管理器" 界面中，依此展开节点 "数据库" → "SCC" → "表" → "dbo. Class" → "触发器" → "触发器"。双击触发器名，即可在对话框右侧编辑修改触发器内容，如图 22 – 1 所示。

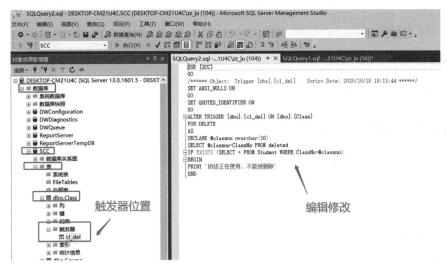

图 22 – 1　SQL Server Management Studio 修改触发器页面

2）删除触发器

① 通过 T – SQL 语句删除触发器定义：

```
DROP TRIGGER {触发器名称} [ ,… n]
```

② 通过 SQL Server Management Studio 删除触发器，具体操作为右键单击 "对象资源管理器" 的触发器名，选择 "删除" 命令即可，如图 22 – 2 所示。

图 22 - 2　删除触发器选项

3）重命名触发器

对触发器进行重命名，可以使用存储过程 SP_NAME 完成。其语法如下：

[EXECUTE] SP_NAME 原触发器名，新触发器名

（2）DDL 触发器

① 修改触发器的语法格式如下：

```
ALTER TRIGGER 触发器名
ON  ALL SERVER | DATABASE
FOR | AFTER event_type | event_group
AS T - SQL 语句
```

② 删除触发器的语法格式如下：

```
DROP TRIGGER 触发器名
```

③ 重命名触发器的语法格式如下：

```
[EXECUTE]SP_NAME 原触发器名，新触发器名
```

4. 禁用触发器、启用触发器、查看触发器信息

（1）DML 触发器

1）禁用触发器

假设已经创建了触发器，但是暂时不使用该触发器，那么可以禁用触发器。当触发器被禁用后，即使对其关联的表进行操作，也不会激活触发器。禁用触发器实现方法如下：

① 通过 T - SQL 语句禁用触发器的语法格式如下：

```
DISABLE TRIGGER trigger_name ON table_name
```

其中，trigger_name 是触发器名称，table_name 是与触发器 trigger_name 相关的表名。即表示触发器 trigger_name 在表 table_name 已被禁用，执行相关操作也不会激活。

② 通过 SQL Server Management Studio 禁用触发器，具体操作为右键单击"对象资源管理

器"的触发器名，选择"禁用"命令即可，如图 22 – 3 所示。

图 22 – 3 禁用触发器选项

2）启用触发器

启用触发器即把已经禁用的触发器再次启用。以下为启动触发器的语法格式：

① 通过 T – SQL 语句启用触发器的语法格式如下：

```
ENABLE TRIGGER trigger_name ON table_name
```

表示把已经禁用的名为 trigger_name 的触发器在表 table_name 启用。即触发器 trigger_name 可以被表 table_name 中的操作激活。

② 通过 SQL Server Management Studio 启用触发器，具体操作为右键单击"对象资源管理器"的触发器名，选择"启用"命令即可，如图 22 – 4 所示。

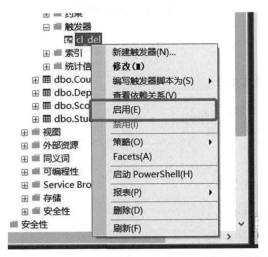

图 22 – 4 SQL Server Management Studio 启用触发器选项

3）查看触发器

当触发器创建后，触发器的名称会被保存在系统表 sysobjects 中，并且触发器中的 T – SQL代码语句以文本格式保存在系统表 syscomments 中。查询触发器有两种方法，一种是使用系统提供的存储过程查询，另外一种是通过 SQL Server Management Studio 查看。

① 通过系统存储过程查看触发器信息。触发器是特殊的存储过程，因此可以使用查看存储过程信息的方法来查询触发器的信息。

存储过程 SP_ HELPTRIGGER 可用于查看表的触发器信息，其语法格式如下：

```
SP_HELPTRIGGER table_name, [ INSERT ] [ , ] [ DELETE ] [ , ] [ UPDATE ]
```

其中，table_name 是被查看的表名，表名后指定触发器的触发类型。

② 通过 SQL Server Management Studio 查看触发器，具体操作为：在"对象资源管理器"中右键单击触发器名，选择"对象依赖关系"命令即可弹出对话框，如图 22 – 5 所示，显示触发器内容。

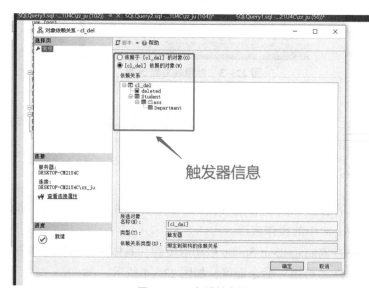

图 22 – 5 查看触发器

（2）DDL 触发器

1）禁用触发器

禁用 DDL 触发器的格式如下：

```
DISABLE TRIGGER 触发器名 | ALL
ON DATABASE | ALL SERVER
```

2）启用触发器

启用 DDL 触发器的格式如下：

```
ENABLE TRIGGER 触发器名 | ALL
ON  DATABASE | ALL SERVER
```

3）查看触发器

DDL 触发器有两种，一种作用在当前数据库中，另一种是作用在当前 SQL Server 服务器上。

DDL 触发器不能使用 SP_HELPTRIGGER 命令查看，只能通过 sys. triggers（T – SQL）目录视图进行查询。

① 数据库作用域的 DDL 触发器及事件查询如下：

```
--查看作用域为数据库的触发器视图
SELECT * FROM sys.triggers
--查看作用域为数据库的触发器的事件视图
SELECT * FROM sys.trigger_events
--查看作用域为数据库的触发器及事件,将触发器 t 与事件 e 进行关联并查看
SELECT t.name,t.parent_class_desc,e.type_desc
FROM sys.triggers a
INNER JOIN sys.trigger_events e
ON t.object_id = e.object_id
```

② 服务器作用域的 DDL 触发器及事件查询如下：

```
--查看作用域为服务器的触发器视图
SELECT * FROM sys.server_triggers
--查看作用域为服务器的触发器事件视图
SELECT * FROM sys.server_trigger_events
--查看作用域为服务器的触发器及事件,将触发器 t 与事件 e 进行关联并查看
SELECT t.name,t.parent_class_desc,e.type_desc
FROM sys.server_triggers t
INNER JOIN sys.server_trigger_events e
ON t.object_id = e.object_id
```

22.2　实战训练

【实战训练 22 –1】创建 INSERT 触发器，具体要求如下：在数据库"SCC"中的 Course 表上创建一个名称为 Insert_Course 的触发器，在用户向 Course 表中插入数据时触发。当向 Course 表中插入一条新记录时执行触发器，要求当 Course 表中增加一条新记录，则更新统计 表 CountTable 的课程总数 CourseCount；如果该表不存在，则创建该表（表包含两个字段：课 程总数 CourseCount 和学生总数 StudentCount）；如果该表无记录，则先添加初始值为 0 的 记录。

任务分析：

① 需要创建 INSERT 触发器，执行插入记录操作后激发触发器，用到关键字 AFTER INSERT。

② 触发器执行的操作中需要先判断表 CountTable 是否存在，如果不存在则直接使用 CREATE TABLE 语句创建表。

③ 在触发器执行的操作中需要声明一个变量@ courCount 用于保存课程总数，使用 SELECT 查询出课程总数并赋值给变量@ courCount。

④ 在触发器执行的操作中先判断表 CountTable 中是否有记录，如果无，则添加初始值为 0 的记录；如果有记录，则直接更新记录中的字段 courseCount 的值为@ courCount。

任务实施：

① 从开始菜单中启动 SQL Server Management Studio（SSMS），在界面左侧的对象资源管 理器中，找到"数据库"节点，展开"数据库"→"SCC"→"表"→"dbo. Course"，查

看表 Course 的列信息，了解表的字段名称。

② 在 SSMS 的工具栏中单击 "新建查询"，打开 "查询编辑器" 界面，输入以下语句：

```
USE SCC
GO
--创建一个触发器,当用户向表 Course 中添加新记录后触发
CREATE TRIGGER Insert_Course
ON Course
AFTER INSERT
AS
BEGIN
  --先判断是否存在 CountTable,如果不存在则创建该表
    IF NOT EXISTS(SELECT * FROM sys.objects WHERE name = 'CountTable')
  --创建包含课程总数和学生总数的表 CountTable
      CREATE TABLE CountTable(courseCount INT DEFAULT 0,
                       studentCount INT DEFAULT 0);
    DECLARE @ courCount INT; --声明一个变量用于保存课程总数
    --获得 Course 表中课程总数
    SELECT @ courCount = COUNT( * ) FROM Course;
    --如果表 CountTable 表中没有记录,则插入一条记录,初始值为 0
    IF NOT EXISTS(SELECT * FROM CountTable)
        INSERT INTO CountTable VALUES(0,0);
    --更新表 CountTable 中字段 courseCount 的值为刚获得的课程总数
    UPDATE CountTable SET courseCount = @ courCount;
END
GO
```

③ 输入完成后，在 SSMS 的工具栏中单击 "执行" 按钮，在结果消息中显示 "命令已成功完成"。检查数据库 "SCC" → "表" → "dbo. Course" → "触发器"，右键单击 "触发器"，在弹出菜单中选择 "刷新" 命令，会发现新增了一个触发器 Insert_Course，如下图 22 –6 所示。

图 22 –6 查看新建的触发器 Insert_Course

④ 测试触发器的执行情况，在第②步的语句后继续输入如下语句：

```
SELECT COUNT( * ) AS Course 表课程数 FROM Course
INSERT INTO Course VALUES('c090','移动物联网开发','张宏',5.0,60,72)
SELECT COUNT( * ) AS Course 表课程数 FROM Course
SELECT * FROM CountTable
GO
```

⑤ 输入完成后，选中需要执行的语句，在 SSMS 的工具栏中单击"执行"，结果显示如图 22 – 7 所示。

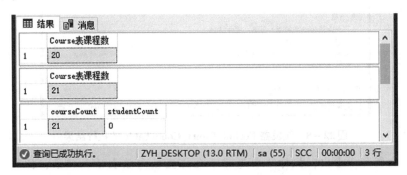

图 22 – 7　触发器 Insert_Course 的执行结果

【实战训练 22 – 2】创建禁止插入记录触发器，具体要求为：在数据库"SCC"新建的 CountTable 表上创建一个名称为 Forbid_Insert_CountTable 的触发器，在用户向 CountTable 表中插入数据时触发，提示"不允许直接向该表插入记录，操作被禁止"。

任务分析：

① 需要创建 INSERT 触发器，执行插入记录操作后激发触发器，用到关键字 AFTER INSERT。

② 触发器执行的操作中直接输出提示信息"不允许直接向该表插入记录，操作被禁止"，并且回滚事务，使用 ROLLBACK TRANSACTION 语句。关于事务回滚的知识请阅读任务 23 事务的相关内容。

任务实施：

① 在 SSMS 的工具栏中单击"新建查询"，打开"查询编辑器"界面，输入以下语句：

```
USE SCC
GO
--创建一个触发器,在用户向表CountTable新增数据时被禁止
CREATE TRIGGER Forbid_Insert_CountTable
ON CountTable
AFTER INSERT
AS
BEGIN
    RAISERROR('不允许直接向该表插入记录,操作被禁止',1,1)
    ROLLBACK TRANSACTION --回滚事务,撤销插入操作
END
GO
```

② 输入完成后，选中需要执行的语句，在 SSMS 的工具栏中单击"执行"，在结果消息中显示"命令已成功完成"。

③ 测试触发器的执行情况，在第①步的语句后继续输入如下语句：

```
INSERT INTO CountTable VALUES(1,1)
GO
```

④ 输入完成后，选中需要执行的语句，在 SSMS 的工具栏中单击"执行"，结果显示如图 22 −8 所示。

图 22 −8 触发器 Forbid_Insert_CountTable 的执行结果

提示：从上图可以看出，执行结果是"不允许直接向该表插入记录，操作被禁止"，且报告事务在触发器中结束，可以看出触发器生效了。这里也可以执行"SELECT ∗ FROM CountTable"语句，查看表 CountTable 是否新增记录成功。

【实战训练 22 −3】创建 DELETE 触发器，具体要求为：在数据库 SCC 中的 Course 表上创建一个名称为 Delete_Course 的触发器，当用户删除 Course 表中数据时触发。触发器执行的语句是查询 Deleted 表中的记录。

任务分析：

① 执行删除记录操作后激发触发器，是一个 Deleted 触发器，需要用关键字 AFTER DELETE。

② 触发 DELETE 触发器后，用户删除的记录行会被添加到 Deleted 表中，原来表中相应的记录被删除，故可以在 Deleted 表中查看删除的记录。

③ 这里当删除 Course 表中数据时，需要更新表 CountTable 中字段课程数 courseCount 的值。

任务实施：

① 从开始菜单中启动 SSMS，在界面左侧的对象资源管理器中，找到"数据库"节点，展开"数据库"→"SCC"节点。

② 在 SSMS 的工具栏中单击"新建查询"，打开"查询编辑器"界面，输入以下语句：

```
USE SCC
GO
--创建一个 DELETE 触发器,用户删除表 Course 的数据时触发
CREATE TRIGGER Delete_Course
ON Course
AFTER DELETE
```

```
AS
BEGIN
    DECLARE @ courCount INT; --声明一个变量用于保存课程总数
    --获得 Course 表中课程总数
    SELECT @ courCount = COUNT( * ) FROM Course;
    --更新表 CountTable 中字段 courseCount 的值为刚获得的课程总数
    UPDATE CountTable SET courseCount = @ courCount;
    SELECT * FROM Deleted
END
GO
```

说明：

Deleted 表是触发器执行时自动创建的，存储在内存中，是临时表。当触发器工作完成时，Deleted 表会被删除。Deleted 表用于存储 DELETE 和 UPDATE 语句所影响的行的复本。在执行 DELETE 或 UPDATE 语句时，行从触发器表中删除，并传输到 Deleted 表中。

③ 输入完成后，在 SSMS 的工具栏中单击"执行"，结果显示"命令已成功完成"。

④ 测试触发器的执行情况，在第②步的语句后继续输入如下语句：

```
DELETE FROM Course WHERE Cno ='c090' --删除前面新增的记录
GO
```

⑤ 输入完成后，选中需要执行的语句，在 SSMS 的工具栏中单击"执行"，结果显示如图 22 - 9 所示。

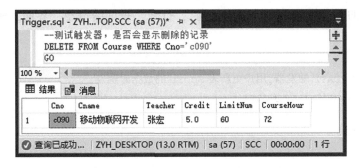

图 22 - 9　触发器 Delete_Course 的执行结果 1

从上图可以看出，当执行了删除 Course 表中数据的语句后，执行结果是显示已经删除的记录。可以看出触发器中显示删除表 Deleted 的数据生效了。也可以执行 "SELECT * FROM Course" 语句，查看表 Course 是否删除记录成功。

⑥ 查看触发器中"更新表 CountTable 中字段课程数 courseCount 的值"的操作是否成功，在第④步的语句之后继续输入如下语句：

```
SELECT * FROM CountTable
GO
```

⑦ 输入完成后，选中需要执行的语句，在 SSMS 的工具栏中单击"执行"，结果显示如图 22 - 10 所示。

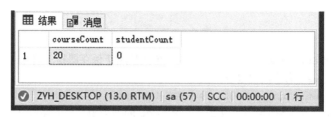

图 22 – 10 触发器 Delete_Course 的执行结果 2

从图 22 – 10 可以看出，当执行了删除 Course 表中数据的语句后，表 CountTable 中字段课程数 courseCount 的值已经更新。可以看出触发器中更新表 CountTable 的语句生效了。

【**实战训练 22 – 4**】创建 UPDATE 触发器，具体要求为：在数据库 "SCC" 中的 Score 表上创建一个名称为 Update_Score 的触发器，在用户更新 Score 表中数据时触发。触发器执行的操作是显示更新前后的数据记录情况。

任务分析：

① 创建 UPDATE 触发器，执行更新记录操作后激发触发器，需要用到关键字 AFTER UPDATE。

② 激发 UPDATE 触发器后，用户更新前的记录行会被添加到 Deleted 表中，更新后的记录存储到 Inserted 表中，故可以在 Deleted 表和 Inserted 表中查看更新前后的记录数据。

任务实施：

① 从开始菜单中启动 SQL Server Management Studio（SSMS），在界面左侧的对象资源管理器中，找到 "数据库" 节点，展开 "数据库" → "SCC" 节点。

② 在 SSMS 的工具栏中单击 "新建查询"，打开 "查询编辑器" 界面，输入以下语句：

```
USE SCC
GO
--创建一个 UPDATE 触发器,用户更新表 Score 的数据时触发
CREATE TRIGGER Update_Score
ON Score
AFTER UPDATE
AS
BEGIN
    SELECT Sno,Cno,Uscore AS 更新前 Uscore,EndScore AS 更新前 EndScore
    FROM Deleted
    SELECT Sno,Cno,Uscore AS 更新后 Uscore,EndScore AS 更新后 EndScore
    FROM Inserted
END
GO
```

说明： Inserted 表用来存储 INSERT 和 UPDATE 语句所影响的行的副本，是在 Inserted 表中临时保存了被插入或被更新后的记录行。在执行 INSERT 或 UPDATE 语句时，新加行被同时添加到 Inserted 表和触发器表中。与 Deleted 表相同，Inserted 表也是临时表，在触发器执行时自动创建，当触发器工作完成时，会被删除。

③ 输入完成后，在 SSMS 的工具栏中单击 "执行"，在结果消息中显示 "命令已成功完

成"。检查数据库"SCC"→"表"→"Score"→"触发器",会发现新增了一个触发器
Update_Score。

④ 测试触发器的执行情况,在第 2 步的语句后继续输入如下语句:

```
UPDATE Score SET Uscore = 85,EndScore = 83
WHERE Cno = 'c017' and Sno = 's032190124'          --更新记录
GO
```

⑤ 输入完成后,选中需要执行的语句,在 SSMS 的工具栏中单击"执行",结果显示如
图 22 -11 所示。

图 22 -11　触发器 Update_Score 的执行结果

⑥ 也可以直接通过查询表 Score 中的数据,核对更新效果,在第④步的语句之后继续输
入如下语句:

```
SELECT * FROM Score
GO
```

⑦ 输入完成后,选中需要执行的语句,在 SSMS 的工具栏中单击"执行",结果显示如
图 22 -12 所示。

图 22 -12　更新 Score 表中数据的执行结果

【实战训练 22 -5】管理触发器,具体任务为:对于数据库"SCC"中触发器 Update_Score
先查看其基本信息和文本信息,然后测试触发器的禁用和启用功能,再接着修改触发器,要求
触发器中查询字段都显示别名,最后删除触发器。

任务实施：

① 从开始菜单中启动 SSMS，在对象资源管理器中，找到"数据库"节点，展开"数据库"→"SCC"→"Score"→"触发器"，可以看到之前创建的触发器 Update_Score。

② 在 SSMS 的"查询编辑器"界面中，输入以下语句：

```
USE SCC
GO
--查看触发器
EXEC SP_HELPTEXT Update_Score;        --查看触发器文本信息
EXEC SP_HELP Update_Score;            --查看触发器基本信息
GO
```

③ 输入完成后，在 SSMS 的工具栏中单击"执行"，结果显示如图 22 - 13 所示。

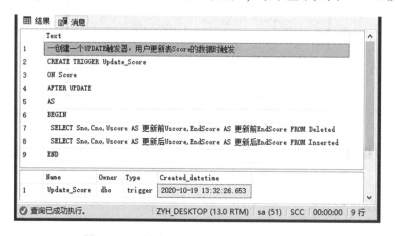

图 22 - 13   触发器 Update_Score 的信息查看

④ 禁用触发器，在第②步的语句后继续输入如下语句：

```
ALTER TABLE Score
DISABLE TRIGGER Update_Score
GO
```

⑤ 输入完成后，选中需要执行的语句，在 SSMS 的工具栏中单击"执行"，并在对象资源管理器中右击 Score 表，刷新触发器，观察执行结果，如图 22 - 14 所示。

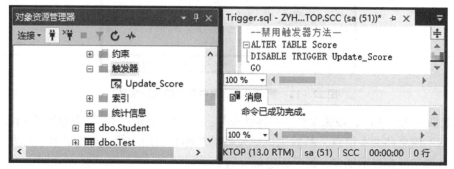

图 22 - 14   触发器 Update_Score 禁用

提示：上面的禁用触发器也可以使用语句"DISABLE TRIGGER Update_Score ON Score"来实现。

⑥ 启用触发器，在第④步的语句之后继续输入如下语句：

```
ALTER TABLE Score
ENABLE TRIGGER Update_Score
GO
```

⑦ 输入完成后，选中需要执行的语句，在 SSMS 的工具栏中单击"执行"，并在对象资源管理器中右击 Score 表，刷新触发器，执行结果如图 22－15 所示。

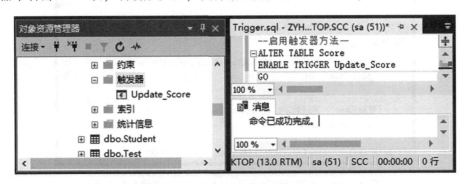

图 22－15 触发器 Update_Score 启用

提示：上面的启用触发器也可以使用语句"ENABLE TRIGGER Update_Score ON Score"来实现。

⑧ 修改触发器，在第⑥步的语句后继续输入如下语句：

```
--修改触发器
ALTER TRIGGER Update_Score
ON Score
AFTER UPDATE
AS
BEGIN
    SELECT Sno AS 更新前 Sno,Cno  AS 更新前 Cno,Uscore AS 更新前 Uscore,EndScore
AS 更新前 EndScore FROM Deleted
    SELECT Sno AS 更新后 Sno,Cno  AS 更新后 Cno,Uscore AS 更新后 Uscore,EndScore
AS 更新后 EndScore FROM Inserted
END
GO
```

⑨ 输入完成后，选中需要执行的语句，在 SSMS 的工具栏中单击"执行"，显示消息"命令已成功完成"。

⑩ 下面需要继续测试触发器修改后的触发执行效果。在第⑧步的语句后继续输入如下语句：

```
UPDATE Score SET Uscore = 80, EndScore = 81
WHERE Cno = 'c017' and Sno = 's032190124'          --更新记录
GO
```

⑪ 输入完成后，选中需要执行的语句，在 SSMS 的工具栏中单击"执行"，结果显示如图 22 - 16 所示。

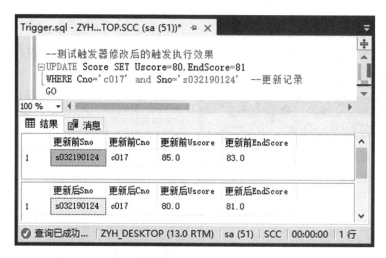

图 22 - 16　修改后的触发器 Update_Score 触发执行效果

⑫ 删除触发器，在第 10 步的语句后继续输入如下语句：

```
USE SCC
GO
DROP TRIGGER Update_Score
GO
```

⑬ 输入完成后，选中需要执行的语句，在 SSMS 的工具栏中单击"执行"，结果显示如图 22 - 17 所示。

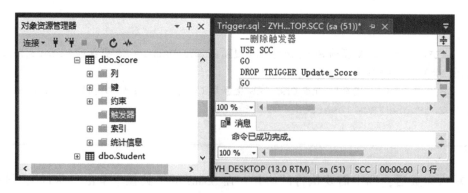

图 22 - 17　删除触发器 Update_Score 执行效果

【实战训练 22 - 6】创建 DDL 数据库触发器，具体任务为：创建数据库"SCC"作用域的 DDL 触发器 trig_scc_del，当删除一个数据库中的表时，提示禁止删除表操作，并回滚删除表的操作。

任务分析：

通过任务要求可以发现触发该 DDL 触发器的事件是删除表，即"DROP_TABLE"；触发该触发器后，提示用户"不能进行删除表的操作"，之后回滚事务，将数据库恢复到之前的状态；回滚事务使用语句"ROLLBACK TRANSACTION"。

任务实施：

① 启动 SSMS，在对象资源管理器中，找到"数据库"节点，展开"数据库"→"SCC"节点。

② 在"查询编辑器"界面中，输入以下语句：

```
USE SCC
GO
--创建一个 DDL 触发器,用户删除数据库中的表时触发
CREATE TRIGGER trig_scc_del
ON DATABASE
AFTER DROP_TABLE
AS
BEGIN
    PRINT '不能进行删除表的操作'
    ROLLBACK TRANSACTION
END
GO
```

③ 输入完成后，在工具栏中单击"执行"，会显示"命令已成功完成"。检查数据库"SCC"→"可编程性"→"数据库触发器"，会发现新增了一个触发器 trig_scc_del，如图 22 - 18所示。

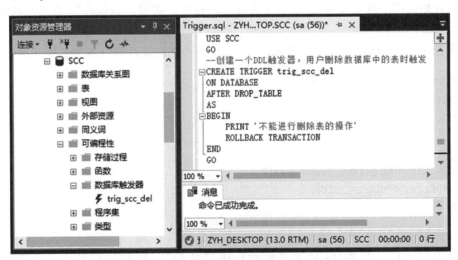

图 22 - 18 触发器 **trig_scc_del** 创建成功

④ 测试触发器的执行情况，在第②步的语句后继续输入如下语句：

```
DROP TABLE test
GO
```

⑤ 输入完成后，选中需要执行的语句，单击"执行"按钮，结果显示如图 22-19 所示。

图 22-19　触发器 trig_scc_del 的执行结果

提示：从上图可以看出，当在数据库"SCC"中执行删除表中的语句后，执行结果是显示"不能进行删除表的操作"，且提醒"事务在触发器中结束。批处理已中止。"此时，查看数据库"SCC"，发现表 test 并没有被删除。可以看到触发器生效了。

【实战训练 22-7】 创建 DDL 服务器触发器，具体要求为：创建服务器作用域的 DDL 触发器 trig_server_del，当删除服务器上的一个数据库时，提示禁止删除数据库操作，并回滚删除数据库的操作。

任务分析：

通过任务要求可以发现，触发该 DDL 触发器的事件是删除服务器上的数据库，即"DROP_DATABASE"；触发该触发器后，提示用户"不能进行删除数据库的操作"，之后回滚事务，将数据库恢复到之前的状态；回滚事务使用语句"ROLLBACK TRANSACTION"。

任务实施：

① 从开始菜单中启动 SSMS，在对象资源管理器中，找到"数据库"节点，展开"数据库"→"SCC"节点。

② 在 SSMS 的工具栏中单击"新建查询"，打开"查询编辑器"界面，输入以下语句：

```
CREATE TRIGGER trig_server_del
ON ALL SERVER
AFTER DROP_DATABASE
AS
BEGIN
    PRINT '不能进行删除数据库的操作'
    ROLLBACK TRANSACTION
END
GO
```

③ 输入完成后，在 SSMS 的工具栏中单击"执行"，结果消息显示"命令已成功完成"。检查当前"服务器连接"→"服务器对象"→"触发器"，会发现新增了一个触发器 trig_server_del，如图 22-20 所示。

图 22-20 触发器 trig_server_del 创建成功

④ 测试触发器的执行情况，在第②步的语句后继续输入如下语句：

```
--测试触发器
CREATE DATABASE TESTDB
GO
DROP DATABASE TESTDB
GO
```

⑤ 输入完成后，选中测试触发器的语句，在 SSMS 的工具栏中单击"执行"，则会先新建数据库，然后执行删除数据库操作。结果如图 22-21 所示。

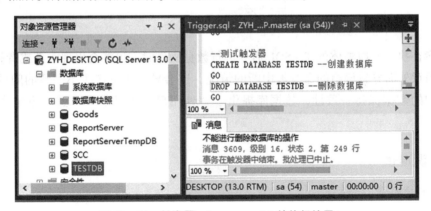

图 22-21 触发器 trig_server_del 的执行结果

从上图可以看出，当在服务器上创建数据库语句后，创建了数据库 TESTDB；当执行删除该数据库的语句后，执行结果是显示"不能进行删除数据库的操作"，且提醒"事务在触发器中结束。批处理已中止。"此时，查看服务器，发现数据库 TESTDB 并没有被删除。可以看到触发器生效了。

22.3 拓展训练

【拓展训练 22-1】创建 INSERT 触发器，禁止插入记录触发器。在数据库 Goods 中的 Shop_Order 表上创建一个名称为 Forbid_Insert_ShopOrder 的触发器，在用户向 Shop_Order 表中插入数据时触发，提示"不允许直接向该表插入记录，操作被禁止"。

【拓展训练 22-2】创建 DELETE 触发器。在数据库 Goods 中的 Employee 表上创建一个名称为 Delete_Employee 的触发器,在用户删除 Employee 表中数据时触发。触发器执行的语句是查询删除表 Deleted 中的记录。

【拓展训练 22 – 3】创建 UPDATE 触发器。在数据库 Goods 中的 Shop_goods 表上创建一个名称为 Update_Shopgoods 的触发器,在用户更新 Shop_goods 表中数据时触发。触发器执行的操作是显示更新前后的数据记录情况。

【拓展训练 22 – 4】管理触发器。对数据库 Goods 中的触发器 Update_Shopgoods 先查看其基本信息和文本信息,然后测试触发器的禁用和启用功能,接着修改触发器(触发器中查询字段都显示别名),验证触发器修改后的执行效果,最后删除触发器。

【拓展训练 22 – 5】创建 DDL 数据库触发器。要求创建 Goods 数据库作用域的 DDL 触发器 trig_goods_alter,当修改数据库中的一个表结构时,提示禁止修改表结构操作,并回滚修改表的操作。

【拓展训练 22 – 6】创建 DDL 服务器触发器。要求创建服务器作用域的 DDL 触发器 trig_server_create,当在服务器上新建一个数据库时,提示禁止新建数据库操作,并回滚新建数据库的操作。

任务 23　事务

数据库在执行一组整体的 T – SQL 命令进行数据操作时,可能会出现一条或者是一组 T – SQL 命令因意外而导致该组的命令被中断的情况,这会导致数据产生不一致的问题。为了保证数据库中的数据保持一致性,数据库提供了"使用事务管理数据"这一方法来解决此类问题。

23.1　知识准备

1. 事务的概念、原则

事务(Transaction)是由一组 T – SQL 命令组成的集合,是作为一个整体被执行的 T – SQL 命令,要么是成功执行事务中的所有语句,并改变事务操作过的数据;要么就是整个事务执行失败,并且所有数据恢复到事务开始执行之前。例如,在一次借书登记的过程中,需要同时完成多个操作,包括修改读者已借图书总数、添加一条新的借书信息等。如果在登记过程中突然停电可能造成只完成了前一步操作,而后面的操作没有完成,导致数据不一致。使用事务处理就可以很好地避免这种问题。

事务是一组 T – SQL 命令,却要作为一个单元操作,为了确保事务能够建立,必须要求事务遵循 4 个原则,这也是事务的 4 个特性,分别是原子性、一致性、隔离性和持久性,简称 ACID 特性。

(1)原子性(Atomic)

原子性表示事务是不可分割的原子操作单元。只有事务中的所有操作都执行成功,事务才算执行成功。如果事务中的任意一个语句执行失败，则事务执行失败，导致事务中所有语句都不执行。

（2）一致性（Consistency）

一致性表示事务总能够使得数据库从一种一致性状态转移到另一种一致性状态。保持一致性是事务的最终目的，即事务执行成功的前后，所有数据是符合约束的。例如，数据前后符合主键、外键的约束，或者符合数据库设计者添加的自定义约束，如转账数据库系统的支出和收入总和必须为 0。

（3）隔离性（Isolation）

数据库允许多个并发事务同时对数据进行读写和修改的能力，而隔离性可以防止以下情况：多个事务并发执行时，出现交叉执行从而导致数据前后不一致，破坏了事务的一致性。事务隔离性会分为不同的级别。

（4）持久性（Durability）

持久性表示事务一旦成功执行，那么事务对数据库中数据的修改就是永久性的，即使发生了意外导致了系统崩溃或者断电死机，数据库中的数据也能够完全恢复，保证数据库中的数据仍然是完整的。

2. 事务并发执行使用问题

由于数据库是多线程并发执行的，同理，数据库也会并发执行多个事务，就会出现脏读、不可重复读或者幻读等问题。

1）脏读

指一个事务正在访问数据，而其他事务正在更新该数据，但尚未提交，这时就会发生脏读问题，即第一个事务所读取的数据是"脏"（不正确）数据，它可能会引起错误。

2）不可重复读

当一个事务多次访问同一行且每次读取不同的数据时会发生此问题。不可重复读与脏读有相似之处，因为该事务也是正在读取其他事务正在更改的数据。当一个事务访问数据时，另外的事务也访问该数据并对其进行修改，因此就发生了由于第二个事务对数据的修改而导致第一个事务两次读到的数据不一样的情况，这就是不可重复读。

3）幻读

当一个事务对某行执行插入或删除操作，而该行属于某个事务正在读取的行的范围时，会发生幻读问题。事务第一次读的行范围显示出其中一行已不复存在于第二次读或后续读中，因此该行已被其他事务删除。同样，由于其他事务的插入操作，事务的第二次读或后续读显示有一行已不存在于原始读中。

为了应对以上问题，事务的隔离性提供了 4 类隔离级别，分别是未提交读、已提交读、可重复读和可序列化。不同隔离级别可解决的问题如表 23 - 1 所示。

（1）未提交读（READ UNCOMMITTED）

未提交读，即一个事务可以读取其他未提交的事务的执行结果。效率虽然高，但是容易出现脏读、不可重复读、幻读等问题。

（2）已提交读（READ COMMITTED）

相对于未提交读，已提交读表示事务只能读取其他事务完成执行并且提交的数据内容。已提交读可以使得数据库用户避免脏读。

（3）可重复读（REPEATABLE READ）

可重复读即针对不可重复读的问题而设立的隔离级别。可重复读是事务开启修改（UPDATE）操作时，不允许其他并发事务对此事务操作的数据进行操作。可重复读可以避免脏读与不可重复读。

（4）可序列化（SERIALIZABLE）

可序列化是最高级别的隔离级别，即将事务进行"串行化顺序执行"，也就是事务按照队列进行串行执行。可序列化可以避免脏读、不可重复读、幻读问题，但是高安全性需要牺牲执行性能。可序列化执行效率低，性能开销大，因此使用的情景很少。

表 23 - 1　不同隔离级别可解决的问题

隔离级别	脏读	不可重复读	幻读
未提交读	×	×	×
已提交读	√	×	×
可重复读	√	√	×
可序列化	√	√	√

注：√表示能解决此类问题，×表示不能解决此类问题。

3. 定义事务的 T - SQL 语句

在定义事务之前，需要先掌握事务类型。事务的类型可以分为 3 类：显式事务、隐式事务和自动提交事务。

（1）显式事务定义

显式事务是指显式定义了事务的启动和结束。即每个事务都是以 BEGIN TRANSACTION 语句显式开始，以 COMMIT TRAN 语句显式结束，并且可以设置 ROLLBACK TRAN 语句回滚事务。在事务的开始与结束语句之间，可以添加 DML 语句（SELECT、DELETE、UPDATE、INSERT 语句）。要使用显式事务，必须要用 BEGIN、COMMIT、ROLLBACK 语句来定义事务。

1）BEGIN TRANSACTION 语句。

此语句代表显式事务的开始，并且全局变量@@TRANCOUNT（此变量存储了当前事务的嵌套等级）递增 1。其语法格式如下：

```
BEGIN {TRAN |TRANSACTION}
[ { 事务名 |@ 事务变量名}
    [WITH MARK [description]]
 ]
```

说明：

① TRAN：TRANSACTION 的同义词。

② WITH MARK［description］：指定在日志中标记事务。description 是描述该标记的字符串。如果使用了 WITH MARK，则必须指定事务名。

2）COMMIT TRANSACTION 语句。

COMMIT TRANSACTION 语句是提交事务的语句。当事务中所有的操作都成功执行，那么按照事务的永久性，事务永久保存此次事务执行中事务进行运算的结果。显式事务需要手动去执行 COMMIT TRANSACTION 提交数据，使得数据修改永久化，并结束此事务。其语法格式如下：

```
COMMIT  {TRAN|TRANSACTION}
     {事务名|[@ 事务变量名 ]}
```

3）ROLLBACK TRANSACTION 语句

由于事务拥有不可分割的原子性，当事务在执行的过程时，若有一条或一组的语句出现了错误，那么事务可执行 ROLLBACK TRANSACTION 回滚语句，将事务修改过的数据都恢复到事务开始前的状态，并且事务占用的数据资源也将被释放。语法格式如下：

```
ROLLBACK  {TRAN|TRANSACTION}
     [事务名|@ 事务变量名 ]
```

（2）隐式事务定义

隐式事务看似没有明显的事务标志，但是它可能会藏在 T-SQL 语句当中。隐式事务是需要有开始和结束的标志来定义的。启动隐式事务需要用到 SET IMPLICIT_TRANSACTION ON 语句。启动了隐式事务之后，事务会形成连续的事务链，当前一个事务完成后，无需定义事务的开始，新事务就会立即隐式启动，只需要提交 COMMIT TRAN 或者是 ROLLBACK TRAN 语句提交或者是回滚每个事务。在 SQL Server 中，下列任意一个语句都会自动启动事务：ALTER、CREATE、DELETE、DROP、FETCH、GRANT、INSERT、OPEN、REVOKE、SELECT、TRUNCATE TABLE、UPDATE。

如果想要结束隐式事务模式，则执行 SET IMPLICIT_TRANSACTIONS OFF 语句。

（3）自动提交事务

自动提交事务是 SQL Server 默认的事务管理模式。其中每一条语句都是一个事务，每一条语句执行后，都会进行提交或者是回滚。如果没有指定使用显式事务或者隐式事务，SQL Server 就会一直以自动提交事务模式进行操作。

4. 事务管理的 T-SQL 语句

定义了数据库事务后，需要使用事务来管理数据库。SQL Server 提供了 T-SQL 语句来进行事务管理。这里分别从显式事务和隐式事务来介绍事务管理的 T-SQL 语句。

（1）显式事务管理

假设一个事务有很多的语句，并且每次运行失败都要回滚到开启事务前，就会造成巨大的性能开销的问题。为了解决时间开销和运行失败的原因捕获这两个问题，显式事务管理还提供了 SAVE TRANSACTION 语句以及 BEGIN TRY 与 BEGIN CATCH 语句来解决以上问题。

1）SAVE TRANSACTION

SQL Server 提供了 SAVE TRANSACTION 语句，此句在事务中生成存储点，然后用户可以选择性地选择恢复点，这样不用每次都回滚到事务开始，大大减少时间上的开销。语法格式如下：

```
SAVE {  TRAN |TRANSACTION}
    { 保存点名 |@ 保存点变量}
```

2）BEGIN TRY 与 BEGIN CATCH 语句。

BEGIN TRY 与 BEGIN CATCH 语句是 SQL Server 2016 的 T－SQL 中常用异常捕抓语句，当然也可以用于事务管理中，可以捕获和处理事务中的异常。其语法格式如下：

```
BEGIN TRY
SQL 语句
END TRY
BEGIN CATCH
捕获错误与处理异常的语句
END CATCH
```

假设 BEGIN TRY 与 END TRY 中的任何一组语句中出现错误，那么会停止执行后面的语句，并立即跳转到 BEGIN CATCH 处执行语句。BEGIN CATCH 与 END CATCH 中的语句块一般用于错误的捕获以及异常的处理，事务可以在此语句块中执行回滚来处理事务中出现了异常情况。而如果 BEGIN TRY 与 END TRY 中的语句块没有错误，顺利执行，那么不会执行 BEGIN CATCH 的语句。

（2）隐式事务管理

隐式事务是在 SET IMPLICIT_TRANSACTIONS ON 语句后开启的。隐式事务开启后，会自动启动事务，并且会形成事务链。因此可以使用 COMMIT TRAN 与 ROLLBACK TRAN 提交或者回滚事务，从而将隐式事务分割为多个事务的事务链，可以减少过长的事务回滚造成的时间开销的浪费。可以加入 T－SQL 的一个判断语句，格式如下：

```
    －－上一个事务
 IF@ @ ERROR! =0
    ROLLBACK TRAN
   ELSE
    COMMIT TRAN
  －－下一个事务
```

23.2　实战训练

【实战训练 23－1】在学生选课管理数据库"SCC"中，利用事务进行学生选课管理，需要实现的功能为：在原有班级新增 1 名学生，选修 2 门课程，所选课程学分必须大于或等于 6 分，并录入学生成绩，得分规则为百分制，范围是 0～100 分。

任务分析：

① 需要开启一个显式事务，执行该事务满足所有的功能。

② 若要新增 1 名学生，则需要在"Student"表中插入一行记录。插入前，可以执行语句 EXECUTE SP_HELPSTUDENT。该语句用来查询 Student 表的详细结构，包括各个字段的约束，查询部分结果如图 23－1 所示。其中"ClassNo"字段是外键，那么 Student 表中的 ClassNo 字段必须要输入 Class 表中 ClassNo 字段中的任意值，否则新增失败，事务回滚。

	constraint_type	constraint_name	delete_action	update_action	status_enabled	status_for_replication	constraint_keys
1	CHECK on column Sex	CK_Sex	(n/a)	(n/a)	Enabled	Is_For_Replication	([Sex]='男' OR [Sex]='女')
2	DEFAULT on column Sex	DF__Student__Sex__276EDEB3	(n/a)	(n/a)	(n/a)	(n/a)	('男')
3	FOREIGN KEY	FK_Student_Class	No Action	No Action	Enabled	Is_For_Replication	ClassNo
4							REFERENCES SCC.dbo.Class (ClassNo)
5	PRIMARY KEY (clustered)	PK_Student	(n/a)	(n/a)	(n/a)	(n/a)	Sno

图 23－1　Student 表字段约束

③ 要求选修 2 门课程，学分和大于或等于 6 分，则需要判断选课后 Course 表中 Credit 字段值的和大于等于 6，否则事务执行失败并回滚。同理执行语句查看 Course 表的字段约束，如图 23－2 所示。

	constraint_type	constraint_name	delete_action	update_action	status_enabled	status_for_replication	constraint_keys
1	CHECK on column LimitNum	CK_Course__LimitNum__2D27B809	(n/a)	(n/a)	Enabled	Is_For_Replication	([LimitNum]>(0))
2	CHECK on column CourseHour	CK_CourseHour	(n/a)	(n/a)	Enabled	Is_For_Replication	([CourseHour]>(0))
3	CHECK on column Credit	CK_Credit	(n/a)	(n/a)	Enabled	Is_For_Replication	([Credit]>(0))
4	DEFAULT on column Teacher	DF__Course__Teacher__2C3393D0	(n/a)	(n/a)	(n/a)	(n/a)	('待定')
5	PRIMARY KEY (clustered)	PK_Course	(n/a)	(n/a)	(n/a)	(n/a)	Cno

图 23－2　Course 表字段约束

④ 录入学生成绩，即插入一行记录到 Score 表中，该表是以字段组合 Sno 与 Cno 作为主键，但 Sno 与 Cno 又分别是外键，因此 Sno 与 Cno 字段值必须在原表中存在。查看 Score 表的字段约束，如图 23－3 所示，Uscore 与 Endscore 约束范围是 0～100，假如不符合百分制的约束，则事务执行失败并回滚。

	constraint_type	constraint_name	delete_action	update_action	status_enabled	status_for_replication	constraint_keys
1	CHECK on column EndScore	CK_Endscore	(n/a)	(n/a)	Enabled	Is_For_Replication	([Endscore]>=(0) AND [Endscore]<=(100))
2	CHECK on column Uscore	CK_Uscore	(n/a)	(n/a)	Enabled	Is_For_Replication	([Uscore]>=(0) AND [Uscore]<=(100))
3	FOREIGN KEY	FK_Score_Course	No Action	No Action	Enabled	Is_For_Replication	Cno
4							REFERENCES SCC.dbo.Course (Cno)
5	FOREIGN KEY	FK_Score_Student	No Action	No Action	Enabled	Is_For_Replication	Sno
6							REFERENCES SCC.dbo.Student (Sno)
7	PRIMARY KEY (clustered)	PK_Score	(n/a)	(n/a)	(n/a)	(n/a)	Sno, Cno

图 23－3　Score 表字段约束

任务实施：

① 在 SSMS"查询编辑器"界面，输入以下 T－SQL 语句：

```
USE SCC;
GO
SET XACT_ABORT ON;
GO
--定义变量及事务名
DECLARE @ tran_name1 varchar(20)
--定义插入新生的班级编号变量
DECLARE @ new_stu_class_no nvarchar(10)
--定义新生选修的第1门课程编号
DECLARE @ course_1 nvarchar(10)
--定义新生选修的第2门课程编号
DECLARE @ course_2 nvarchar(10)
--定义新生选课总学分变量
DECLARE @ sum_credit numeric(4,1)
--定义新生学号变量
DECLARE @ student_sno nvarchar(15)
SELECT @ tran_name1 = 'STU_SELECT_COR'
--事务启动
BEGIN TRAN @ tran_name1
    --新生学号赋值,班级编号赋值
    SELECT @ student_sno = 's011180126'
    SELECT @ new_stu_class_no = '0111802'
    --插入一位新生行记录,注意ClassNo是外键。
    INSERT INTO Student( Sno, Sname, Sex, Birth, ClassNo) VALUES( @ student_
sno, '张三', '男', '1998 -02 -25', @ new_stu_class_no)
    --新生选课赋值
    SELECT @ course_1 = 'c001'
    SELECT @ course_2 = 'c005'
    --计算新生选课总学分
    SELECT @ sum_credit = SUM(Credit) FROM Course WHERE Cno = @ course_1 OR
Cno = @ course_2
    --总学分小于6,事务回滚
    IF @ sum_credit < 6
      ROLLBACK TRANSACTION @ tran_name1;
    --插入新生2门课程的分数
    INSERT INTO Score( Sno, Cno, Uscore, EndScore) VALUES( @ student_sno, @
course_1, '60', '70'), ( @ student_sno, @ course_2, '90', '91')
    --事务执行成功后的提交
    IF @ @ TRANCOUNT > 0
COMMIT TRAN @ tran_name1      --提交事务
GO
```

② 输入完成后,在 SSMS 的工具栏中单击"执行",在结果消息中显示"(1 行受影响)(2 行受影响)",表示事务执行完成并提交。

③ 在对象资源管理器中,右击 Student 表节点,选择"编辑前 200 行"命令,可以看到新生信息已经成功添加,如图 23 -4 所示。同理,查看 Score 表中也相应添加了该学生的成绩

记录，如图 23 - 5 所示。

	Sno	Sname	Sex	Birth	ClassNo
1	s011180106	陈骏	男	2000-07-05	0111801
2	s011180126	张三	男	1998-02-25	0111802
3	s011180208	土强	男	2000-02-25	0111802
4	s012190118	陈天明	男	2000-07-18	0121901
5	s012190205	王兰	女	2001-12-01	0121902
6	s013180302	叶毅	男	1991-01-20	0131803

记录成功添加

图 23 - 4　Student 表中新生记录成功添加

	Sno	Cno	Uscore	EndScore
1	s011180106	c001	95.0	92.0
2	s011180106	c003	67.0	45.0
3	s011180126	c001	60.0	70.0
4	s011180126	c005	90.0	91.0
5	s011180208	c001	70.0	51.5
6	s011180208	c002	82.0	NULL
7	s011180208	c004	95.0	86.0
8	s012190205	c005	60.0	54.0

图 23 - 5　Score 表记录插入成功

④ 测试事务回滚，首先删除学生"张三"的信息，执行以下两条 T　SQL 语句：

```
DELETE Score WHERE Sno = 's011180126';
DELETE Student WHERE Sno = 's011180126';
```

⑤ 删除记录之后，修改第①步中的 T - SQL 部分语句，具体如下：

```
--新生选课赋值
SELECT @ course_1 = 'c001'
SELECT @ course_2 = 'c004'
```

⑥ 在 SSMS 的工具栏中单击"执行"按钮，执行修改后的事务代码，执行结果如图23 -6所示。

消息

(1 行受影响)
消息 547，级别 16，状态 0，第 35 行
INSERT 语句与 FOREIGN KEY 约束"FK_Score_Student"冲突。该冲突发生于数据库"SCC"，表"dbo.Student"，column 'Sno'。

完成时间: 2021-01-30T20:29:02.1857193+08:00

图 23 - 6　修改事务执行结果

⑦ 由于 Cno 字段为"c001"与"c004"课程的学分 Credit 总和小于6，事务会发生回滚。不能够实现在 Score 表中插入记录，同时已经执行过的插入新生"张三"的语句也不会生效。

⑧ 除此之外，由于数据约束导致的错误也会使得事务的执行失败并回滚。例如，修改插入分数，语句如下：

--插入新生 2 门课程的分数

```
INSERT INTO Score(Sno, Cno, Uscore, EndScore) VALUES(@ student_sno, @ course
_1, '60', '70'),(@ student_sno, @ course_2, '90', '91'),(@ student_sno, 'c033', '77',
'88')
```

由于字段 Cno 是 Score 表的外键，因此插入数据到 Score 表时，Cno 的值必须要在其作为主键的 Course 表中存在。由于 Course 表的 Cno 字段不存在值"c033"，因此会造成语句执行错误，导致整个事务都执行失败，前面"张三"的数据也不会插入到表 Student 当中。

23.3 拓展训练

【拓展训练 23 - 1】 在学生选课管理数据库"SCC"中，利用事务进行学生选课管理，需要实现的功能为：向 Score 表添加多行数据，若同一名学生选课超过 3 门，则回滚事务选课无效，否则成功提交。

【拓展训练 23 - 2】 在商品销售管理数据库 Goods 中，利用事务进行商品销售管理，需要实现的功能为：商城欲进购一批车厘子进行促销，出于盈利需要，如果 2021 年 1 月的订单量小于 500 箱，则从下一个月起下架该商品，相反则继续进购该商品用于销售。

锁用于操作数据库的并发控制，SQL Server 可以利用锁防止多个用户操作同一数据而造成数据不一致问题的发生。本任务将介绍锁的概念、分类以及作用，以及如何使用 T - SQL 语句定义锁和使用锁。

24.1 知识准备

1. 锁的概念、分类、作用

当用户对数据库并发访问时，为了确保事务完整性和数据库的一致性，需要使用锁，它是实现数据库并发控制的主要手段。锁可以防止用户读取正在由其他用户更改的数据，并可以防止多个用户同时更改相同数据。如果不使用锁，数据库中的数据可能在逻辑上不正确，并且对数据的查询可能会产生意想不到的结果。

锁可以在多个用户环境中，限制其他用户对正在操作的数据进行修改，保证数据的一致性。SQL Server 2016 会自动对资源进行锁的设置和释放。例如，用户 A 需要更新一个表时，其他的用户不能够对 A 正在操作以及已经更新的内容进行修改，甚至是不能查看被锁的内容，需要等用户 A 完成相关的更新操作并释放锁后，其他用户才能修改和查看这部分内容。

（1）锁的分类

SQL Server 中常用的锁有以下几类：

1）共享锁

共享锁又称读锁。添加了共享锁的数据，可以防止其他用户对加锁的数据进行修改。通常用于数据的读取上，并且可以多个共享锁相容，即数据可以被添加多个共享锁。

2）排他锁

排他锁又称独占锁，在多个并发事务上进行。当数据添加了排他锁，任何其他事务都无法访问与修改这些数据；仅仅在使用了 NOLOCK 提示或者是隔离级别为未提交读时，才能对添加了排他锁的数据进行读取数据的操作。

3）更新锁

更新锁一般是用于防止死锁。例如，事务 A 对数据 D 添加了更新锁，即其他事务也可以读取数据 D，但是事务 A 可能会修改数据 D 的操作，因此事务 A 会获取从共享锁转变为排他锁的权限。一个事务最多只能由一个更新锁获取此权限。

4）意向锁

意向锁放在锁层次结构的底层资源上，在较低级的锁把资源锁住之前，提供意向锁可以使用。例如，事务 A 锁使用粒度为行的锁来锁住表 C，其事务只读不能写，此时事务 B 需要用粒度为表的锁来锁表 C，使得其他事务不能读写。此时需要事务 B 去遍历表 C 的每一行检测是否有事务 A 添加的锁，效率低下。这时可以使用意向锁，当事务 A 添加粒度为行的锁时，在表中添加一个意向锁，此时事务 B 直接得知事务 A 正在锁着表 C，即事务 B 需要等待 A 的锁释放才能添加锁。

5）架构锁

架构锁分为 2 种，分别是架构修改（Sch－M）锁和架构稳定性（Sch－S）锁。当进行表的修改或者重新编译存储过程时，锁管理器会在数据对象中添加架构修改锁。在这期间，其他任何事务都不能引用该对象，直到当对象架构修改完成并且提交后才可引用。另外一种是架构稳定锁，当在使用事务时引用了索引或者数据页面，那么 SQL Server 会在其操作对象上添加架构稳定锁，在此锁释放前，其他任何事务都不能引用该对象的模式，如修改或删除视图、存储过程、表等。

6）大容量更新锁

当需要向某一个表进行大容量的数据复制时，可以指定 TABLOCK 提示使用大容量更新锁。该锁允许多个线程并发加载大容量数据到同一个表中，并且其他没有进行大容量数据加载的所有进程都不能够访问此表。

7）键范围锁

键范围锁是事务使用可序列化的隔离级别时使用的锁，用于保护查询读取的行的范围，确保第二次运行该查询操作时，其他事务无法插入符合可序列化隔离级别事务进行查询的数据到键范围锁的表当中。

（2）粒度锁

锁的粒度表示锁的对象级别，表示可以对该级别添加锁。

① 行：粒度是一行，表示对表中的某一行进行锁定。

② 页：数据库中的数据页或者是索引页，每页是 8KB。

③ 键：索引中用于保护可序列化事务中范围的锁。

④ 扩展盘区：扩展盘区由 8 页组成，如数据页和索引页等。

⑤ 表：包含整个表，包括所有的数据和索引。

⑥ 数据库：表示整个数据库。

（3）死锁

死锁指两个事务互相冲突而造成的阻塞，导致无法正常运行结束。例如，事务 A 向表 S 上添加了共享锁，而且必须要读取表 T 的数据后才能够释放该共享锁。同一时间存在一个并发的事务 B，在表 T 中添加了排他锁，并且需要修改表 S 才能释放该排他锁。那么事务 A 无法读取表 T 并一直等待表 T 释放。同理，事务 B 无法修改表 S 并一直等待表 S 释放。事务 A 与事务 B 都需要对方释放锁，但是事务 A 与事务 B 都需要对方释放锁才能完成功能并释放事务自身的锁。如图 24 - 1 所示，就会出现事务 A 与事务 B 都无法释放锁，也无法执行语句，出现了阻塞，这种现象称为死锁。

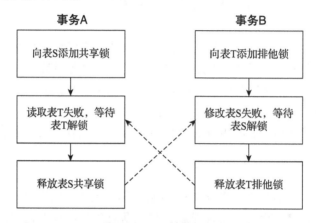

图 24 - 1 死锁的图解

要解决死锁问题，唯一的解决办法是强行取消其中一个事务。避免死锁是设计数据库并发控制主要考虑的问题，通常会使用按相同顺序访问表的方法来避免死锁。

2. 定义和使用锁的 T - SQL 语句

（1）锁的定义

定义锁的关键字如表 24 - 1 所示。

表 24 - 1 定义锁的关键字

关键字	作用
NOLOCK（不加锁）	在读写数据时不添加任何锁
HOLDLOCK（保持锁）	事务会将此锁保持到事务结束
UPDLOCK（修改锁）	事务会将此锁保持到事务结束，并且其他事务可以进行读数据操作，但是只有执行事务的进程能够修改数据
TABLOCK（表锁）	粒度为表的共享锁，其他事务只能读取该表不能进行修改
PAGLOCK（页锁）	粒度为页的共享锁
ROWLOCK（行锁）	粒度为行的共享锁
TABLOCKX（排他表锁）	粒度为表的排他锁，可阻止其他事务在此锁释放前读写该表数据

（2）使用锁的 T - SQL 语句

1）对某一行添加锁

```
SET TRANSACTION ISOLATION LEVEL READ UNCOMMITTED
SELECT * FROM 表名 ROWLOCK WHERE id = 666
```

以上设置了事务的隔离等级为未提交读，在执行查询语句时，对其进行行锁。对查询得到的 id = 666 添加一个共享锁。

2）锁定数据库的一个表

```
SELECT * FROM 表名 WITH (HOLDLOCK)
```

即可对表添加一个锁。以上 T - SQL 是添加了一个保持锁。即在事务结束前，该表都不会释放表的共享锁。

24.2　实战训练

【实战训练 24 - 1】在学生选课管理数据库 "SCC" 中，使用 T - SQL 语句开启事务实现以下操作：插入一名新生、一门新的课程，并创建一个新的成绩记录，其中插入新生数据时对学生表添加保持锁，在插入新课程时对课程表使用保持锁，在创建新的成绩记录时使用排他表锁。

任务分析：

完成任务需要在隐式事务中添加一个排他表锁和一个保持锁。因此需要注意的事项包括以下几个方面：

① 避免死锁，尽量让所有并发事务都按顺序访问表。

② 排他表锁为 TABLOCKX。即该表不能被其他事务进行读写数据的操作。

③ 保持锁，隐式事务自动提交之后，进行大部分操作都会隐式开启一个事务。保持锁也会随着事务的提交或者回滚释放。

任务实施：

```
--使用隐式事务
USE SCC
GO
SET xact_abort off
GO
SET IMPLICIT_TRANSACTIONS ON
--第一个隐式事务
--添加了一个保持锁
INSERT Student WITH (HOLDLOCK) VALUES('s012190155','张小肆','女','2001 - 03 -
1','0121901')
IF @ @ ERROR! = 0
    ROLLBACK TRAN
ELSE
    COMMIT TRAN
GO
```

```
   --第二个隐式事务
   --添加了一个保持锁
   INSERT Course WITH (HOLDLOCK) VALUES('c024','人工智能','李武','4','105','56')
   IF @ @ ERROR! =0
       ROLLBACK TRAN
   ELSE
       COMMIT TRAN
   --第三个隐式事务
   --添加了排他表锁
   INSERT Score WITH (TABLOCKX) VALUES('s012190155','c024','90','85')
   --添加了排他表锁
   UPDATE Score WITH (TABLOCKX) SET EndScore = '90' WHERE Sno = 's012190155' AND
Cno = 'c024'
   IF @ @ ERROR! =0
       ROLLBACK TRAN
   ELSE
       COMMIT TRAN
```

24.3 拓展训练

【拓展训练】 操作商品销售管理数据库 Goods，使用 T – SQL 语句完成以下任务：添加一名客户、一种新的商品，并创建一个新的订单记录，其中添加客户数据时对客户表添加保持锁，在插入新商品时对商品表使用保持锁，在创建新的订单记录时使用排他表锁。

任务 25　游标

25.1 知识准备

　　游标是 SQL Server 的一种数据访问机制，它允许用户访问单独的数据行。用户可以对每一行数据进行单独处理，从而降低系统开销和潜在的阻隔情况，也可以使用这些数据生成 SQL 代码并立即执行或输出。

1. 游标的概念、作用

　　游标是一种处理数据的方法，主要用于存储过程、触发器和 T – SQL 脚本中。在查看或处理结果集中的数据时，游标可以提供在结果集中向前或向后浏览数据的功能。类似于 C 语言中的指针，它可以指向结果集中的任意位置。当要对结果集进行逐行单独处理时，必须声明一个指向该结果集的游标变量。

　　SQL Server 中的数据操作结果都是面向集合的，并没有一种描述表中单一记录的表达形式，除非使用 WHERE 子句限定查询结果。使用游标可以将多个数据行一次一行地读取出来处理，从而把对集合的处理转换为对单个数据行的处理。游标的使用使操作过程更加灵活、高效。游标的作用包括：

- 游标能从包括多条数据记录的结果集中每次提取一条记录。
- 游标总是与一条 SQL 查询语句相关联，由结果集和指向特定记录的游标位置组成。
- 游标允许程序对 Select 查询语句返回的结果集中的每一行执行相同或不同的操作。
- 提供对基于游标位置的表中的行进行删除和更新的能力。

2. 声明游标的 T-SQL 语句

游标主要包括游标结果集和游标位置两部分，游标结果集是由定义游标的 Select 语句返回的行集合而成，游标位置则是指向这个结果集中的某一行的指针。

游标不是数据库对象，因此不能使用 Create 语句创建游标，而是使用类似于声明变量的方式声明游标。游标在使用前必须先声明，还要将游标与一条 Select 语句关联在一起，但并不执行。SQL Server 中声明游标使用 DECLARE CURSOR 语句，其语法格式如下：

```
DECLARE 游标名 CURSOR[LOCAL |GLOBAL]
[FORWARD_ONLY |SCROLL]
[STATIC |KEYSET |DYNAMIC |FAST_FORWARD]
[READ_ONLY |SCROLL_LOCKS |OPTIMISTIC]
[TYPE_WARNING]
FOR SELECT 语句
[FOR UPDATE [OF column_name [,...n]]]
```

说明：

① LOCAL 与 GLOBAL：说明游标的作用域。

- LOCAL：游标的作用域是局部的，定义游标的作用域仅限在其所在的存储过程、触发器或批处理中。当建立游标的存储过程执行结束后，游标会被自动释放。

- GLOBAL：游标的作用域是全局的，表明在整个会话层的任何存储过程、触发器或批处理中都可以使用该游标，只有当用户脱离数据库时该游标才会被自动释放。

② FORWARD_ONLY 和 SCROLL：说明游标的移动方向。

- FORWARD_ONLY：说明游标只能从第一行滚动到最后一行，即只支持 FETCH NEXT 提取选项。如果未指明是使用 FORWARD_ONLY 还是使用 SCROLL，那么默认是 FORWARD_ONLY；若使用 STATIC、KEYSET 和 DYNAMIC 关键字，则变成了 SCROLL 游标。另外如果使用了 FORWARD_ONLY，便不能使用 FAST_FORWARD。

- SCROLL：表明所有的提取操作都可用（如 FIRST、LAST、PRIOR、NEXT、RELATIVE、ABSOLUTE）。如果不使用该关键字，则只能进行 NEXT 提取操作。

③ STATIC | KEYSET | DYNAMIC | FAST_FORWARD：用于定义游标的类型。T-SQL 拓展游标有 4 种类型。

- STATIC：静态游标，不允许更改数据。定义一个游标使用数据的临时副本，对游标的所有请求都通过 tempdb 中的临时表得到应答，提取数据时对该游标不能反映基表数据修改的结果。

- KEYSET：定义一个键集驱动游标。指定打开游标时，游标中记录顺序和成员身份已被固定，对进行唯一标识的键集内置在 tempdb 内一个称为 keyset 的表中。

- DYNAMIC：默认值，指定游标为动态游标。
- FAST_FORWARD：定义一个快速只进游标。

④ READ_ONLY | SCROLL_LOCKS | OPTIMISTIC：说明游标或基表的访问属性。

- READ_ONLY：表示游标为只读游标。
- SCROLL_LOCKS：表示在使用游标的结果集时，游标对数据进行读取时，数据库会对记录进行锁定，保证数据的一致性。
- OPTIMISTIC：通过游标读取的数据，如果读取数据之后被更改，那么通过游标定位进行的更新和删除操作不会成功。

⑤ TYPE_WARNING：指定将游标从所请求的类型隐式转换为另一种类型时，向客户端发送警告消息。

⑥ FOR UPDATE：指出游标中可以更新的列，若有参数 OF column_name［,... n］，则只能修改列出的这些列；若未指出列，则可以修改所有列。

3. 游标的基本操作

使用游标的步骤分为声明游标、打开游标、读取游标中的数据、关闭和释放游标 5 个步骤。前面已经介绍过声明游标，下面分别介绍其他的 T-SQL 语句及语法格式。

（1）打开游标

在使用游标之前，必须打开游标，打开游标的语法格式如下：

```
OPEN[GLOBAL]游标名 |游标变量名
```

说明：

① OPEN：用于打开游标，执行游标定义语句汇总指定的 T-SQL 语句来填充游标（即生成与游标相关联的结果集）。

② GLOBAL：指定游标 cursor_name 是全局游标，否则是局部游标。

③ 打开游标后，可以使用全局变量@@CURSOR_ROWS 查看游标中数据行数。

（2）读取游标中的数据

打开游标之后，就可以读取游标中的数据了。使用 FETCH 语句读取游标中的数据，语法格式如下：

```
FETCH
NEXT | PRIOR | FIRST | LAST |
ABSOLUTE{偏移量值 |偏移量变量} |
RELATIVE {偏移量值 |偏移量变量}
[FROM]
[GLOBAL] 游标名 |游标变量名
INTO 变量名
```

说明：

① NEXT | PRIOR | FIRST | LAST：指定读取数据的位置，并使其置为当前行。

② ABSOLUTE 和 RELATIVE：指定读取数据的位置与游标头或当前位置的关系。其中，偏移量值必须为整数型常量，偏移量变量必须为 smallint、tinyint 或 int 类型。

③ GLOBAL：指定读取的是全局游标，未指明则是局部游标。

④ 游标名：要从中提取数据的游标名。

⑤ 游标变量名：引用要进行提取操作的已打开的游标。

⑥ 变量名：将读取的游标数据存放到指定的变量中。

（3）关闭游标

游标使用完以后要及时关闭。关闭游标使用 CLOSE 语句，语法格式为：

```
CLOSE [GLOBAL] 游标名 | 游标变量名
```

说明：

① GLOBAL：指定游标 cursor_name 是全局游标，缺省是局部游标。

② 游标名：要关闭的游标名称。

③ 游标变量名：要关闭的游标变量名，该变量引用一个游标。

（4）释放游标（删除游标）

游标关闭后，其定义仍在，需要再次使用时可用 OPEN 语句打开它。若确认不再需要某一个游标，则需要释放其定义占用的系统空间，即删除游标。删除游标使用 DEALLOCATE 语句，语法格式为：

```
DEALLOCATE [GLOBAL] 游标名 | 游标变量名
```

说明：

① GLOBAL：指定游标 cursor_name 是全局游标，否则是局部游标。

② 游标名：要删除的游标名称。

③ 游标变量名：要删除的游标变量名，该变量引用一个游标。

4. 游标的综合操作

前面介绍了游标的基本操作，用户可以声明、打开游标，读取游标中的数据，关闭、释放游标。在实际应用中，我们通常通过游标读取数据，给变量赋值；通过游标修改基本表数据；通过游标删除基本表数据。下面说明这 3 种常用操作的步骤。

（1）用游标为变量赋值的常规步骤

① 声明需要的变量。

② 声明游标。

③ 打开游标。

④ 循环读取游标中的数据，并把数据赋值给变量。

⑤ 打印显示变量的值。

⑥ 关闭游标。

⑦ 删除游标（根据需要确定是否删除）。

（2）用游标修改基本表数据的常规步骤

① 声明需要的变量。

② 声明游标。

③ 打开游标。

④ 读取游标中的数据，并把数据赋值给变量。

⑤ 判断变量的值是否符合修改条件，如果符合，则更新当前行数据。

⑥ 循环读取所有的数据，进行判断更新。

⑦ 关闭游标。

⑧ 删除游标（根据需要确定是否删除）。

（3）用游标删除基本表数据的常规步骤

① 声明需要的变量。

② 声明游标。

③ 打开游标。

④ 读取游标中的数据，并把数据赋值给变量。

⑤ 判断变量的值是否符合修改条件，如果符合，则删除当前行数据。

⑥ 循环读取所有的数据，进行判断删除。

⑦ 关闭游标。

⑧ 删除游标（根据需要确定是否删除）。

以上 3 种操作，通常需要先读取游标数据。读取游标数据使用 FETCH 语句，关于 FETCH 语句的语法前面已经介绍过。下面介绍用游标修改或删除数据需要用到的语句语法结构。

用游标修改当前行数据，需要用到 UPDATE 语句，语法如下：

```
UPDATE 基本表名 SET 列名 = 值[,…] WHERE Current of 游标名
```

用游标删除当前数据，需要用到 DELETE 语句，语法如下：

```
DELETE 基本表名 WHERE Current of 游标名
```

25.2 实战训练

【实战训练 25 – 1】 在数据库 SCC 中声明一个游标 cursor_Score，查询出选修了"数据库应用"课程的学生的学号、姓名、期末成绩，然后打开游标，并读取游标的所有数据；把读取的数据学号、姓名、最终成绩分别赋值给 3 个不同的变量@ sNo，@ sName，@ sEndScore，并打印输出；使用完毕后关闭并删除游标。

任务实施：

① 启动 SSMS，在界面左侧的对象资源管理器中，找到"数据库"节点，展开"数据库"→"SCC"→"表"节点，查看相关表的列信息，了解表的字段名称。

② 在 SSMS 的工具栏中单击"新建查询"，打开"查询编辑器"界面，输入以下语句：

```
USE SCC;
GO
--声明变量
DECLARE @ sNo NVARCHAR(15),@ sName NVARCHAR(10),
        @ sEndScore numeric(4,1)                    --声明变量
DECLARE cursor_Score CURSOR                          --声明游标
FOR
SELECT s.Sno AS 学号,s.Sname AS 姓名,sc.EndScore AS 期末成绩
    FROM Student s JOIN Score sc ON s.Sno = sc.Sno
        JOIN Course co ON sc.Cno = co.Cno
    WHERE co.Cname = '数据库应用'
OPEN cursor_Score                                    --打开游标
FETCH NEXT FROM cursor_Score                         --读取游标中的数据
INTO @ sNo,@ sName,@ sEndScore
PRINT '学号        '+' 姓名        '+' 期末成绩 '
WHILE @ @ FETCH_STATUS = 0
BEGIN
    PRINT @ sNo + '  '+ @ sName +''+ STR(@ sEndScore)
    FETCH NEXT FROM cursor_Score
    INTO @ sNo,@ sName,@ sEndScore
END
CLOSE cursor_Score                                   --关闭游标
DEALLOCATE cursor_Score                              --删除游标
GO
```

③ 输入完成后，在 SSMS 的工具栏中单击"执行"，在结果消息中显示输出的变量的值列表，如图 25 - 1 所示。

图 25 - 1 使用游标为变量赋值

【实战训练 25 - 2】在数据库"SCC"中，声明一个游标 cursor_Student。用游标修改和删除数据表 Student 中的数据：把学号为"s014190412"的学生姓名修改为"张玢"，删除学号为"s051180104"的学生信息。使用完毕后关闭游标，并删除游标。

任务实施：

① 启动 SSMS，在对象资源管理器中，找到"数据库"节点，展开"数据库"→"SCC"→"表"节点，查看相关表的列信息，了解表的字段名称。

② 在 SSMS 的工具栏中单击"新建查询"，打开"查询编辑器"界面，输入以下语句：

```
USE SCC
GO
DECLARE cursor_Student CURSOR                    --声明游标
FOR
SELECT Sno,Sname,ClassNo
FROM Student
OPEN cursor_Student                              --打开游标
 --读取游标中的数据
DECLARE@ sNoNVARCHAR(15),@ sNameNVARCHAR(10),
         @ classNoNVARCHAR(10)                   --声明变量
FETCH NEXT FROM cursor_Student                   --提取第一条数据
INTO @ sNo,@ sName,@ classNo                     --存入变量
WHILE @ @ FETCH_STATUS = 0              --提取成功,则进行下一条数据提出
BEGIN
    IF @ sNo ='s014190412'
        BEGIN
          UPDATE Student SET Sname ='张玢' WHERE Current of cursor_Student
        END                            --更新当前行数据
    IF @ sNo ='s051180104'
        BEGIN
                                       --删除当前行数据
          DELETE Student WHERE Current of cursor_Student
        END
    FETCH NEXT FROM cursor_Student     --移动游标提取下一条数据
    INTO @ sNo,@ sName,@ classNo
END
CLOSE cursor_Student                             --关闭游标
DEALLOCATE cursor_Student                        --删除游标
GO
```

③ 输入完成后，单击"执行"按钮，在结果消息中显示受到影响的行数，如图 25 - 2 所示。

图 25 - 2　使用游标更新修改基本表数据效果

④ 从上图可以看出，有两行受到影响。但是看不到符合条件的数据更新结果和删除结果。下面使用 SELECT 语句验证通过游标更新和删除数据的效果。在第②步的语句后，继续输入一条 SELECT 查询语句：

```
SELECT * FROM Student
GO
```

⑤ 输入完成后，选中上述查询语句，在 SSMS 的工具栏中单击"执行"，结果显示如图 25 – 3 所示。

	Sno	Sname	Sex	Birth	ClassNo
1	s011180106	陈骏	男	2000-07-05	0111801
2	s011180208	王强	男	2000-02-25	0111802
3	s012190118	陈天明	男	2000-07-18	0121901
4	s012190205	王兰	女	2001-12-01	0121902
5	s013180302	叶毅	男	1991-01-20	0131803
6	s013180403	陈小虹	女	1999-03-27	0131804
7	s014190301	江萍	女	1999-05-04	0141903
8	s014190412	张玢	女	1999-05-24	0141904
9	s021180119	林芳	女	2000-09-08	0211801
10	s021180211	赵凯	男	1999-04-20	0211802
11	s022190103	陈栋	男	1999-08-29	0221901
12	s022190201	吴天昊	男	1999-02-04	0221902
13	s031180107	张军	男	2000-11-02	0311801

图 25 – 3　使用游标更新修改基本表数据后查询结果

从上述查询结果可以发现，学号为"s014190412"的姓名已经修改为"张玢"，学号为"s051180104"的学生信息已经被删除了。

25.3　拓展训练

【实战训练 25 – 1】在数据 Goods 中声明一个游标 cursor_ Employee，查询出员工账户 Account、姓名 Name、电话 Tel；然后打开游标，并读取游标的所有数据；把读取的员工账户 Account、姓名 Name、电话 Tel 分别赋值给 3 个不同的变量，并打印输出；使用完毕后关闭并删除游标。

【拓展训练 25 – 2】在数据库 Goods 中，声明一个游标 cursor_update_Employee，可以用游标将数据表 Employee 中账户 Account 为"2018003"的电话 Tel 修改为"13678248832"，删除姓名 Name 为"李小萌"的员工信息。

单元测试

一、选择题

1. 使用函数（　　）可以返回组中项目的数量。
   A. avg   B. count   C. sum   D. checksum
2. 下列的（　　）语句可以用来从最内层的 while 循环中退出，执行 end 关键字后面的语句。
   A. close   B. break   C. go to   D. 以上都不是
3. 使用函数（　　）可以返回当前系统日期和时间。
   A. getdate   B. count   C. sum   D. checksum

4. 系统存储过程存储在源数据库中，它的前缀是（　　　）。

    A. sq_   B. sp_   C. qs_   D. ps_

5. 调用存储过程时 execute 关键字可以简写为（　　　）。

    A. cute   B. ex   C. exe   D. exec

6. 触发器（trigger）是一种特殊的（　　　）。

    A. 存储过程   B. 表   C. 视图   D. 索引

7. 触发器（trigger）与表紧密相连，可以看作是（　　　）定义的一部分。

    A. 存储过程   B. 表   C. 视图   D. 索引

8. 当用户修改指定表或视图中的数据时，触发器会（　　　）执行。

    A. 手动   B. 自动   C. 延迟   D. 取消

9. 事务，就是一个（　　　）。

    A. 语句集合   B. 操作序列   C. 语句单元   D. 操作语句

10. 如果某一事务执行成功，则在该事务中进行的所有数据修改均会提交，成为数据库中的（　　　）组成部分。

    A. 临时   B. 永久   C. 缓存   D. temp

11. （　　　）允许并行事务读取同一种资源，这时的事务不能修改访问的数据。

    A. 排他锁   B. 共享锁   C. 更新锁   D. 意向锁

12. （　　　）可以防止并发事务对资源进行访问。

    A. 排他锁   B. 共享锁   C. 更新锁   D. 意向锁

13. （　　　）关键字用来释放游标。

    A. DECLARE   B. DEALLOCATE   C. FETCH INTO   D. FORWARD

14. （　　　）关键字用来打开游标。

    A. DECLARE   B. DEALLOCATE   C. FETCH INTO   D. OPEN

二、判断题

1. SQL Server 的标识符有两种：_____和_____。

2. 批处理是脚本文件中的一段 SQL 语句集，这些语句一起提交并作为一个组来执行，批处理结束的符号是_____命令。

3. 函数是 T – SQL 提供的用以完成某种特定功能的程序。在 T – SQL 编程语言中，函数可分为：_____和_____。

4. _____是数据库中的一个重要对象，是 SQL Server 为了实现特定任务，将一些需要多次调用的固定操作语句编写成的程序段。

5. 触发器是一种特殊的存储过程，在 SQL Server 2016 中拥有_____触发器和_____触发器。

6. 事务的 ACID 特性包括_____、_____、_____和_____。

第七单元
数据库安全管理与日常维护

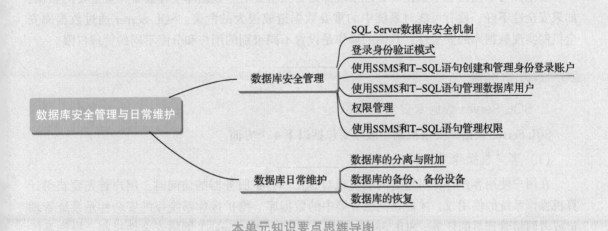

本单元知识要点思维导图

数据库系统在运行过程中需要进行安全管理和日常维护。数据库的安全管理可以保护数据，防止不合法的使用所造成的数据泄露和破坏，SQL Server 2016采用了科学的安全管理措施，体现在对用户登录进行身份验证，对用户的操作进行权限管理等。数据库的日常维护是指当计算机系统硬件故障、软件错误、操作人员失误以及恶意破坏等事故发生后，数据库管理系统采取的防范与补救措施。

学习目标

1. 掌握 SQL Server 服务器身份验证模式配置方法。
2. 能够创建和管理 SQL Server 身份登录账户。
3. 能够创建和管理 Windows 身份登录账户。
4. 能够创建和管理数据库用户。
5. 能够根据数据库安全需求进行权限管理。
6. 掌握数据库分离与附加的方法。
7. 熟悉数据库中数据的导入导出。
8. 掌握数据库备份与恢复。

任务 26　数据库安全管理

安全性对于任何一个数据库管理系统都是至关重要的。数据库中存放着大量重要的数据，如果安全性不好，就有可能对系统中的重要数据造成极大的危害。SQL Server 通过数据库安全机制实现数据库的安全性，具体的操作是设置不同级别的用户和分配不同的管理权限。

26.1　知识准备

1. SQL Server 数据库安全机制

SQL Server 数据库安全机制一般主要包括以下 4 个方面。

（1）客户机操作系统的安全性

在用户使用客户计算机通过网络实现对 SQL Server 服务器的访问时，用户首先要获得计算机操作系统的使用权，才能访问服务器中的数据库。维护操作系统级的安全性是系统管理员或者网络管理员的任务。SQL Server 采用了集成的 WindowsNT 网络安全性机制，操作系统安全性的地位得到提高，但同时也加大了管理数据库系统安全性的难度。

（2）SQL Server 服务器的安全性

SQL Server 服务器的安全性是通过登录账户进行控制的，即建立在控制服务器登录账号和口令的基础上。SQL Server 采用了标准 SQL Server 登录和集成 WindowsNT 登录两种方式，即启动 SSMS 时会出现的两种登录连接方式。无论使用哪种登录方式，用户在登录时提供的登录账号和密码，决定了用户能否获得 SQL Server 的访问权，以及在获得访问权以后，用户在访问 SQL Server 时可以拥有的权利（即服务器角色）等。

（3）数据库的安全性

数据库的安全性是指在用户通过 SQL Server 服务器的安全性检验以后，将直接面对不同的数据库入口，主要通过用户账户进行控制。要想访问一个数据库，必须拥有该数据库的一个用户账户身份，必须创建与数据库登录名映射的数据库用户，以此获得访问数据库的权利。在默认的情况下，只有数据库的拥有者才可以访问该数据库的对象，数据库的拥有者可以分配访问权限给其他用户，以便让其他用户也拥有针对该数据库的访问权利。

（4）数据库对象的安全性

每个数据库中都拥有许多的数据库对象（表、视图、函数、存储过程等）。通过数据库的安全检查，并不表示该用户就能访问数据库中的所有数据库对象。在默认情况下，只有数据库的拥有者可以在该数据库下进行任何操作。当一个非数据库拥有者想访问数据库中的对象时，必须事先由数据库的拥有者赋予该用户对指定对象的特定操作的权限，如对于有些表只能进行查询操作，有些表则可以进行增、删、改操作等。

由此可见，如果一个用户要访问 SQL Server 数据库中的数据，必须提供有效的认证信息，经过 3 个认证过程。

①　登录身份验证：确认登录用户的登录账号和密码的正确性，验证用户是否具有连接到 SQL Server 数据库服务器的资格。

②　用户账号验证：当用户访问数据库时，必须验证用户是否是数据库的合法用户。

③　操作许可验证：若要操作数据库中的数据或对象，验证用户是否具有操作权限。

2. 登录身份验证模式

SQL Server 的用户有两种类型：Windows 授权用户和 SQL Server 授权用户。Windows 授权用户来自 Windows 的用户账号或组，SQL Server 授权用户是 SQL Server 内部创建的 SQL Server 登录账户。

SQL Server 2016 支持两种身份验证模式：Windows 身份验证模式和 SQL Server 混合身份验证模式，用来识别不同类型的用户。

（1）Windows 身份验证模式

Windows 身份验证模式利用了用户安全性和账号管理的机制，允许 SQL Server 使用 Windows 的用户名和口令。用户只要通过 Windows 的验证就可以连接到 SQL Server，此时 SQL Server 也就不需要管理一套登录数据了。对于使用 Windows 验证模式的用户，需要将用户的信息注册到 SQL Server 登录信息中，建立 Windows 与 SQL Server 之间的信任关系。使用此模式与服务器建立的连接称为信任连接。这是默认的身份验证模式，比混合模式更为安全。

（2）SQL Server 混合身份验证模式

SQL Server 和 Windows 身份验证模式简称混合身份验证模式，是指既允许使用 SQL Server 验证模式，也允许使用 Windows 验证模式对登录的用户账号进行验证。SQL Server 身份验证模式是输入登录名和密码来登录数据库服务器，SQL Server 将其与存储在系统表中的用户名和密码对进行比较，如果正确则可以登录到 SQL Server。这些登录名和密码与 Windows 操作系统无关。使用 SQL Server 身份验证时，设置密码对于确保系统的安全性至关重要，依赖用户名和密码对的连接称为非信任连接或 SQL 连接。

用户可以在 SQL Server 软件安装时或安装后设置 SQL Server 服务器身份验证模式，具体设置方法参阅【实战训练 3 – 1】和【实战训练 4 – 2】。

3. 使用 T – SQL 语句创建和管理身份登录账户

（1）创建登录账户

创建 SQL Server 登录账户：

```
CREATE  LOGIN 登录名 WITH  PASSWORD = '登录密码'
```

创建 Windows 登录账户：

```
CREATE  LOGIN  [计算机名\Windows 用户名]  FROM  Windows
```

（2）修改登录账户密码

修改 SQL Server 登录账户密码：

```
ALTER  LOGIN 登录名 WITH  PASSWORD = '登录密码'
```

（3）禁用登录账户

禁用 SQL Server 登录账户和 Windows 登录账户：

```
ALTER  LOGIN 登录名 DISABLE
```

（4）启用登录账户

启用 SQL Server 登录账户和 Windows 登录账户：

```
ALTER  LOGIN 登录名 ENABLE
```

（5）删除登录账户

删除 SQL Server 登录账户和 Windows 登录账户：

```
DROP  LOGIN  登录名
```

4. 使用 T-SQL 语句管理数据库用户

（1）添加数据库用户

可以使用 CREATE USER 语句添加数据库用户，语句如下：

```
CREATE  USER  数据库用户名 [FOR  LOGIN 登录名]
```

如果省略 FOR LOGIN，则新的数据库用户将被映射到同名的登录名。

（2）删除数据库用户

可以使用 DROP USER 语句删除数据库用户，语句如下：

```
DROP  USER  数据库用户名
```

5. 权限管理

进行 SQL Server 登录账户管理和用户管理还不够，用户还必须要获得对服务器的管理任务和对数据库对象访问的相应许可权限。

服务器权限允许数据库管理员执行管理任务。这些权限定义在固定服务器角色中，这些固定服务器角色可以分配给登录用户，但这些角色是不能修改的。数据库权限用于控制对数据库对象的访问和语句的执行。在 SQL Server 中，数据库权限分为数据库对象权限和数据库语句权限。

（1）对象权限

对象权限是指对数据库中的表、视图、存储过程等对象的操作权限，它决定了能够对数据库对象执行哪些操作。如果用户想要对某一对象进行操作，其必须具有相应的操作权限。

对象权限主要包括以下几个。

SELECT：允许用户对表或视图数据查询；

INSERT：允许用户对表或视图添加数据；

UPDATE：允许用户对表或视图修改数据；

DELETE：允许用户对表或视图删除数据；

REFERENCES：通过外键引用其他表的权限；

EXECUTE：允许用户执行存储过程或函数的权限。

（2）数据库语句权限

语句权限相当于执行数据定义语言的语句权限。主要包括以下几个。

CREATE DATABASE：创建数据库的权限；

CREATE TABLE：在数据库中创建数据表的权限；

CREATE VIEW：在数据库中创建视图的权限；

CREATE PROCEDURE：在数据库中创建存储过程的权限；

CREATE DEFAULT：在数据库中创建默认值的权限；

BACKUP DATABASE：备份数据库的权限。

对权限的管理包含以下 3 部分内容。

① 授予权限（GRANT）：允许用户或角色具有某种权利。

② 拒绝权限（DENY）：删除以前数据库内的用户授予或拒绝的权限。

③ 取消权限（REVOKE）：拒绝给当前数据库内的安全账户授予权限，并防止安全账户通过其组或角色成员继承权限，可以理解为取消操作。

6. 使用 T-SQL 语句管理权限：

（1）管理对象权限

① 使用 GRANT 授予权限：

```
GRANT  权限名称[,…… n]  ON  权限的安全对象 TO  数据库用户名
```

权限的安全对象有数据库中的表、视图、存储过程。

② 使用 DENY 拒绝权限：

```
DENY  权限名称[,…… n]  ON  权限的安全对象 TO  数据库用户名
```

③ 使用 REVOKE 取消权限：

```
REVOKE 权限名称[,…… n]  ON  权限的安全对象 TO  数据库用户名
```

（2）管理语句权限

① 使用 GRANT 授予权限：

```
GRANT  权限名称[,…… n]  TO  数据库用户名
```

② 使用 DENY 拒绝权限：

```
DENY   权限名称[,…… n]   TO   数据库用户名
```

③ 使用 REVOKE 取消权限：

```
REVOKE 权限名称[,…… n]   TO   数据库用户名
```

26.2   实战训练

【实战训练 26 – 1】使用 SSMS 对象资源管理器创建名为 test、密码为 123 的 SQL Server 身份登录账户。

任务实施：

① 启动 SSMS 对象资源管理器，选择服务器，展开"安全性"节点，右击"登录名"，在快捷菜单中选择"新建登录名"，打开如图 26 – 1 所示的"登录名 – 新建"对话框。

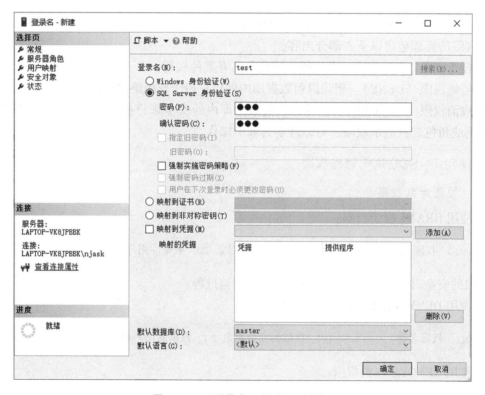

图 26 – 1   "登录名 – 新建"对话框

② 在对话框中选择"SQL Server 身份验证"，输入登录名 test，再输入密码和确认密码，去掉"强制密码策略"复选框选项。默认数据库和默认语言中的内容默认即可。

③ 单击"确定"按钮，即可完成该登录账户的创建。

④ 验证 test 登录账户是否有效。

● 在"对象资源管理器"界面中，选择"连接" → "数据库引擎"。如图 26 – 2 所示。

图 26 - 2　连接数据库引擎

- 在打开的"连接到服务器"对话框中,选择"服务器名称",在身份验证中选择"SQL Server 身份验证",输入登录名和密码。如图 26 - 3 所示。

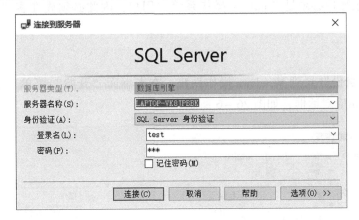

图 26 - 3　连接到服务器

- 单击"连接"按钮,test 账户登录成功,如图 26 - 4 所示。

图 26 - 4　test 账户登录成功

• 连接后展开服务，能看到用户数据库 SCC，但不能访问。展开"SCC"节点时出现错误提示消息如图 26-5 所示，原因是虽然 test 登录账户通过了认证，连接数据库引擎成功，但还不具备访问数据库的条件。后面的实战训练中将介绍如何解决此类问题。

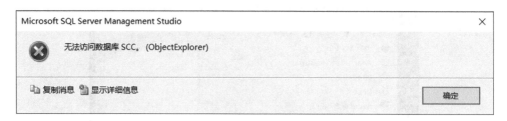

图 26-5　访问数据库错误提示

【实战训练 26-2】使用 SSMS 对象资源管理器创建名为 user01 的 Windows 登录账户。

任务分析：

Windows 登录账户必须是 Windows 操作系统的用户，因此必须先在客户机"控制面板"中创建该用户。

任务实施：

① 以管理员身份登录到 Windows 操作系统，右击桌面"开始"菜单，选择"计算机管理"命令，打开相应对话框，如图 26-6 所示。

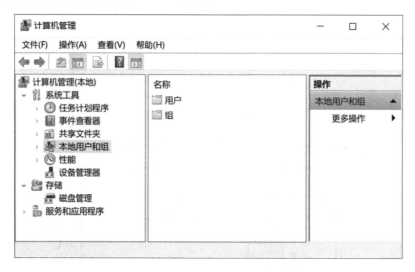

图 26-6　"计算机管理"对话框

② 在"计算机管理"左侧目录树中依次展开"系统工具"→"本地用户和组"节点，右击"用户"选项，在弹出的快捷菜单中选择"新用户"命令。

③ 在"新用户"对话框中设置用户名等信息，单击"创建"按钮，再单击"关闭"按钮，如图 26-7 所示。

④ 在 SSMS 对象资源管理器中展开"安全性"节点，右击"登录名"选项，在弹出的快捷菜单中选择"新建登录名"命令。

图26-7　"新用户"对话框

⑤ 在"登录名-新建"对话框中，单击"常规"选项。在右窗格中单击"搜索"按钮，如图26-8所示。

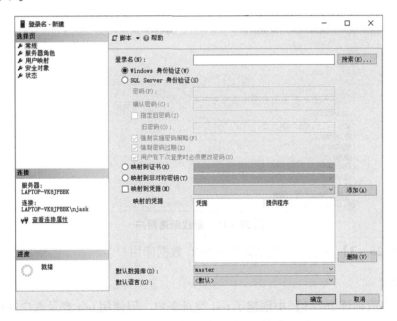

图26-8　"登录名-新建"对话框

⑥ 在弹出的"选择用户或组"对话框中，单击"高级"按钮，如图26-9所示。在展开的对话框中，单击"立即查找"按钮，在搜索结果列表中双击建立新用户名user01，如图26-10所示。

⑦ 在"登录名-新建"对话框中设置好其他选项后，单击"确定"按钮，完成Windows账号的建立。

⑧ 注销Windows，选择user01用户登录操作系统，使用Windows身份验证连接SQL Server服务器。

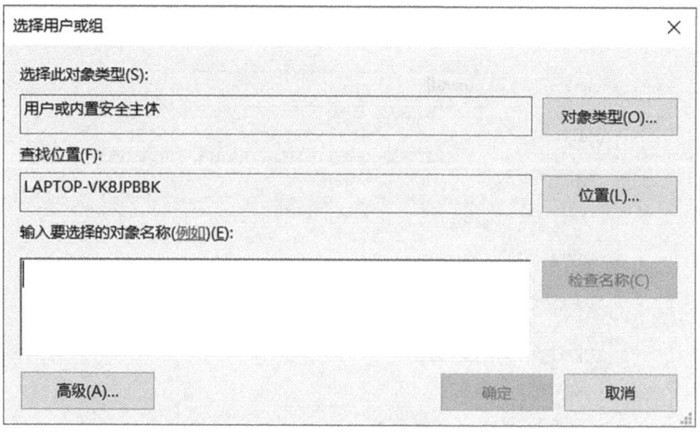

图 26-9 "选择用户或组"对话框

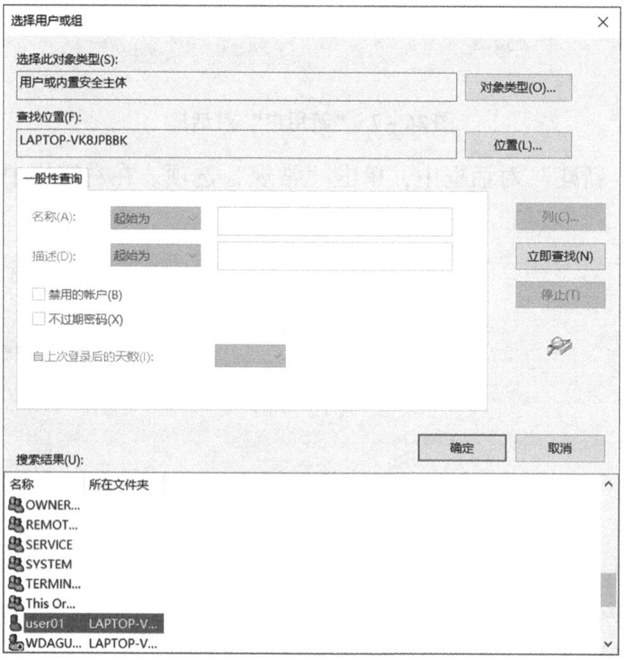

图 26-10 查找新建用户

【实战训练 26-3】 添加 test 登录账户为 SCC 数据库用户。

任务分析：

上文在【实战训练 26-1】中创建了 test 登录账户，但使用 test 登录账户连接服务器后无法访问数据库，这是因为还不具备访问数据库的条件，那么该如何设置登录账户，使得其具备访问数据库的权限呢？可以通过两种方法使用 SSMS 解决：方法一，在用户数据库中新建用户；方法二，映射登录账户为某数据库用户。

任务实施：

方法一：在用户数据库中新建用户。

① 以管理员身份登录服务器，在"对象资源管理器"界面中展开"SCC"节点，展开"安全性"节点，右击"用户"，在快捷菜单中选择"新建用户"命令，如图 26-11 所示。

② 在打开的"数据库用户 - 新建"对话框中，输入用户名"test"，如图 26-12 所示。

用户名可以和登录名相同，也可以重新命名。添加数据库用户是将登录账户映射为该数据库的用户。

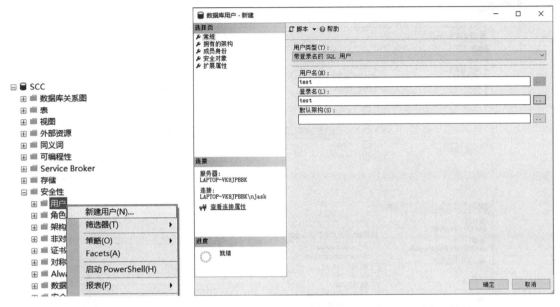

图 26 –11　选择"新建用户"　　　　图 26 –12　"数据库用户 – 新建"对话框

③ 单击"登录名"后的 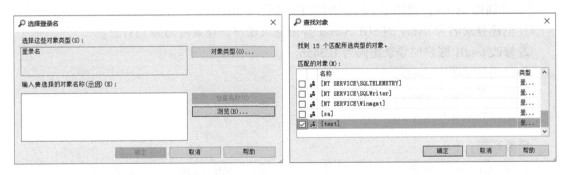 按钮，打开"选择登录名"对话框，如图 26 – 13 所示。单击"浏览"按钮，在"查找对象"对话框中选择匹配对象"test"，然后单击"确定"按钮，如图 26 – 14所示。

图 26 –13　"选择登录名"对话框　　　　图 26 –14　"查找对象"对话框

提示：按照以上步骤设置 test 为 SCC 数据库用户后，使用 test 登录账户连接数据库引擎，发现可以访问 SCC 数据库，但看不到数据库中的任何自定义对象，也不能对数据库任何对象进行操作，如新建数据表等。原因是 test 虽然已经成为 SCC 数据库的用户，但是没有拥有操作数据库对象的权限。后面的实战训练中将介绍如何解决此类问题。

方法二：映射登录账户为 SCC 数据库用户。

① 以管理员身份登录服务器，展开"对象资源管理器"界面中的"安全性"节点，展开"登录名"节点，右击登录账户 test。

② 在快捷菜单中选择"属性"命令，打开"登录属性 – test"对话框。在对话框左侧的

"选择页"列表中选择"用户映射",然后在右侧的"映射到此登录名的用户"界面中选择用户数据库"SCC"。单击"确定"按钮,即可完成将该登录账户 test 添加为数据库用户,如图 26 – 15 所示。

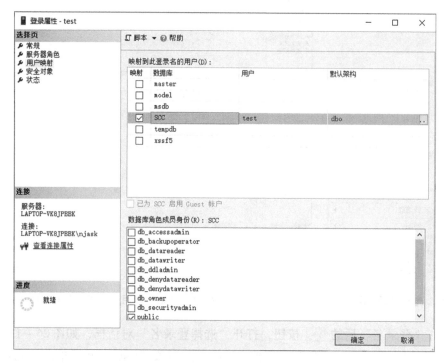

图 26 – 15 用户映射

【实战训练 26 – 4】使用 T – SQL 语句创建和管理 SQL Server 身份登录账户。

① 创建登录名为 test01 的 SQL Server 身份登录账户,登录密码为 123123。

② 修改 test01 账户的登录密码为 123456。

③ 禁用登录账户 test01。

④ 启用登录账户 test01。

⑤ 删除登录账户 test01。

任务实施:

① 以 SQL Server 管理员 sa 身份登录服务器,打开 SQL 新建查询编辑器,执行以下脚本代码:

```
CREATE  LOGIN test01 WITH  PASSWORD = '123123'
```

② 在新建查询编辑器中,执行脚本代码:

```
ALTER  LOGIN test01 WITH  PASSWORD = '123456'
```

③ 在新建查询编辑器中,执行脚本代码:

```
ALTER  LOGIN test01 DISABLE
```

④ 在新建查询编辑器中，执行脚本代码：

```
ALTER  LOGIN test01 ENABLE
```

⑤ 在新建查询编辑器中，执行脚本代码：

```
DROP  LOGIN  test01
```

【实战训练 26 – 5】使用 T – SQL 语句创建和管理 Windows 身份登录账户。

① 创建登录名为 user02 的 Windows 身份登录账户。

② 禁用登录账户 user02。

③ 启用登录账户 user02。

④ 删除登录账户 user02。

任务实施：

① 在新建查询编辑器中，执行脚本代码：

```
CREATE  LOGIN  [LAPTOP - VK8JPBBK \user02]  FROM  Windows
```

提示：user02 必须已经是本机 Windows 操作系统的用户，LAPTOP – VK8JPBBK 为本机的计算机名。

② 在新建查询编辑器中，执行脚本代码：

```
ALTER  LOGIN  [LAPTOP - VK8JPBBK \user02] DISABLE
```

③ 在新建查询编辑器中，执行脚本代码：

```
ALTER  LOGIN  [LAPTOP - VK8JPBBK \user02]  ENABLE
```

④ 在新建查询编辑器中，执行脚本代码：

```
DROP  LOGIN  [LAPTOP - VK8JPBBK \user02]
```

【实战训练 26 – 6】使用 T – SQL 语句管理数据库用户。

① 创建名为 teacher、密码为 000000 的 SQL Server 身份登录账户，在数据库 SCC 中添加对应的同名数据库用户 teacher。

② 删除 SCC 数据库中的用户 teacher。

任务实施：

① 在新建查询编辑器中，执行脚本代码：

```
CREATE  LOGIN teacher WITH  PASSWORD = '000000'
USE SCC
GO
CREATE  USER  teacher
```

② 在新建查询编辑器中，执行脚本代码：

```
USE SCC
GO
DROP  USER  teacher
```

【实战训练 26 – 7】 为 SCC 数据库用户 test 授予对 Department 院部表添加、查询、修改、删除数据权限。

任务实施：

① 以管理员身份登录 SQL server 服务器。在"对象资源管理器"界面中，展开"数据库"→"SCC"→"安全性"→"用户"节点。

② 右击"test"用户节点，选择"属性"命令，打开"数据库用户 – test"对话框，如图 26 – 16 所示。

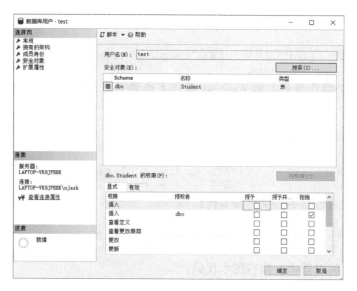

图 26 – 16　"数据库用户 – test"对话框（1）

③ 在对话框左侧的"选择页"列表中选择"安全对象"，该界面主要用于设置数据库用户能够访问的数据库对象及相应的访问权限。

④ 单击"搜索"按钮，出现"添加对象"对话框，如图 26 – 17 所示。单击"特定对象"选项，然后单击"确定"按钮。

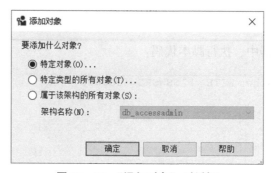

图 26 – 17　"添加对象"对话框

⑤ 出现"选择对象"对话框，单击"对象类型"按钮。在打开的"选择对象类型"对话框中，选择需要添加权限的对象类型复选框，本例选中"表"，然后单击"确定"按钮，如图 26 – 18 所示。

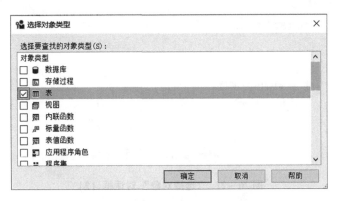

图 26 – 18　"选择对象类型"对话框

⑥ 返回"选择对象"对话框，此时在该对话框中出现了刚才选择的对象类型"表"，如图 26 – 19 所示。单击"浏览"按钮。

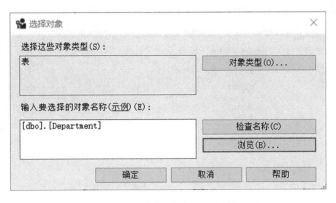

图 26 – 19　"选择对象"对话框（1）

⑦ 在打开的"查找对象"对话框中，选择需要添加权限的对象复选框，本例选中"Department"，如图 26 – 20 所示，然后单击"确定"按钮。

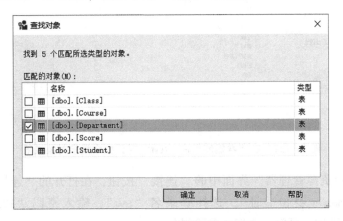

图 26 – 20　"查找对象"对话框

⑧ 返回 "选择对象" 对话框, 如图 26 - 21 所示。该对话框中显示了所选择 "表" 的具体对象, 单击 "确定" 按钮。

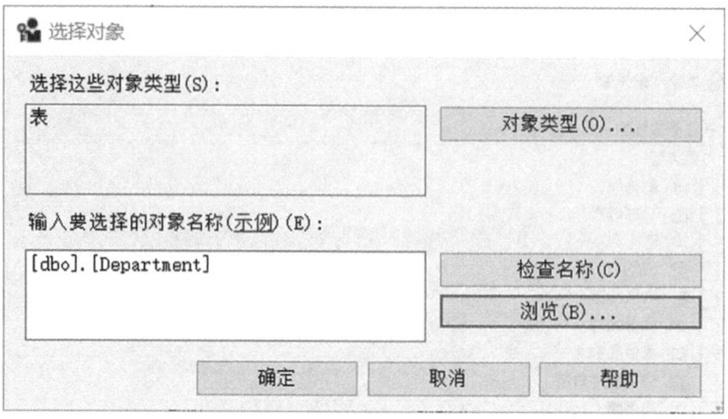

图 26 - 21 "选择对象" 对话框 (2)

⑨ 返回 "数据库用户 - test" 对话框。此对话框中已包含为 test 用户添加的安全对象, 选中 Department 表对象, 在对话框下方该对象的权限列表框中, 根据任务要求选中插入、更新、选择、删除数据权限授予复选框, 设置完成后, 单击 "确定" 按钮完成为数据库用户添加数据库对象权限的所有操作, 如图 26 - 22 所示。

图 26 - 22 在 "数据库用户 - test" 对话框中授予对象权限

⑩ 单击 "对象资源管理器" 界面中的 "连接" 按钮, 在打开的 "连接到服务器" 对话框中选择 "SQL Server 身份验证", 选择登录名 "test", 输入密码 "123"。可以尝试对 Department 表进行添加、更新、查询、删除操作。

【实战训练 26 – 8】为 SCC 数据库用户 test 授予在数据库中创建表的语句权限。

任务实施：

① 以管理员身份登录 SQL server 服务器。在"对象资源管理器"界面中，展开"数据库"→"SCC"→"安全性"→"架构"节点。右击，在快捷菜单中选择"新建架构"命令，在打开的"架构 – 新建"对话框中，输入新建架构名称"test"，单击"搜索"按钮，搜索并选择架构所有者"test"数据库用户，如图 26 – 23 所示，单击"确定"按钮。

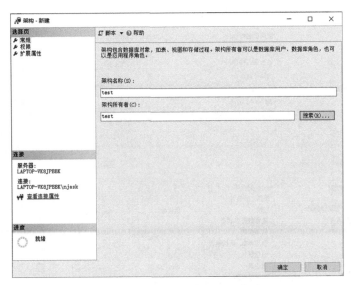

图 26 – 23　"架构 – 新建"对话框

② 在"对象资源管理器"界面中，展开"数据库"→"SCC"→"安全性"→"用户"节点，右击"test"用户节点，选择"属性"命令，打开"数据库用户 – test"对话框。在"选择页"列表中选择"常规"，设置默认架构为"test"，单击"确定"按钮，如图 26 – 24 所示。

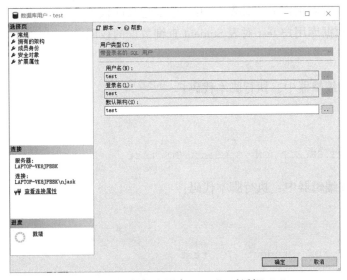

图 26 – 24　"数据库用户 – test"对话框（2）

③ 右击"数据库"→"SCC"节点，在快捷菜单中选择"属性"命令，打开"数据库属性 – SCC"对话框，单击"选择页"列表中的"权限"，单击"搜索"按钮，打开"选择用户或角色"对话框，单击"浏览"按钮，将"test"用户添加到当前数据库中。在"用户或角色"列表中选中"test"用户，在对话框下方设置 test 的权限，在"创建表"权限后面选择"授予"复选框，然后单击"确定"按钮，完成操作，如图 26 – 25 所示。

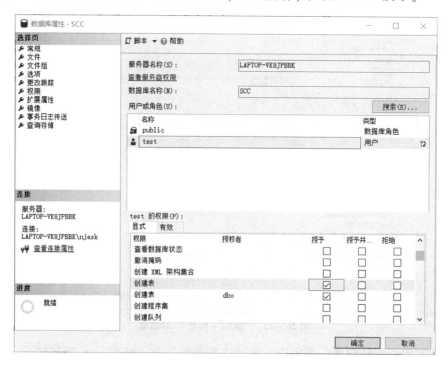

图 26 – 25 "数据库属性 – SCC"对话框（1）

【实战训练 26 – 9】使用 T – SQL 语句管理对象权限。

① 授予 SCC 数据库用户 test 对表 Student 添加、查询数据的权限。

② 拒绝 SCC 数据库用户 test 对表 Student 添加记录的权限。

③ 取消 SCC 数据库用户 test 对表 Student 查询数据的权限。

任务实施：

① 在新建查询编辑器中，执行脚本代码：

```
USE SCC
GO
GRANT INSERT,SELECT ON Student TO test
```

② 在新建查询编辑器中，执行脚本代码：

```
USE SCC
GO
DENY INSERT  ON Student TO test
```

③ 在新建查询编辑器中，执行脚本代码：

```
USE SCC
GO
REVOKE SELECT  ON Student  TO test
```

【实战训练 26 – 10】 使用 T – SQL 语句管理语句权限。

① 授予 SCC 数据库用户 test 在数据库中创建数据表的权限。

② 拒绝 SCC 数据库用户 test 在数据库中创建视图的权限。

③ 取消 SCC 数据库用户 test 在数据库中创建存储过程的权限。

任务实施：

① 在新建查询编辑器中，执行脚本代码：

```
USE SCC
GO
GRANT  CREATE TABLE  TO test
```

② 在新建查询编辑器中，执行脚本代码：

```
USE SCC
GO
DENY  CREATE VIEW  TO test
```

③ 在新建查询编辑器中，执行脚本代码：

```
USE SCC
GO
REVOKE CREATE PROCEDURE  TO test
```

26.3　拓展训练

【拓展训练 26 – 1】 使用 SSMS 对象资源管理器创建名为 try、密码为 111 的 SQL Server 身份登录账户。

【拓展训练 26 – 2】 使用 SSMS 对象资源管理器创建名为 mary01 的 Windows 登录账户。

【拓展训练 26 – 3】 添加 try 登录账户为 Goods 数据库用户。

【拓展训练 26 – 4】 使用 T – SQL 语句创建和管理 SQL Server 身份登录账户。

① 创建登录名为 try01 的 SQL Server 身份登录账户，登录密码为 321321。

② 修改 try01 账户的登录密码为 654321。

③ 禁用登录账户 try01。

④ 启用登录账户 try01。

⑤ 删除登录账户 try01。

【拓展训练 26 – 5】 使用 T – SQL 语句创建和管理 Windows 身份登录账户。

① 创建登录名为 mary02 的 Windows 身份登录账户。

② 禁用登录账户 mary02。

③ 启用登录账户 mary02。

④ 删除登录账户 mary02。

【拓展训练 26 - 6】使用 T - SQL 语句管理数据库用户。

① 创建名为 manager、密码为 456456 的 SQL Server 身份登录账户，在数据库 Goods 中添加对应的同名数据库用户 manager。

② 删除 Goods 数据库中用户 manager。

【拓展训练 26 - 7】为 Goods 数据库用户 try 授予对 Category 商品类别表添加、查询、修改、删除数据权限。

【拓展训练 26 - 8】为 Goods 数据库用户 try 授予在数据库中创建表的语句权限。

【拓展训练 26 - 9】使用 T - SQL 语句管理对象权限。

① 授予 Goods 数据库用户 try 对表 Shop_goods 添加、查询数据的权限。

② 拒绝 Goods 数据库用户 try 对表 Shop_goods 添加记录的权限。

③ 取消 Goods 数据库用户 try 对表 Shop_goods 查询数据的权限。

【拓展训练 26 - 10】使用 T - SQL 语句管理语句权限。

① 授予 Goods 数据库用户 try 在数据库中创建数据表的权限。

② 拒绝 Goods 数据库用户 try 在数据库中创建视图的权限。

③ 取消 Goods 数据库用户 try 在数据库中创建存储过程的权限。

任务 27　数据库日常维护

数据库的管理与维护机制能够把数据库从错误状态恢复到某一已知的正确状态。数据库的维护和管理主要由数据库管理员来完成，主要工作包括数据库的分离与附加、数据库的备份与恢复等。

27.1　知识准备

1. 数据库的分离与附加

当数据库的数据更新后，需要及时备份数据库。由于 SQL Server 数据库与其运行环境关联在一起，因此当用户想通过将数据库文件和事务日志文件以复制、粘贴的方式进行数据库备份时，必须先对其进行分离。分离后的数据库必须通过附加操作才能与 SQL Server 服务器关联在一起。

分离数据库是指数据库从当前 SQL Server 服务器中分离出来。但是保持组成该数据库的数据文件和事务日志文件完好无损，以后可以重新将这些文件附加到任何 SQL Server 服务器上，使数据库的使用状态与分离时的状态完全相同。

附加数据库是指将分离出的数据库文件与某台 SQL Server 服务器建立关联，使该数据库重新发挥作用。

　　分离和附加数据库还可用于在不同 SQL Server 服务器之间转移数据库。分离数据库的数据和事务日志文件，然后将其附加到其他或同一服务器。分离数据库时，该数据库不能进行任何操作，否则不能完成分离。

2. 数据库的备份

　　若要将数据库移动到另一台服务器上，或者将数据库保存到其他存储介质上，可对数据库进行分离和附加操作，但分离数据库时要确保未对该数据库进行任何操作，所以分离和附加数据库一般只适用于数据库的转移。在实际应用中，数据库系统通常处于运行状态，为了预防数据库遭受破坏，数据库管理员必须经常在数据库正常运行的情况下将数据库中的数据保存到其他位置，实现数据库的备份。

　　数据库的备份是对数据库结构、对象和数据进行复制，以便数据库遭到破坏时能够恢复数据库。备份操作可以在数据库正常运转时进行。SQLServer 提供了 4 种备份方式，包括完整备份、差异备份、事务日志备份、数据库文件和文件组备份。

　　（1）完整备份

　　完整备份是指备份整个数据库，包括事务日志部分。完整备份会将数据库内所有的对象完整地复制到指定的设备上。这是任何一种备份策略都要求完成的一种备份类型，其他备份类型都依赖于完整备份。由于是备份完整内容，因此通常会需要花费较长的时间，同时也会占用较多的空间，故完整数据库备份不需要频繁操作，而且通常安排在晚间进行。

　　（2）差异备份

　　差异备份是指备份自上一次完整备份之后数据库中发生变化的部分。与完整备份相比，差异备份由于备份的数据量较少，因此备份和恢复所用的时间较短。通过增加差异备份的备份次数，可以降低丢失数据的风险，将数据库恢复至进行最后一次差异备份的时刻。

　　（3）事务日志备份

　　事务日志备份是指将从最近一次事务日志备份以来所有的事务日志进行备份。事务日志备份比完整备份更节省时间和空间，而且利用事务日志备份进行恢复时，按照日志重新插入、修改或删除数据，可以将数据库恢复到某个破坏性操作执行前的一个已备份的状态。在如下几种情况下，建议使用事务日志备份策略。

　　① 数据非常重要，不允许在最近一次数据库备份之后发生数据丢失或损坏现象，如银行存款系统。

　　② 数据量很大而存储备份文件的磁盘空间有限或进行备份操作的时间有限。

　　③ 数据更新速度快，数据库变化较为频繁。

　　（4）数据库文件和文件组备份

　　使用文件备份可以仅还原已损坏的文件，而不必还原数据库的其他部分，从而提高恢复速度。通常在备份和还原操作过程中指定文件组，相当于列出文件组中包含的每个文件。但是，如果文件组中的任一文件离线，则整个文件组是离线的。一般情况下，数据库不会大到必须使用多个文件存储，所以这种备份不是很常用。

3. 备份设备

备份设备是指对应于操作系统提供的资源（物理设备）的逻辑设备。常用的备份设备有磁盘和磁带媒体。磁盘备份设备就是存储硬盘或其他磁盘。引用磁盘备份设备与引用任何其他操作系统文件一样，可以在服务器的本地磁盘上或共享网络资源的远程磁盘上定义磁盘备份设备。

SQL Server 使用逻辑备份设备和物理备份设备两种方式来标识备份设备。

① 物理备份设备名称主要用来供操作系统对备份设备进行引用和管理。

② 逻辑备份设备是物理备份设备的别名，逻辑备份设备名称被永久地保存在 SQL Server 的系统表中。使用逻辑备份设备名称的优势在于可以用一种相对简单的方式实现对物理备份设备的引用。例如，一个物理备份设备可能是 "E：\ 备份 \ 数据库管理系统 \ 学生选课管理. bak"，逻辑备份设备名称可缩写为 "学生选课管理"。

4. 数据库的恢复

数据库恢复可以保证在数据库发生故障时恢复相关的数据库。SQL Server 2016 包括 3 种恢复模式：完整恢复模式、大容量日志恢复模式和简单恢复模式。不同的恢复模式在备份、恢复方式和性能方面存在差异。而且不同的恢复模式对数据损失的程度也不同，用户可以根据实际需求选择适合的恢复模式。

（1）完整恢复模式

完整恢复模式是 SQL Server 2016 默认的恢复模式，可以使用数据库的完整备份，差异备份和事务日志备份还原数据库。数据库恢复模式设置为完整模式后，将记录数据库的所有更改，包括大容量的数据操作和创建索引，能够较为完全地防范存储设置故障，将数据库还原到特定的时间点。

（2）大容量日志恢复模式

与完整恢复模式类似，大容量日志恢复模式也可以使用数据库的完整备份、差异备份和事务日志备份还原数据库。使用这种模式可以在大容量操作和大批量数据库装载时提供最佳性能和最少的日志使用空间。这种模式下，日志只记录多个操作的最终结果，而不记录操作的过程细节。如果事务日志没有受到破坏，则除了故障期间发生的事务以外，SQL Server 能还原全部数据，但是不能恢复数据库到特定的时间点。

（3）简单恢复模式

简单恢复模式使用数据库的完整备份和差异备份还原数据库。将数据库恢复模式设置为简单恢复模式后，事务日志不记录数据的修改操作，不能进行事务日志备份与文件和文件组备份。当出现故障时，只能将数据库恢复到上一次备份的时间点，无法将数据库还原到故障点或特定的时间点。对于小型数据库或数据更新不快的数据库，通常使用简单恢复模式。

27.2 实战训练

【实战训练 27 – 1】 使用 SSMS 对象资源管理器将 SCC 用户数据库分离。

任务分析：

在分离数据库之前，需要查看当前数据库文件的存储位置，这样可以避免数据库分离后找不到数据库文件。

任务实施：

① 启动 SSMS 对象资源管理器，展开"数据库"节点，右击"SCC"数据库，选择"属性"命令，打开"数据库属性 – SCC"对话框，选择"选择页"列表中的"文件"，可以查看数据库文件和日志文件在磁盘中的位置。如图 27 – 1 所示。

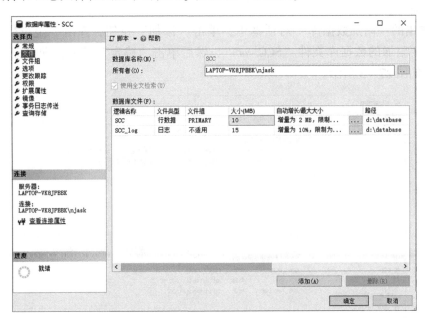

图 27 –1　"数据库属性 – SCC"对话框（2）

② 启动 SSMS 对象资源管理器，展开"数据库"节点，右击"SCC"数据库，在弹出的快捷菜单中选择"任务"→"分离"命令。

③ 在打开的"分离数据库"对话框中，单击"确定"按钮即可完成数据库的分离，如图 27 –2所示。

图 27 –2　"分离数据库"对话框

提示：当数据库正在使用时，数据库是无法分离的。

【实战训练 27 – 2】使用 SSMS 对象资源管理器将 SCC 用户数据库附加到 SQL Server 中。

任务实施：

① 在"对象资源管理器"界面中，右键单击"数据库"节点，在弹出的快捷菜单中选择"附加"命令。

② 在弹出的"附加数据库"对话框中，单击"添加"按钮，弹出"定位数据库文件"界面，选择要附加的数据库文件"SCC. mdf"，然后单击"确定"按钮，即可完成数据库的附加操作，如图 27 – 3 所示。

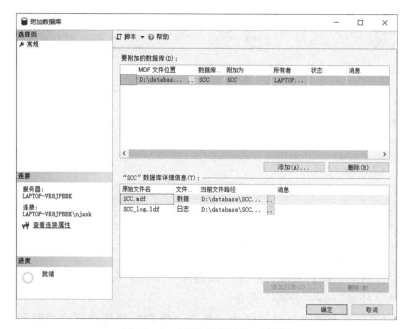

图 27 – 3　"附加数据库"对话框

【实战训练 27 – 3】创建备份设备 BackDisk1。

任务实施：

① 启动 SSMS，在"对象资源管理器"界面中，展开"服务器对象"节点，右击"备份设备"，在弹出的快捷菜单中选择"新建备份设备"命令，打开"备份设备"对话框。

② 在"备份设备"对话框中，输入设备名称 BackDisk1，该名称是备份设备的逻辑名称。在"目标"选项组中，选择"文件"，表示使用硬盘作为备份设备；单击▦按钮，设置文件路径，如图 27 – 4 所示。

提示：如果"磁带"选项无法选择，表示磁带备份设备没有安装。

③ 单击"确定"按钮，完成备份设备的创建。

④ 在"对象资源管理器"界面中，依次展开"服务器对象"→"备份设备"节点，选择要查看的备份设备，单击鼠标右键，在弹出的快捷菜单中选择"属性"命令，可以查看备份设备的常规状态和存放的介质内容。

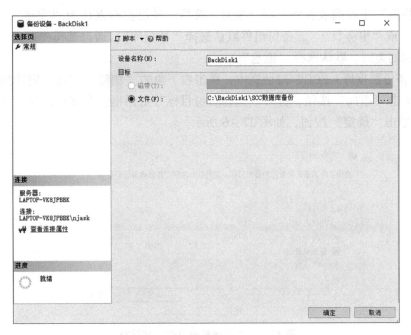

图27－4　"备份设备"对话框

【实战训练27　4】对学生选课管理系统 SCC 完成数据库备份。

任务实施：

① 启动对象资源管理器，展开"数据库"节点，在要备份的 SCC 数据库上右击，在弹出的快捷菜单中选择"任务"→"备份"命令。

② 在"备份数据库－SCC"对话框中的"选择页"列表中选择"常规"，对其进行设置，如图27－5 所示。

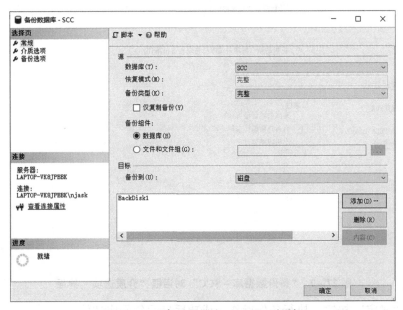

图27－5　"备份数据库－SCC"对话框

在"数据库"下拉列表框中选择"SCC"选项。备份类型默认为"完整",还可以从中选择"差异"或"事务日志"。备份组件默认选择"数据库"。通过选择"磁盘"或"磁带"选择备份目标的类型。默认选择"磁盘"。

③ 在"备份数据库 – SCC"对话框中,单击右下角的"删除"按钮,删除当前默认备份目标,然后单击"添加"按钮,打开"选择备份目标"对话框,在该对话框中选定备份设备 BackDisk1,单击"确定"按钮,如图 27 – 6 所示。

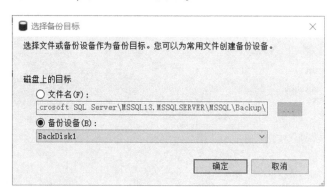

图 27 – 6 "选择备份目标"对话框

④ 在"选择页"列表中选择"介质选项",在"覆盖介质"选项区域中选择"覆盖所有现有备份集",如图 27 – 7 所示。

图 27 – 7 "备份数据库 – SCC"对话框"介质选项"界面

⑤ 单击"确定"按钮,执行备份操作,成功后显示备份成功信息。

【实战训练 27 – 5】对学生选课管理系统 SCC 完成数据库恢复。

任务实施：

① 启动对象资源管理器，展开"数据库"节点，右击"SCC"数据库，在弹出的快捷菜单中选择"任务"→"还原"→"数据库"命令。

② 在打开的"还原数据库 – SCC"对话框中，单击"选择页"列表中的"常规"，在"源"选项区域的"数据库"下拉列表中选择要恢复的数据库 SCC，如图 27 – 8 所示。

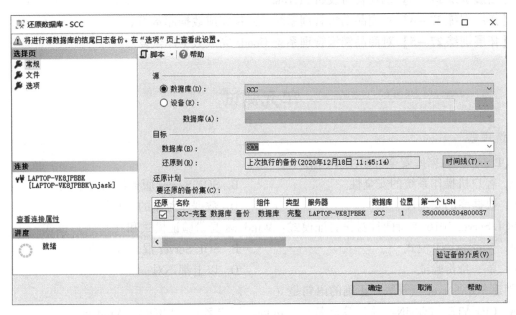

图 27 – 8　"还原数据库 – SCC"对话框"常规"界面

③ 单击"选择页"列表中的"选项"，在对话框右侧中选择"覆盖现有数据库"复选框，在"恢复状态"中使用默认选项，如图 27 – 9 所示。

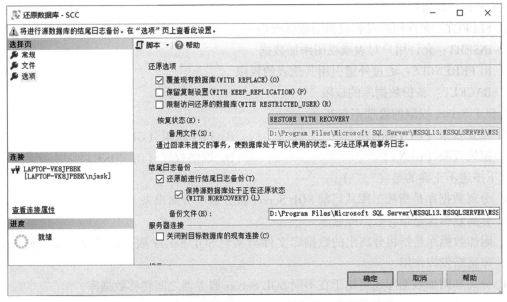

图 27 – 9　"还原数据库 – SCC"对话框"选项"界面

④ 单击"确定"按钮，执行还原操作，成功后显示还原成功信息。

27.3 拓展训练

【拓展训练 27 –1】使用 SSMS 对象资源管理器将 Goods 用户数据库分离。
【拓展训练 27 –2】使用 SSMS 对象资源管理器将 Goods 用户数据库附加到 SQL Server 中。
【拓展训练 27 –3】创建备份设备 MyDisk。
【拓展训练 27 –4】对商品销售管理系统 Goods 完成数据库备份。
【拓展训练 27 –5】对商品销售管理系统 Goods 完成数据库恢复。

单元测试

一、选择题

1. SQL Server 数据库安全机制主要包括（　　　）。
   A. 客户机操作系统的安全性　　　　　B. SQL Server 服务器的安全性
   C. 数据库的安全性　　　　　　　　　D. 数据库对象的安全性
2. SQL Server 2016 支持两种身份验证模式：Windows 身份验证模式和（　　　）模式。
   A. WindowsNT 模式　　　　　　　　B. SQL Server 混合身份验证
   C. 单一身份验证　　　　　　　　　　D. 以上都不对
3. 创建 SQL Server 登录账户正确的语句是（　　　）。
   A. CREATE　LOGIN　［计算机名 \ Windows 用户名］　FROM　Windows
   B. ALTER　LOGIN 登录名 WITH　PASSWORD = '登录密码'
   C. CREATE　LOGIN 登录名 WITH　PASSWORD = '登录密码'
   D. ALTER　LOGIN 登录名 DISABLE
4. SQL Server 数据库对象权限不包括（　　　）。
   A. SELECT：允许用户对表或视图数据查询
   B. INSERT：允许用户对表或视图添加数据
   C. REFERENCES：通过外键引用其他表的权限
   D. BACKUP：备份数据库的权限
5. 对 SQL Server 权限的管理不包括（　　　）。
   A. 重置权限（REVOKE）　　　　　　B. 授予权限（GRANT）
   C. 拒绝权限（DENY）　　　　　　　D. 取消权限（REVOKE）
6. 以下描述不正确的是（　　　）。
   A. 分离数据库是指数据库从当前 SQL Server 服务器中分离出来
   B. 分离数据库是指将数据库删除
   C. 附加数据库是指将分离出的数据库文件与某台 SQL Server 服务器建立关联，使该数据库重新发挥作用
   D. 分离和附加数据库还可用于在不同 SQL Server 服务器之间转移数据库

7. SQL Server 2016 不包括哪种恢复模式（　　　）。

    A. 完整恢复模式　　　　　　　　　　B. 普通恢复模式

    C. 大容量日志恢复模式　　　　　　　D. 简单恢复模式

二、填空题

1. 用户要访问 SQL Server 数据库中的数据需要经过＿＿＿＿＿、＿＿＿＿＿、＿＿＿＿＿ 3 个认证过程。

2. 在 SQL Server 中，数据库权限分为＿＿＿＿＿和＿＿＿＿＿权限。

3. ＿＿＿＿＿可以预防数据库遭受破坏。

4. 数据库的备份包括＿＿＿＿＿、＿＿＿＿＿、＿＿＿＿＿和＿＿＿＿＿ 4 种。

5. SQL Server 使用＿＿＿＿＿和＿＿＿＿＿两种方式来标识备份设备。

附 录

附录 A　学生选课管理系统数据库表结构

1. 院部表 Department

字段名	数据类型	为空性	含义	约束
Dno	nvarchar (10)	NOT NULL	院部编号	主键
Dname	nvarchar (30)	NOT NULL	院部名称	唯一约束

2. 班级表 Class

字段名	数据类型	为空性	含义	约束
ClassNo	nvarchar (10)	NOT NULL	班级编号	主键
ClassName	nvarchar (30)	NOT NULL	班级名称	唯一约束
Specialty	nvarchar (30)	NOT NULL	专业	
Dno	nvarchar (10)	NOT NULL	院部编号	外键
EnterYear	int	NULL	入学年份	

3. 学生表 Student

字段名	数据类型	为空性	含义	约束
Sno	nvarchar (15)	NOT NULL	学号	主键
Sname	nvarchar (10)	NOT NULL	姓名	
Sex	nchar (1)	NOT NULL	性别	默认值约束（值为"男"） 检查约束（值为"男"或"女"）
Birth	date	NULL	生日	
ClassNo	nvarchar (10)	NOT NULL	班级编号	外键

4. 课程表 Course

字段名	数据类型	为空性	含义	约束
Cno	nvarchar (10)	NOT NULL	课程编号	主键
Cname	nvarchar (30)	NOT NULL	课程名称	唯一约束
Teacher	nvarchar (10)	NOT NULL	任课教师	默认值约束（值为"待定"）
Credit	numeric (4, 1)	NOT NULL	学分	检查约束（值大于 0）
LimitNum	int	NOT NULL	限报人数	检查约束（值大于 0）
CourseHour	int	NULL	课程学时	

5. 成绩表 Score

字段名	数据类型	为空性	含义	约束	
Sno	nvarchar（15）	NOT NULL	学号	主键	外键
Cno	nvarchar（10）	NOT NULL	课程编号		外键
Uscore	numeric（4，1）	NULL	平时成绩	检查约束（值在 0 - 100 之间）	
EndScore	numeric（4，1）	NULL	期末成绩	检查约束（值在 0 - 100 之间）	

附录 B 商品销售管理系统数据库表结构

1. 客户表 Consumer

字段名	数据类型	为空性	含义	约束
Consumer_Id	nvarchar（30）	NOT NULL	客户编号	主键
Account	varchar（20）	NOT NULL	账号	唯一约束
Password	varchar（20）	NULL	密码	
Name	nvarchar（20）	NULL	姓名	
Sex	nchar（1）	NULL	性别	检查约束（值为"男"或"女"）
Tel	varchar（20）	NULL	电话	
Address	nvarchar（60）	NULL	收货地址	

2. 员工表 Employee

字段名	数据类型	为空性	含义	约束
Employee_Id	nvarchar（30）	NOT NULL	员工号	主键
Account	varchar（20）	NOT NULL	账号	唯一约束
Password	varchar（20）	NULL	密码	
Name	nvarchar（20）	NULL	姓名	
Sex	nchar（1）	NULL	性别	检查约束（值为"男"或"女"）
Tel	varchar（20）	NULL	电话	

3. 商品类别表 Category

字段名	数据类型	为空性	含义	约束
Category_Id	nvarchar（30）	NOT NULL	商品类别编号	主键
Name	nvarchar（30）	NULL	商品类别名称	

4. 商品表 Shop_goods

字段名	数据类型	为空性	含义	约束
Goods_Id	nvarchar（30）	NOT NULL	商品编号	主键
Name	nvarchar（30）	NOT NULL	商品名称	
Brand	nvarchar（30）	NULL	品牌	
Size	nvarchar（30）	NULL	规格	
Price	decimal（8，2）	NOT NULL	单价	检查约束（值>0）
Stock	int	NOT NULL	库存数量	检查约束（值>0）
Image_Url	varchar（50）	NULL	图片路径	
Description	nvarchar（100）	NULL	商品描述	
Category_Id	nvarchar（30）	NOT NULL	商品类别编号	外键

5. 订单表 Shop_Order

字段名	数据类型	为空性	含义	约束
Order_Id	nvarchar（30）	NOT NULL	订单编号	主键
Goods_Id	nvarchar（30）	NOT NULL	商品编号	外键
Quantity	int	NULL	销售数量	检查约束（值>0）
Order_Date	date	NULL	下单日期	
Status	nvarchar（10）	NULL	订单状态	
Consumer_Id	nvarchar（30）	NOT NULL	客户编号	外键
Comment	nvarchar（100）	NULL	反馈评论	
Employee_Id	nvarchar（30）	NOT NULL	发货员工号	外键
Shipping_Date	date	NULL	发货日期	

附录 C T-SQL 常用函数

1. 聚合函数

函数名	功能
Sum（字段名）	对数值字段求和
Avg（字段名）	对数值字段求平均值，NULL 值不包括在计算中
Min（字段名）	返回一列中的最小值，NULL 值不包括在计算中
Max（字段名）	返回一列中的最大值，NULL 值不包括在计算中
Count（ ）	返回指定列的值的数目（NULL 不计入）
Count（ * ）	返回表中的记录数

2．数学函数

函数名	功　能
Abs（数值型表达式）	返回数值型绝对值
Ascii（字符型表达式）	返回字符型数据的 ASCII 值，返回的数值类型为整型
Rand（整形表达式）	返回一个 0–1 之间的随机数
Round（数值型表达式，整数）	将数值表达式四舍五入成整数指定精度的形式
Ceiling（数值型表达式）	返回大于或等于给定数值表达式的最小整数值
Floor（数值型表达式）	返回小于或等于给定数值表达式的最大整数值
Sign（数值型表达式）	判断相应数值表达式的正负属性

3．字符串函数

函数名	功　能
Len（字符串表达式）	返回给定字符串数据的长度
Left（字符型表达式，整型表达式）	返回该字符型表达式最左边给定的整数个字符
Right（字符型表达式，整型表达式）	返回该字符型表达式最右边给定的整数个字符
Substring（字符串，表示开始位置的表达式，表示结束位置的表达式）	返回该字符串在起止位置之间的子串
Upper（字符型表达式）	将字符型表达式全部转换成大写形式
Lower（字符型表达式）	将字符型表达式全部转换成小写形式
Ltrim（字符型表达式）	返回删除给定字符串左端空白后的字符串值
Rtrim（字符型表达式）	返回删除给定字符串右端空白后的字符串值
Concat（字符型表达式 1，字符型表达式 2，…）	将多个字符串连在一起
Space（整型表达式）	返回由给定整数个空格组成的字符串
Char（整型表达式）	将给定的整型表达式的值按照 ASCII 码转换成字符型

4．日期和时间函数

函数名	功　能
Getdate（）	返回当前的系统时间
Day（date）	返回指定日期的 Day 部分的数值
Month（date）	返回指定日期的 Month 部分的数值
Year（date）	返回指定日期的 Year 部分的数值

5．其他函数

函数名	功　能
Isdate（表达式）	判断指定表达式是否为合法日期
Isnull（表达式 1，表达式 2）	判断表达式 1 是否为 NULL，如果是则返回表达式 2 的值
Nullif（表达式 1，表达式 2）	当表达式 1 与表达式 2 相等时，返回 NULL，否则返回表达式 2 的值

参考文献

[1] 陈艳平. SQL Server 数据库技术及应用 [M]. 北京：北京理工大学出版社，2014.

[2] 陈尧妃. 数据库技术及应用项目式教程（SQL Server 2008）[M]. 北京：电子工业出版社，2016.

[3] 李萍，黄可望，黄能耿. SQL Server 2012 数据库应用与实训 [M]. 北京：机械工业出版社，2015.

[4] 庞英智，郭伟业. SQL Server 2012 数据库技术及应用项目教程 [M]. 3 版. 北京：高等教育出版社，2018.

[5] 高玉珍. SQL Server 2016 数据库管理与开发项目教程 [M]. 2 版. 北京：人民邮电出版社，2020.